水理学・流体力学

古代文明発祥
(BC40〜BC10世紀)

古代ギリシャ
(BC8〜BC2世紀)
　　　　　　　　　　　　　　　　　　アルキメデスの浮力の原理(BC250頃)

古代ローマ
(BC2〜BC5世紀)
　　　　　　　　　　　　　　　　水道等の巨大土木時代(ローマなど)

ルネサンス期
(AD15〜AD16世紀)
　　　　　　　　　　　　　ダ・ビンチ，コペルニクス，
　　　　　　　　　　　　　ガリレオ・ガリレイ等の活躍
　　　　　　　　　　　　トリチェリーの定理(1644頃)

江戸幕府成立
(1603)
　　　　　　　　　　　　パスカルの定理(1662頃)
　　　　　　　　　　　　ニュートンの力学の法則(1687)
　　　　　　　　　　　　ピトー管(1732)
　　　　　　　　　　　　ベルヌーイの定理(1738)
　　　　　　　　　　　　ダランベールの背理(1752)
　　　　　　　　　　　　オイラーの運動方程式(1755)

産業革命
(1760〜)
　　　　　　　　　　ベンチュリー管・縮尺模型・曳航水槽など水理実験・
　　　　　　　　　　観測機器の発明

合衆国独立宣言
(1776〜)

フランス革命
(1789)

アヘン戦争
(1840)
　　　　　　　　　　粘性流体力学の誕生
　　　　　　　　　　　粘性流体の運動方程式(ナビエーとストークス；1822〜1845)
　　　　　　　　　　ハーゲン・ポアズイユの法則(1839〜1840)
　　　　　　　　　　球の抵抗則(ストークス；1845)
　　　　　　　　　　フルード数(1850頃)

明治維新
(1868)
　　　　　　　　　　ダルシー・ワイズバッハの管路の抵抗則，ブレスの水面形の方程式，
　　　　　　　　　　マニングの公式などの水理計算手法の発達
　　　　　　　　　　レイノルズの実験・レイノルズ応力・渦動粘性(1883〜1897)

大正元年
(1912)
　　　　　　　　境界層理論・混合距離理論・翼理論(プランドル；1904〜1925)
　　　　　　　　乱流拡散理論・混合距離・テイラー渦・渦度輸送理論(テイラー；1915〜1932)

第一次世界大戦終了(1918)
　　　　　　　　カルマン渦列・境界層方程式・速度欠損則・乱流統計理論(カルマン；1911〜1938)

昭和元年
(1926)

第二次世界大戦終了(1945)
　　　　　　　　乱流の組織構造(クライン；1967)，
　　　　　　　　数値流体力学・カオス・特殊流体など近代流体力学の発達

水理学の基礎

有田正光 著

東京電機大学出版局

はじめに

　水理学は応用水理学（もしくは水工学）と呼ばれる河川工学・海岸工学・衛生工学・水環境工学・灌漑工学・水資源工学などの数理的基礎を与える建設工学の基礎科目である．しかし，数学的取扱いの多様さ故に，学生諸君にとっては苦手科目の筆頭にあげられてきた．そこで本書では，数学的難解さを排除するためになるべく微分方程式を避け，物理的な直感で理解しやすいように配慮した．また，理解を助ける補助的な手段として各所に「point」を多数設けた．なお，水理学を理解するためには多くの演習問題に取り組むことが不可欠である．そのための教科書として東京電機大学出版局の「水理学演習」を推薦したい．本書で水理学を学んだ学生諸君が分かりやすかったと評してくれれば幸いである．

　なお，本書は東京電機大学学術振興基金の援助を受けて刊行されたものである．

　最後に，本書の原稿整理の段階で研究室の諸氏，特に橋本彰博博士の協力を得たことを記し感謝の意を表したい．

2006年12月1日

松風台にて
有田正光

目　次

第1章　水理学とは
1.1　なぜ水理学を学ぶか …………………………………………………… 1
（1）水と環境　　　　　　　　　　　　　　　　　　　　　　　　1
（2）水理学の役割と工学のなかでの水理学の位置づけ　　　　　　2
1.2　水理学史……………………………………………………………… 2
（1）世界の水理学史　　　　　　　　　　　　　　　　　　　　　2
（2）日本の水理学史　　　　　　　　　　　　　　　　　　　　　5

第2章　水理学の基礎
2.1　次元と単位 ………………………………………………………… 6
（1）物理量と次元　　　　　　　　　　　　　　　　　　　　　　6
（2）単位系　　　　　　　　　　　　　　　　　　　　　　　　　6
2.2　水の性質とふるまい ……………………………………………… 10
（1）密度と単位体積重量・比重　　　　　　　　　　　　　　　10
（2）圧縮性　　　　　　　　　　　　　　　　　　　　　　　　11
（3）表面張力と毛管現象　　　　　　　　　　　　　　　　　　11
（4）変形自在性とパスカルの原理　　　　　　　　　　　　　　12
（5）粘性と粘性剪断応力　　　　　　　　　　　　　　　　　　13
2.3　流れの様子と剪断力 ……………………………………………… 15
（1）流線・流管・流跡線　　　　　　　　　　　　　　　　　　15
（2）層流と乱流　　　　　　　　　　　　　　　　　　　　　　15
（3）乱流中に働く剪断力　　　　　　　　　　　　　　　　　　16
第2章　演習問題 ………………………………………………………… 17

第3章　静水力学

- 3.1　静水圧　……………………………………………………………… 18
  - （1）静水圧と絶対圧力・ゲージ圧力　18
  - （2）水槽中の静水圧と圧力分布の整理　21
  - （3）パスカルの原理の応用　21
- 3.2　平面に働く静水圧　………………………………………………… 22
  - （1）鉛直平板に働く静水圧　22
  - （2）傾斜平板に働く静水圧　27
  - （3）曲面に作用する静水圧　30
- 3.3　圧力計（マノメータ）……………………………………………… 34
- 3.4　浮力と浮体の安定・不安定および安定条件 ……………………… 37
  - （1）浮　力　37
  - （2）浮体の安定・不安定と安定条件　39
- 3.5　相対的静止 …………………………………………………………… 43
  - （1）慣性力の概念の導入　43
  - （2）直線運動　44
  - （3）回転運動　48
- 第3章　演習問題 ………………………………………………………… 50

第4章　ベルヌーイの定理とその応用

- 4.1　ベルヌーイの定理 …………………………………………………… 53
  - （1）ベルヌーイの定理の誘導　53
  - （2）エネルギー損失とベルヌーイの定理　55
- 4.2　ベルヌーイの定理の応用 …………………………………………… 55
  - （1）水槽に接続した流出管からの流出—その1　56
  - （2）水槽に接続した流出管からの流出—その2　57
  - （3）流出管からの非定常流出　60
- 4.3　ベルヌーイの定理の工学的応用 …………………………………… 62
  - （1）ピトー管　62

(2) ベンチュリー管　　　　　　　　　　　　　　　　63
　　　(3) オリフィス　　　　　　　　　　　　　　　　　　66
　　　(4) 各種の堰と流量測定　　　　　　　　　　　　　　69
　　第4章　演習問題 ……………………………………………… 72

第5章　運動量の定理とその応用

　　5.1　流体運動への運動量の定理(運動方程式)の適用の基礎概念 ………… 75
　　5.2　管水路流れへの運動量の定理の適用 ……………………… 78
　　　(1) 直線管水路への運動量の定理の適用　　　　　　　78
　　　(2) 湾曲管水路への運動量の定理の適用　　　　　　　79
　　5.3　平板に衝突する噴流流れへの運動量の定理の適用 ……………… 81
　　　(1) 噴流に直交する平板が受ける力と流量配分　　　　81
　　　(2) 傾斜平板に噴流が与える力と流量配分　　　　　　82
　　5.4　流水中の構造物が受ける力の問題への運動量の定理の適用 ………… 84
　　5.5　跳水と段波現象への運動量の定理の適用 ……………………… 85
　　　(1) 跳水現象　　　　　　　　　　　　　　　　　　　85
　　　(2) 段波現象　　　　　　　　　　　　　　　　　　　87
　　第5章　演習問題 ……………………………………………… 89

第6章　流れの挙動と物体に作用する抵抗

　　6.1　層流と乱流 …………………………………………………… 91
　　　(1) レイノルズの実験　　　　　　　　　　　　　　　91
　　　(2) 乱流中に働く剪断応力　　　　　　　　　　　　　93
　　6.2　境界層 ………………………………………………………… 95
　　　(1) ダランベールの背理　　　　　　　　　　　　　　95
　　　(2) 境界層の概念と剥離現象　　　　　　　　　　　　96
　　6.3　流れと抵抗 …………………………………………………… 98
　　　(1) 表面抵抗と形状抵抗　　　　　　　　　　　　　　98
　　　(2) 平板に作用する表面抵抗　　　　　　　　　　　　99

(3) 二次元（柱状）物体が流れから受ける抵抗　　　　101
　　(4) 三次元物体が流れから受ける抵抗　　　　　　　　102
　　(5) 揚　力　　　　　　　　　　　　　　　　　　　106
　6.4　円管流の摩擦抵抗 …………………………………………… 107
　　(1) ダルシー・ワイズバッハの式　　　　　　　　　　108
　　(2) 層流・乱流の摩擦損失係数 f　　　　　　　　　　108
　　(3) 摩擦損失係数の整理　　　　　　　　　　　　　　115
　第6章　演習問題 ……………………………………………………… 116

第7章　管水路の流れ

　7.1　基礎方程式 ………………………………………………… 117
　7.2　摩擦損失水頭 ……………………………………………… 119
　　(1) 円管の摩擦損失係数の整理　　　　　　　　　　　119
　　(2) 潤辺と径深の概念の導入と摩擦損失水頭　　　　　121
　　(3) マニングの粗度係数 n と f, f' の関係　　　　　122
　7.3　円管の形状損失水頭 ……………………………………… 123
　　(1) 急拡・急縮による損失水頭　　　　　　　　　　　124
　　(2) 入口・出口による損失水頭　　　　　　　　　　　127
　　(3) 漸拡・漸縮による損失水頭　　　　　　　　　　　128
　　(4) 曲がり・屈折による損失水頭　　　　　　　　　　129
　　(5) その他の形状損失水頭　　　　　　　　　　　　　130
　7.4　単線管水路の水理計算法 ………………………………… 131
　　(1) 単線管水路の損失水頭と水理諸量　　　　　　　　131
　　(2) 一様断面単線管水路の水頭表の作成法と
　　　　　　　　　　　エネルギー線・動水勾配線の作図　　133
　　(3) 断面が変化する単線管水路の水頭表の作成法と
　　　　　　　　　　　エネルギー線・動水勾配線の作図　　137
　7.5　サイフォン ………………………………………………… 140
　　(1) サイフォンの原理　　　　　　　　　　　　　　　140
　　(2) 一様断面単線管水路からなるサイフォンの計算の具体例　142

7.6　水車を含む単線管水路 ································· 144
　（1）水車を利用した発電の水理計算　144
　（2）水車を含む単線管水路の水理計算の具体例　146
7.7　ポンプを含む単線管水路 ································· 147
　（1）ポンプを利用した揚水の水理計算　147
　（2）ポンプを含む単線管水路の水理計算の具体例　148
7.8　分岐・合流管路 ··· 150
　（1）分岐・合流管路の基礎原理　150
　（2）分岐・合流管路の水理計算の具体例　153
7.9　管路網 ··· 155
　（1）管路網計算の基礎原理（ハーディ・クロス法）　155
　（2）管路網の水理計算の具体例（ハーディ・クロス法）　156
第7章　演習問題 ··· 158

第8章　開水路の流れ

8.1　開水路の流れの分類 ·· 161
8.2　開水路流れの基礎（矩形断面，エネルギー損失なし） ········· 163
　（1）開水路流れの基礎方程式　163
　（2）水深と比エネルギーの関係（流量一定の場合）　164
　（3）水深と流量の関係（比エネルギーE：一定）　166
　（4）限界流の出現を利用した流量測定法　167
8.3　水面形の方程式（矩形断面水路・エネルギー損失なし） ········ 169
8.4　水面形の方程式（エネルギー損失あり） ·················· 172
　（1）潤辺・流水断面積（流積）・径心・広幅長方形断面の概念の導入　173
　（2）摩擦損失水頭の表現式　174
　（3）水面形の方程式（矩形断面水路・エネルギー損失（摩擦損失）あり）　174
　（4）広幅長方形断面水路の水面形の方程式と各種勾配水路の概念　177
　（5）広幅長方形断面水路に表れるさまざまな水面形　179
8.5　マニングの平均流速公式と水面形の方程式 ············ 184

 （1）マニングの平均流速公式と適用事例　　　　　　　184
 （2）マニングの平均流速公式を用いた流量計算の具体例　　185
 （3）マニングの平均流速公式を用いた水面形の式（広幅長方形断面）　186
 （4）水面形の決定法の計算例　　　　　　　　　　　　187
 8.6　通水能の高い断面形 ……………………………………… 189
  （1）通水能と水理的最良断面　　　　　　　　　　　　189
  （2）水理特性曲線　　　　　　　　　　　　　　　　　191
 第8章　演習問題 ………………………………………………… 192

第9章　次元解析と相似則

 9.1　次元解析 ……………………………………………………… 195
  （1）次元解析の原理　　　　　　　　　　　　　　　　195
  （2）次元解析の応用例　　　　　　　　　　　　　　　196
 9.2　力学的相似則の基礎 ………………………………………… 197
 9.3　フルードの相似則とレイノルズの相似則 ………………… 198
  （1）フルードの相似則　　　　　　　　　　　　　　　198
  （2）レイノルズの相似則　　　　　　　　　　　　　　199
 9.4　力学的相似則の適用例 ……………………………………… 200
  （1）フルードの相似則の適用例　　　　　　　　　　　200
  （2）レイノルズの相似則の適用例　　　　　　　　　　201
 第9章　演習問題 ………………………………………………… 202

演習問題解答 ……………………………………………………… 203

付録（基礎公式と単位換算）…………………………………… 211

参考文献 …………………………………………………………… 217

索　　引 …………………………………………………………… 218

第1章 水理学とは

本章では水理学とは何か，どのように役立つのか，他の学問分野とどのように関連しているのかについて述べる．また，水理学の歴史について学ぶ．

1.1 なぜ水理学を学ぶか

(1) 水と環境

▶ **a. 生命を育む水と存在量**

地球上には主に海域に莫大な量の水が存在し，それゆえ地球は**水惑星**と呼ばれている．この地球全体の水の中で，陸域の水は約3.5％とわずかであり，河川の水はまた，その0.004％程度ときわめて少ない．しかし，河川の水は人々がすぐに利用できるうえに，地形に応じてその位置エネルギーも利用可能なため，資源としても経済的にも最も重要な水である．そして，この水を工学的に扱う学問が水理学である．

▶ **b. 特殊な水の性質が育む地球環境**

水は，①温度と圧力に応じて気体である**水蒸気**や固体である**氷**に**相変化**する，②相変化するとき大きな**潜熱**の放出もしくは吸収を伴う，③**比熱**が大きく大量の熱を蓄えることができる，④密度は4℃で最大となる（2.2項参照）…のさまざまな特殊な性質をもっている．これらの水の性質によって地球上の気候は緩和され，地球上のさまざまな生命が育まれている（例えば「水圏の環境[4]」参照）．

▶ **c. 水と人々の関わり**

人間と水の関わりは，**治水・利水・環境**の観点に分類できる．治水とは河川の氾濫や海の高潮から生活と財産を守ること，利水とは飲用・農業・工業用水など

の水利用のほかに発電・水運・漁業などを含んでいる．また，環境の関わりは，親水・空間・自然保全などに分類できる．このなかで親水とは，人間と水との触れ合い，空間とは公園や避難場所などのオープンスペース，自然保全とは植生による水質浄化などである．なお，近年の水理学では，水に関わる環境問題を取り扱うことが多くなっている．

(2) 水理学の役割と工学のなかでの水理学の位置づけ

流体力学は流れを理論的な側面から追求する学問である．この流体力学と異なり，**水理学**は経験工学であり，水に関連する現象について実験式や経験式を提案しながら発展してきた．また水理学は，応用水理学と呼ばれる河川工学，海岸工学，衛生工学，水環境工学，灌漑工学，水資源工学などの多様な分野の数理的基礎を与える学問でもある．流体力学と水理学は，その成立期においては異なる学問として発展してきた時期も長いが，現在では1.2節に記述するように，両者の融合が進み垣根が低くなってきている．

なお，水理学と類似な学問分野としては，航空力学，船舶工学，地球物理学，水力学などが挙げられる．例えば，機械工学の水力学では，水理学に比較してタービンやプロペラなどの閉鎖領域での流れを多く取り扱うことが特徴である．

1.2 水理学史

(1) 世界の水理学史

▶ **a. 古代 ～ 14世紀**

B.C.40世紀～B.C.10世紀（日本は縄文時代中期～晩期）にかけて**古代文明**が黄河，インダス川，チグリス・ユーフラテス川，ナイル川などの大河の流域で発祥した．そこでは水車を動力としての応用するなど，水を利用した生活が営まれていた．また，この時代には水を汲み上げるはねつるべ（**図1-1**参照）やサイフォン・注射器・水時計などの水に関する道具が発明されている．しかし，同時代の水利用は経験と試行錯誤によるものであり，現代につながる水理学の基礎を与えるものではなかった．

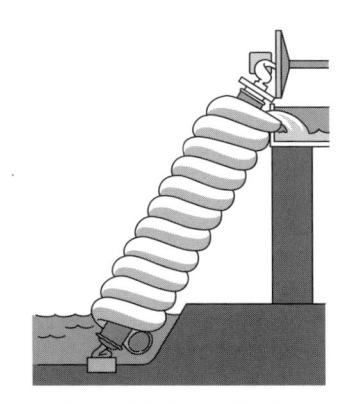

図1-1　はねつるべ　　　　　　　図1-2　アルキメデスのネジ

　B.C.8世紀～B.C.2世紀（日本は縄文時代晩期～弥生時代前期）の**古代ギリシャ**では論理的な思考が発達したが，水理学の分野でもアルキメデスの浮力の原理が発見されている（B.C.250年頃）．また，揚水ポンプとして今日でも利用されているラセン型水車（アルキメデスのネジ，図1-2参照）なども発明されている．

　B.C.2世紀～A.D.5世紀（日本では弥生時代中期～古墳時代）の古代ローマ時代は，劇場，軍道，劇場，凱旋門などの公共施設築造の**巨大土木**の時代である．水理学の分野でもローマの水道橋が築造されている．同水道橋は水道源水を遠く離れた場所より導水し，公衆浴場や個人の住宅に配水している．しかし，このような巨大水利施設が経験的につくられていたことは驚きである．

　A.D.5世紀～A.D.14世紀の中世の時代の西欧は政治が混乱し，**暗黒時代**と呼ばれ，水理学を含め科学・文化の発展が見られなかった時代である．当時は西欧諸国より，むしろ中国・モンゴルなどの東洋のほうが科学技術が栄えて発展していた．

▶**b．15世紀～18世紀の水理学**

　暗黒時代に続く**ルネサンス期**（15世紀～16世紀，日本では鉄砲伝来の頃）の約200年間は全般的な文化・科学の発展期である．同時代が生んだ天才レオナルド・ダ・ビンチは河川技術者でもあったことはあまり知られていない．また，地動説のコペルニクスや物理学のガリレオ・ガリレイが活躍したのもこの時代である．

　ルネッサンス期の学問の勃興を受け，17世紀（日本では江戸幕府成立の頃）に

は微積分などの数学が確立され，また，ニュートンによって力学の3法則を提示された．流体力学，水理学の分野では水圧の伝達に関する「**パスカルの原理**」やタンクからの流出速度に関する「**トリチェリの原理**」などの重要な貢献がなされている．

18世紀に入ると，水理学の基礎原理である「**ベルヌーイの定理**」が導かれ，また，ダランベールによる流体の抵抗の研究など，水理学，流体力学は大きく発展した．さらに，同時代にはピトー管（流速測定），ベンチュリー管（流量測定），縮尺模型，曳航水槽などの実験・実測に必要な多くの機器が発明されている．

▶**c．19世紀～現代の水理学**

19世紀（日本では江戸時代末期～明治の文明開化の頃）には，さまざまな実験・実測公式が提案されている（ダルシーとワイズバッハの**抵抗則**，ブレスによる**水面形の方程式**，マニングによる等流の**平均流速公式**など）．これらの研究によって管路や開水路の合理的な水理設計が可能になった．また，同時代には粘性流体の基礎方程式である**ナビィエ・ストークスの方程式**の誘導や**レイノルズの実験**（図1-3参照）による層流と乱流の発見など，流れの基礎研究も大きく発展している．

図1-3　レイノルズの実験

20世紀になると，航空力学分野で発展した境界層に関する理論と乱流に関する理論が相まって，未解明の実用上の問題が次々に解決されるようになった．その後，拡散理論の出現，数値計算の進歩，乱流中の組織的な渦の発見など，流れに関する研究は長足の進歩を遂げている．一方，水理学でも，このような航空力学や流体力学の成果が取り入れられるようになり，現在では流体力学と水理学の融合が進んできている．

(2) 日本の水理学史

古代文明の発祥期や古代ギリシャの時代の日本は縄文時代（〜B.C.3世紀）に相当する．日本でも三内丸山遺跡（B.C.5〜4世紀の大規模集落）のように，集落が形成され土木技術も芽生えた．また，弥生時代（B.C.3世紀〜3世紀）には稲作のための灌漑技術が誕生している．

その後の古代国家の時代には，河川堤防の構築や改修が各地で行われてきたが，文献に残されているものは少ない．なお，当時，民間の僧が布教活動・民衆救済活動の一環として各地で溜池を築造したことが知られている．例えば，香川県の灌漑用の満濃池は弘法大師の指導で築造されたとされ現在でも使われている．

戦国時代（鎌倉時代〜室町時代〜織田・豊臣時代）には国主，大名が領地を洪水から守るために河川改修が盛んに実施された．例えば，戦国時代末期に甲斐の武田信玄は，現代でもよく使用される洪水制御法を考案して河川工事を実施している．このほかにも熊本の加藤清正の白川における堤防工事などは有名である．

江戸時代には政治が安定したため，治水事業が盛んに行われた．例えば，利根川の河口を東京湾から鹿島灘の銚子に移した工事，玉川上水の開削，薩摩藩による木曽三川分離工事（宝暦治水）は特筆される．

近代的な西欧の水理学は，明治政府が先進国から招いた外国人技術者たちによってもたらされた（例えば木曽三川工事のヨハネス・デ・ゲレーケ）．その後，日本でも水理学の優秀な研究者・技術者が育つようになり，現在に至っている．

第2章 水理学の基礎

本章では水理学を学ぶうえで基礎となる次元と単位について学ぶ．また，水の物理的性質とふるまいについて述べる．

2.1 次元と単位

(1) 物理量と次元

物理量には「長さ」や「時間」のように，ほかの物理量の組合せでは表せない**基本物理量**と，基本物理量の組合せで表す**組立物理量**がある．ある組立物理量を基本物理量のべき乗積 $A^\ell B^m C^n$（A, B, C は基本物理量）で表すとき，ℓ, m, n を基本物理量 A, B, C の次元，$A^\ell B^m C^n$ を**次元式**と呼んでいる．なお，次元の表現には，LMT系とLFT系がある．LMT系では基本物理量に長さ L，質量 M，時間 T を，LFT系は基本物理量に長さ L，力 F，時間 T を採用する．

(2) 単位系

▶ a. 絶対単位系と工学単位系（重力単位系）

絶対単位系とは LMT 系の単位系であり，**工学単位系（重力単位系）**とは LFT 系の単位系である．つまり，工学単位系では基本物理量として絶対単位系の質量 M の代わりに力 F を使用する．これらの単位系のなかで，長さに〔cm〕，質量に〔g〕：（グラム，絶対単位系），時間に〔s〕，力 F に 1〔g〕の質量に作用する重力 1〔gf〕：（工学単位系，ポイント 2.2 参照）を使用した単位系を CGS 単位系と呼んでいる．一方，長さに〔m〕，質量に〔kg〕：（絶対単位系），時間に〔s〕，力 F に 1〔kg〕の質量に作用する重力 1〔kgf〕：（工学単位系）を使用した単位系を MKS 単位系と呼んでいる．これらをまとめて**表 2-1** に示す．

表 2-1　単位系

	基本物理量		長さ L	質量 M	時間 T	力 F
単位系	絶対単位系 (LMT系)	CGS	cm	g	s	—
		MKS	m	kg	s	—
	工学単位系 (LFT系)	CGS	cm	—	s	gf
		MKS	m	—	s	kgf

(注) LFT系では質量 M は組立物理量

> **ポイント 2.1　万有引力と重力**
>
> 万有引力の法則によれば，r だけ離れた質量 M と m の物体間に作用する引力 F は，定数 k を導入して $F=-kMm/r^2$ で与えられる（F は離れる場合を正とするので，引力の場合は－（マイナス）を付ける）．地上では地球（質量 M）と地上の物体（質量 m）との間で引力が働くが，これを**重力**と呼んでいる．地上における r はほぼ一定であるので，$kM/r^2=g$（一定）となるが，この g は**重力の加速度**と呼ばれ，MKS 単位で $g=9.8 \, [\mathrm{m/s^2}]$ である．
>
> 〔注〕g の値は緯度，経度，高さによって異なるが，わが国では $g=980 \, [\mathrm{cm/s^2}]$ $=9.8 \, [\mathrm{m/s^2}]$ とする．なお，厳密にはパリでの値：$g=980.665 \, [\mathrm{cm/s^2}]$ が国際標準値と定められている．

▶ b. SI単位系（国際単位系）

SI単位とは国際的に統一された単位系であり，絶対単位系の MKS 単位系と同様に，質量に〔kg〕，長さに〔m〕，時間に〔s〕を使用する．なお，SI 単位では，以下のように力 F をニュートン〔N〕，圧力 p をパスカル〔Pa〕，仕事 Wr をジュール〔J〕，仕事率 D をワット〔W〕で表す．以下，本書では SI 単位を基本とする．

① 1〔N〕は 1〔kg〕の質量に 1〔m/s²〕の加速度を与える力 F（一方，1〔dyn〕：（ダイン）は 1〔g〕の質量に 1〔cm/s²〕の加速度を与える力）である．
　　∴ $1 \, [\mathrm{N}] = 1 \, [\mathrm{kg}] \times 1 \, [\mathrm{m/s^2}] = 1 \, [\mathrm{kg \cdot m/s^2}] = 10^5 \, [\mathrm{dyn}]$

② 1〔Pa〕は 1〔m²〕当たりに 1〔N〕の力が働く圧力 p である．

$$\therefore\ 1[\text{Pa}] = 1[\text{N}]/1[\text{m}^2] = 1[\text{N/m}^2] = 10[\text{dyn/cm}^2]$$

③ 1[J]は1[N]の力で1[m]移動させるための仕事Wr(一方,1[erg]:(エルグ)は1[dyn]の力で1[cm]移動させるための仕事)である.

$$\therefore\ 1[\text{J}] = 1[\text{N}] \times 1[\text{m}] = 1[\text{N}\cdot\text{m}] = 10^7[\text{erg}]$$

④ 1[W]は1[s]に1[J]の仕事をする仕事率D(単位時間当たりの仕事)である.

$$\therefore\ 1[\text{W}] = 1[\text{J}]/1[\text{s}] = 1[\text{J/s}]$$

> **ポイント 2.2　質量と重量(重さ)**
>
> 一般に使われる「重量1kgの物体」の1kgとは質量である.厳密には,重量1kgとは1kgの質量に作用する重力のことであり,1kgfと表現する.重力の加速度$\alpha = g$は$g = 9.8[\text{m/s}^2]$であるから,1kgfは$1[\text{kgf}] = 1[\text{kg}] \times 9.8[\text{m/s}^2] = 9.8[\text{N}]$である($F = m\alpha$を思い出す).同様に1[gf] = 980[dyn]である.なお,月面上の重力は地上の約1/6であるから,1kgの質量に対する重力は1/6 kgfである.
>
> 〔注〕[gf]はグラムフォース(もしくはグラム重),[kgf]はキログラムフォース(もしくはキログラム重)と呼ぶ.

SI単位系では**補助単位**としてCGS単位系の[g],[cm]などの使用が認められている.つまり,上述の[dyn],[erg]はCGS単位系の表記であり,補助単位である.これらをまとめて**表2-2**に示す.

表2-2　SI単位系

	単位系	長さL	質量M	時間T
基本物理量	MKS	m	kg	s
	CGS(補助単位)	cm	g	s

	単位系	力F	圧力p	仕事Wr	仕事率D
組立物理量	MKS	N	Pa	J	W
	CGS(補助単位)	dyn		erg	

▶ **c. 諸量の単位と次元**

表2-3に水理学でよく使用される諸量の単位と次元式を整理して示す.

表 2-3　水理学で使用される諸量の単位と次元式

物理量	LMT系			LFT系	
	CGS単位	SI単位	次元式	工学単位(MKS)	次元式
質量 M	g	kg	$[M]$	kgf·s²/m	$[L^{-1}FT^2]$
長さ L	cm	m	$[L]$	m	$[L]$
時間 T	s	s	$[T]$	s	$[T]$
速度 v	cm/s	m/s	$[LT^{-1}]$	m/s	$[LT^{-1}]$
加速度 α	cm/s²	m/s²	$[LT^{-2}]$	m/s²	$[LT^{-2}]$
運動量 m	g·cm/s	kg·m/s	$[LMT^{-1}]$	kgf·s	$[FT]$
力 F	dyn (=g·cm/s²)	N (=kg·m/s²)	$[LMT^{-2}]$	kgf	$[F]$
圧力 p	dyn/cm² (=g/(cm·s²))	Pa(=N/m² =kg/(m·s²))	$[L^{-1}MT^{-2}]$	kgf/m²	$[L^{-2}F]$
仕事・エネルギー Wr	erg (=g·cm²/s²)	J(=N·m =kg·m²/s²)	$[L^2MT^{-2}]$	kgf·m	$[LF]$
仕事率 D	erg/s (=g·cm²/s³)	W(=J/s =kg·m²/s³)	$[L^2MT^{-3}]$	kgf·m/s	$[LFT^{-1}]$
密度 ρ	g/cm³	kg/m³	$[L^{-3}M]$	kgf·s²/m⁴	$[L^{-4}FT^2]$
単位体積重量 γ	dyn/cm³ (=g/(cm²·s²))	N/m³ (=kg/(m²·s²))	$[L^{-2}MT^{-2}]$	kgf/m³	$[L^{-3}F]$
粘性係数 μ	g/(cm·s) (=P:ポアーズ)	kg/(m·s) (=Pa·s)	$[L^{-1}MT^{-1}]$	kgf·s/m²	$[L^{-2}FT]$
動粘性係数 $\nu=\mu/\rho$	cm²/s (=St:ストークス)	m²/s	$[L^2T^{-1}]$	m²/s	$[L^2T^{-1}]$
角度 θ	rad(ラジアン)	rad	−	−	−
角速度 ω	rad/s	rad/s	$[T^{-1}]$	1/s	$[T^{-1}]$

　水理学では一般にSI単位系が使用されるが，工学単位系もしばしば使用される．これはわれわれが1〔kg〕の質量の地上における重量を実感として知っているので便利であるからである（SI単位で1〔N〕の重量といわれてもよくわからない）．なお，SI単位系と工学単位系の換算表を**表2-4**に示す．

表 2-4　SI単位系と工学単位系の換算

物理量	SI単位	工学単位(MKS)	換　　算
力 F	N	kgf	1〔kgf〕=9.8〔N〕
圧力 p	Pa(=N/m²)	kgf/m²	1〔kgf/m²〕=9.8〔Pa〕
仕事 Wr	J(=N·m)	kgf·m	1〔kgf·m〕=9.8〔J〕
仕事率 D	W(=J/s)	kgf·m/s	1〔kgf·m/s〕=9.8〔W〕

ポイント 2.3　SI単位の接頭語

SI単位系では数値が非常に大きい場合や小さい場合は以下の接頭語が付される．

SI 接頭語

倍数	記号	読み方	倍数	記号	読み方
10^{18}	E	エクサ	10^{-1}	d	デシ
10^{15}	P	ペタ	10^{-2}	c	センチ
10^{12}	T	テラ	10^{-3}	m	ミリ
10^{9}	G	ギガ	10^{-6}	μ	マイクロ
10^{6}	M	メガ	10^{-9}	n	ナノ
10^{3}	k	キロ	10^{-12}	p	ピコ
10^{2}	h	ヘクト	10^{-15}	f	フェムト
10	da	デカ	10^{-18}	a	アト

2.2　水の性質とふるまい

(1) 密度と単位体積重量・比重

単位体積当たりの水の質量を水の**密度** ρ，重量を**単位体積重量** $\gamma (=\rho g)$ という．ρ は大気圧の作用下で4℃（厳密には3.98℃）で最大値 ρ_4（4℃の水の密度）≒1 $[\text{g}/\text{cm}^3]$=1 000 $[\text{kg}/\text{m}^3]$ をとる．このときの単位体積重量 γ は，

$$\gamma = \rho g = 1\,000\,[\text{kgf}/\text{m}^3 : \text{工学単位}] = 1\,000\,[\text{kg}/\text{m}^3] \times 9.8\,[\text{m}/\text{s}^2]$$
$$= 9\,800\,[\text{N}/\text{m}^3] = 9.8\,[\text{kN}/\text{m}^3] \qquad (2\text{-}1)$$

ρ の水温 t による変化（大気圧作用下）を**表2-5**に示す．なお，水理学では ρ もしくは t が与えられていない場合には一般に $\rho = \rho_4$ と置く．

ρ の別の表現として**比重** σ がある．σ は任意の温度の水の密度 ρ を ρ_4 で割ったものであり，$\sigma = \rho/\rho_4$ で定義される無次元数である．なお，水理学では ρ もしくは t が与えられていない場合には一般に $\sigma = 1$ と置く．

表 2-5　水の密度 ρ (0～60 [℃]，理科年表1998年版)

t [℃]	0	10	20	30	40	50	60
ρ [g/cm^3]	0.99984	0.99970	0.99820	0.99565	0.99222	0.98804	0.98320

(2) 圧縮性

流体は作用する圧力を変化させると収縮・膨張する（**圧縮性**と呼ぶ）．なお水の圧縮性はきわめて小さいので，通常は無視してよい（**非圧縮性**液体という，空気は圧縮性流体）．

(3) 表面張力と毛管現象

液体の分子は互いに引き合い，表面積を小さくしようとする力（分子間力という），つまり**表面張力**が働く．例えば，蓮の葉の上に落ちた水滴が球状になるのは表面張力の作用による．一方，液体中に細い管を入れると管壁の固体分子と液体分子にも表面張力が作用し，管内の液体は上昇もしくは下降する．これを**毛管現象**と呼ぶ．ここでは，直径 d の円管内の液体が毛管現象によって高さ h だけ上昇（もしくは下降）している場合について考える．ただし，円管と液体の接触角を θ とする（図2-1(a)参照）．

図2-1(b)のように，管径 d の細い管内を毛管現象によって h だけ上昇した液体部分（■部分）に作用する鉛直方向の力の釣り合いを考える．ここで，図2-1(c)のように■部分に作用する全表面張力を T_0，重力を W，液体の上面（面A）および下面（面B）に作用する全圧力（合力）を P_A, P_B とする．また，液体の

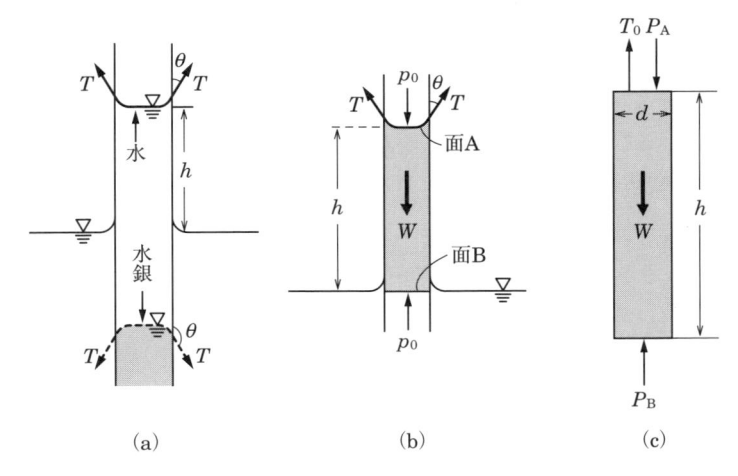

図 2-1　毛管現象

上面に作用する単位長さ当たりの表面張力を T,固体壁と液体との接触角を θ とすると,T_0 は $T_0 = T\cos\theta \times \pi d = \pi dT\cos\theta$ であり,鉛直上向きに作用する.一方,重力 W は $W = \rho g(\pi/4)d^2 h$ であり,鉛直下向きに作用する.さらに,面A,Bには大気圧 p_0 に等しい圧力が作用するので(毛管内の液体の上昇部分を剛体と考える),作用する全圧力 P_A,P_B は等しく,$P_A = P_B = (\pi/4)d^2 p_0$ となる.よって,鉛直方向の力の釣り合い式は,

$$T_0 - W - P_A + P_B = 0 \quad \rightarrow \quad \pi dT\cos\theta - \frac{\pi}{4}\rho g d^2 h - \frac{\pi}{4}d^2 p_0 + \frac{\pi}{4}d^2 p_0 = 0 \tag{2-2}$$

同式より毛管現象による液体の上昇高 h は,

$$h = \frac{4T\cos\theta}{\rho g d} = \frac{4T\cos\theta}{\gamma d} \tag{2-3}$$

表 2-6　各種の液体の表面張力 T

液体	水					水銀	エタノール
温度 t [℃]	0	10	15	20	30	25	20
表面張力 T 〔N/m〕	7.56×10^{-2}	7.42×10^{-2}	7.35×10^{-2}	7.28×10^{-2}	7.12×10^{-2}	4.82×10^{-1}	2.23×10^{-2}

なお,表 2-6 に各種液体の表面張力 T の値,表 2-7 に固体壁に対する液体の接触角 θ を整理して示す.同表に示すように θ は接触物質によって異なる.つまり,水とガラスもしくは鉄の場合は $\theta < 90°$ である.よって,式(2-3)より $h > 0$ となるから毛管現象によって毛管内の水位は上昇する.一方,水銀とガラスの場合は $\theta > 140°$ ($\theta > 90°$)であるから毛管内の水銀が下降する(図 2-2(a) 参照).

表 2-7　各種の固体壁に対する液体の接触角 θ

接触物質		接触角 θ [°]
液体	固体壁	
水	ガラス	8〜9
	磨いたガラス	0
	滑らかな鉄	5〜6
水銀	ガラス	140

(4) 変形自在性とパスカルの原理

水は剛体と異なり自在に変形できるので,「1カ所に圧力をかけると水中のすべての点に同じ値の圧力が伝達される」という性質をもっている.これを**パスカルの原理**と呼んでいる.例えば,図 2-2(a) のように台の上に載せた円筒中に剛体を

入れ錘を乗せる．このとき，剛体と錘の合計の重力が鉛直下向きに台に加わるものの水平方向には作用しない（蓋の重さは無視する）．一方，図2-2(b)のように円筒中に液体を入れ蓋をして錘を乗せると，液体と錘の合計の重力が鉛直下向きに台に加わることは(a)と同様である．しかし，(b)の場合は．それに加えて，パスカルの原理によって円筒内のあらゆる方向に水圧が作用することが相違点となる．このパスカルの原理の応用については3.1節の(3)項に述べる．

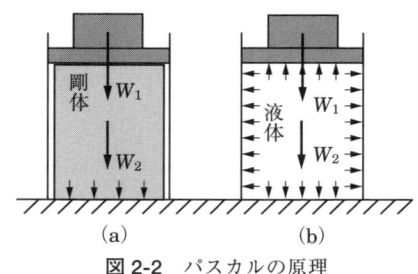

図2-2　パスカルの原理

(5) 粘性と粘性剪断応力

水を含めて現実の流体は粘性をもっている．粘性は液体のべとつきやすさを表す指標であり，流体の相互運動を妨げるように働く．ここで，図2-3に示すような流速分布をもつ流れの中の微小ユニットを考える．このとき，粘性によって速度の速い部分は遅い流体部分を流下方向に，逆に，遅い部分は速い部分を逆向きに引っ張るように作用する．つまり，流れの中の微小ユニットの上下面には次式で定義される粘性による剪断応力（**粘性剪断応力** τ_v という）が働く．

$$\tau_v = \mu \frac{du}{dy} \tag{2-4}$$

ここに，μ〔g/(cm·s)〕は**粘性係数**と呼ばれる．また，μ を流体の密度 ρ で割った ν〔cm²/s〕$=\mu/\rho$ は**動粘性係数**と呼ばれ，水理学でよく使用される．なお，設問中に ν の値が与えられていない場合は $\nu \fallingdotseq 0.01$〔cm²/s〕（水温20℃の値）がよく使用される．表2-8に水温と粘性係数 μ，動粘性係数 ν の関係を整理して示す．

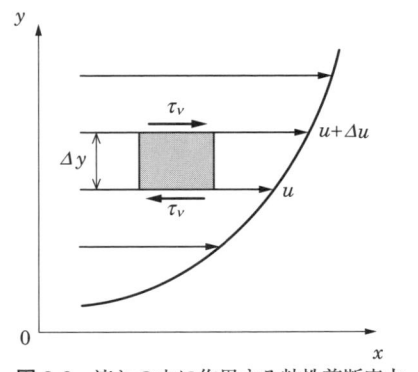

図2-3　流れの中に作用する粘性剪断応力 τ_v

表 2-8　粘性係数 μ と動粘性係数 ν

温度〔℃〕	粘性係数 μ ($\times 10^{-2}$)〔g/(cm·s)〕	動粘性係数 ν ($\times 10^{-2}$)〔cm²/s〕
0	1.781	1.785
5	1.518	1.519
10	1.307	1.306
15	1.139	1.139
20	1.002	1.003
25	0.890	0.893
30	0.798	0.800
40	0.653	0.658
50	0.547	0.553
60	0.466	0.474
70	0.404	0.413
80	0.354	0.364
90	0.315	0.326
100	0.282	0.294

ポイント 2.4　完全流体と粘性流体

　粘性のない仮想的な流体を**完全流体**（もしくは**理想流体**），粘性が無視できない現実の流体を**粘性流体**と呼ぶ（水は粘性流体）．完全流体では流れに伴うエネルギー損失は生じないが，粘性流体ではエネルギー損失が生ずる．なお，完全流体の数学的記述は簡単であるため，現実の問題の取扱いでもしばしば完全流体が仮定される．

ポイント 2.5　各種の粘性特性をもつ流体

　式(2-4)で粘性剪断応力が表される流体を**ニュートン流体**と呼び，水はニュートン流体である．一方，同式に従わない流体（**非ニュートン流体**という）も種々存在し，その特性に応じて，ビンガム流体，ダイラタント流体，擬塑性流体などと呼ばれている（右図参照）．なお，完全流体では du/dy によらず $\tau_v=0$ である．

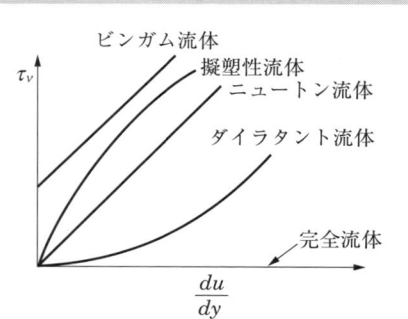

2.3 流れの様子と剪断力

(1) 流線・流管・流跡線

流れの中に引いた曲線上のすべての点における接線が流れのベクトルの方向と一致しているとき，この曲線を**流線**と呼ぶ（図2-4(a)参照）．また，図2-4(b)に示すように，流れの中に閉曲線Cを考え，この曲線上のすべての点を通る流線を考える．このとき，流線で囲まれた管が形成されるが，これを**流管**と呼ぶ（流管を横切っては水は流れない）．なお，流れの方向や早さが時間的に変化するとき（**非定常流**という），流線が時間的に変動する（図2-4(c)）．このとき，$t=t_0$ における流線上の水粒子が $t=t_1$, t_2, …の時間の経過によってたどる位置を連ねた線を**流跡線**と呼ぶ．

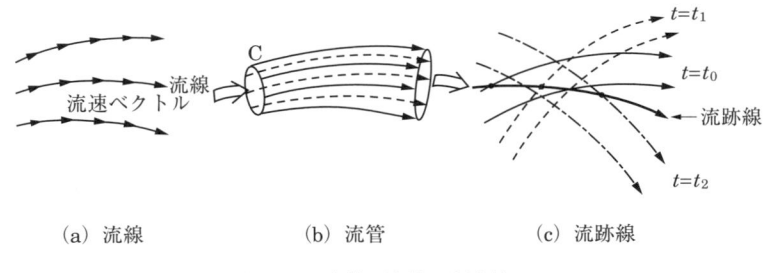

図2-4 流線・流管・流跡線

(2) 層流と乱流

図2-5のように水路を流れる水の動きを染料を注入して可視化する．流速が遅い場合，染料は水路壁面と平行に整然と秩序正しく流れる．これを**層流**（図2-5(a)）と呼んでいる．一方，流速が速くなると染料が乱れるが，このときの流れを**乱流**（図2-5(b)）と呼んでいる．また，その中間的な流れを**遷移流**と呼んでいる．このような流れの変化の様子は，レイノルズが円管流の実験で初めて観察したものである．レイノルズの実験によれば，円管流の場合は $Re=ud/\nu$（**レイノルズ数**という，u は管内流速，d は管の内径，ν は流体の動粘性係数）が $Re \leqq 2\,000$ で層流，管の入り口の形状にも依存するが，ほぼ $Re \geqq 4\,000$ で乱流，その中間的な

（a）層流　　　　　　　　　　　　（b）乱流

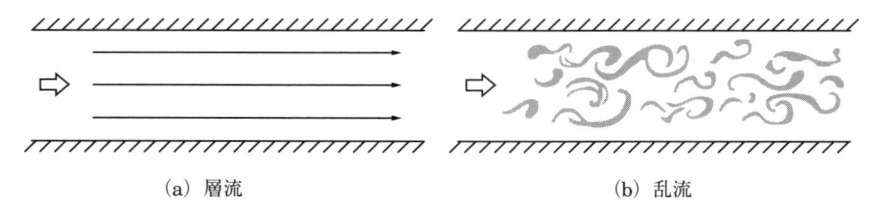

図 2-5　層流と乱流

Re 数で遷移流となることが明らかにされている．なお，レイノルズ数についてはポイント 2.6 で，レイノルズの実験については 6.1 節の(1)項で詳しく述べる．

ポイント 2.6　レイノルズ数の物理的意味

水路中の流れは流速 u が速く，水路幅 d が大きいほど乱れやすく，逆に，動粘性係数 ν が大きいほど乱れにくくなると考えるのが自然である．これより，Re（レイノルズ数）$= ud/\nu$ の無次元指標が導かれる．つまり，Re が大きいほど，流れは乱れやすくなる．専門的には Re 数は流れの慣性力と粘性力の比（Re ＝慣性力／粘性力）を表している．よって，Re が小さい流れでは粘性の効果を無視できない．

(3) 乱流中に働く剪断力

2.2 節の(5)項に述べた粘性剪断応力 τ_v は層流中に作用する剪断力である．一方，乱流中では τ_v に加えて乱れに伴う付加的な剪断力 τ_t（**レイノルズ応力**と呼ばれる）が生ずる．τ_t は乱流中の x，y 方向の u，v の乱れ成分を u'，v'，また，時間平均量 ‾ を導入して次式で与えられる（6-1 節の(2)項参照）

$$\tau_t = -\rho \overline{u'v'} \tag{2-5}$$

つまり，流れのなかに作用する剪断応力 τ は τ_v と τ_t の合計（$\tau = \tau_v + \tau_t$）として，

$$\tau = \tau_v + \tau_t = \mu \frac{d\overline{u}}{dt} - \rho \overline{u'v'} \tag{2-6}$$

乱流中では第 2 項の τ_t が卓越し（$\tau_t \gg \tau_v$），層流中では第 1 項の τ_v が卓越する（$\tau_v \gg \tau_t$）．なお，水理学で取り扱う流れのほとんどは乱流であるので，通常は $\tau = \tau_t$ としてよい．

第2章 演習問題

❶ 力 F と圧力 p について，①LMT系の次元式と絶対単位系での単位，②LFT系の次元式と工学単位系での単位，をそれぞれ求めよ．

❷ 質量 $M=6.35$〔kg〕の流体塊について，①LFT系での次元式，②工学単位系での値，③SI単位系での流体塊に作用する重力 W，をそれぞれ求めよ．

❸ 次の諸量を換算せよ．
①圧力：$p=4.28\times10^{-2}$〔N/m²〕=☐〔Pa〕=☐〔kgf/m²〕
②仕事：$Wr=3.42\times10^3$〔J=kg·m²/s²〕=☐〔g·cm²/s²〕=☐〔kgf·m〕

❹ 比重 $\sigma=1.02$，体積 $V=3.35$〔m³〕の塩水について，SI単位系での，①密度 ρ，②単位体積重量 γ，③質量 M，④重量 W をそれぞれ求めよ．また，工学単位系（MKS系）での，⑤ γ，⑥ W を求めよ．

❺ 図2-1に示すように水中に内径 $d=2.0$〔mm〕のガラス管を立てた場合の毛管内の水位の上昇高さ h を求めよ．ただし，水の密度 $\rho=0.998$〔g/cm³〕，接触角 $\theta=8°$，表面張力 $T=7.30\times10^{-2}$〔N/m〕とする．

❻ 高さ $h=3.0$〔cm〕だけ離れた平板間を水が層流状態で流れている．この平板間の流速 u の分布は，一方の平板から離れる方向に y 軸をとると，最大流速を U_0 として，$u=U_0(y/h)\{1-(y/h)\}$ で表されるとする．このとき，$y=1.0$〔cm〕，$y=1.5$〔cm〕に作用する粘性剪断応力 $\tau_{v1.0}$，$\tau_{v1.5}$ をSI単位系で求めよ．ただし，$U_0=3.5$〔cm/s〕，水の密度 $\rho=0.998$〔g/cm³〕，水の動粘性係数 $\nu=1.02\times10^{-2}$〔cm²/s〕とする．

第3章 静水力学

静止している水中の構造物には水圧（静水圧と呼ぶ）が作用する．本章では静水圧の基礎理論と計算法について学ぶ．

3.1 静水圧

(1) 静水圧と絶対圧力・ゲージ圧力

静止水中では摩擦力は働かず，圧力のみが作用する．この圧力を**静水圧**と呼んでいる．静水圧は次の2つの重要な性質をもっている．

① 考える面に垂直に働く．
② 水中の任意の点ではあらゆる方向から等しい水圧が作用する（静水圧の等方性という）．

図3-1に示すように，水面から深さzの位置の体積が$dx\,dy\,dz$の微小ユニットを考える．この微小ユニットの上面に下向きに作用する静水圧の強さをp_T（単位面積に働く水圧）とすると，下面には上向きに静水圧$p_T+(dp/dz)dz$が働く．よって，微小ユニットに作用する鉛直方向の力の釣り合い式は，

$$p_T \cdot dxdy - \left(p_T + \frac{dp_T}{dz}dz\right)dxdy + W = 0 \tag{3-1}$$

ここに，Wは微小ユニットに作用する重力（重量）であり，$W=\rho g\,dx\,dy\,dz$である．同式より，dp_T/dzは，

$$dp_T/dz = \rho g \tag{3-2}$$

積分するとp_Tは，

$$p_T = \rho gz + \text{const.} \tag{3-3}$$

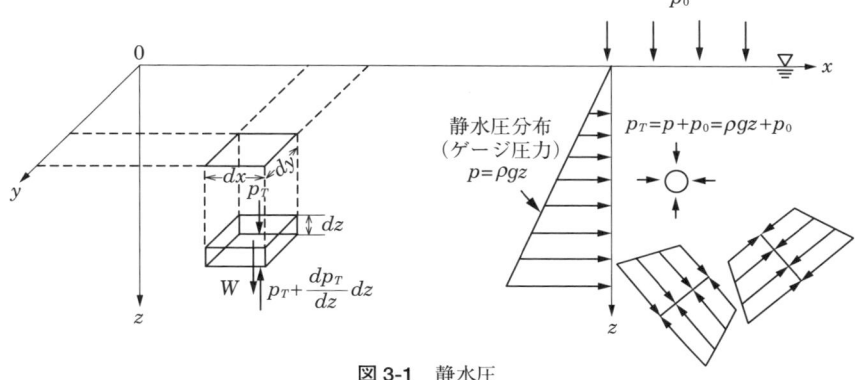

図 3-1 静水圧

式(3-3)中のconst.は水面$z=0$での水圧が$p_T=p_0$(**大気圧**)の条件より，const.$=p_0$であるからp_Tは，

$$p_T = \rho g z + p_0 : 絶対圧力 \tag{3-4}$$

ここで，p_Tは真空の状態を基準とした圧力であり，**絶対圧力**と呼ばれる．一方，地球上では**大気圧**p_0があらゆるものにあらゆる方向から作用して釣り合っているので，水理学では絶対圧力から大気圧を引いた圧力（**ゲージ圧力**）が使用されることが多い．つまり，ゲージ圧力は，

$$p = \rho g z : ゲージ圧力 \tag{3-5}$$

式(3-5)よりゲージ圧力で表す静水圧pは，水面（$z=0$）で$p=0$であり，深さzの増加につれて直線的に増加する**三角形分布**となることがわかる．以後，本書では特にことわらない限り，圧力にはゲージ圧力を用いる．

ポイント 3.1. 水平方向の力の釣合い

図 3-1の微小ユニットの水平方向の相対する面には等しい圧力が反対方向に作用して釣り合っている．よって，水平方向の力の釣り合いは考える必要がない．

ポイント 3.2 静水圧の等方性の理由

図のように，水中の奥行き1，斜面長Lの三角柱を考える．このとき，x方向の力の釣り合い式は，斜面に作用する静水圧pのx方向成分をp_xとして

3.1 静水圧

式①となる．また，式①に $dz = L\sin\theta$ の関係を代入して整理すると式②を得る．

$$-pL\sin\theta + p_x dz = 0 \qquad ①$$
$$p = p_x \qquad ②$$

z 方向の釣り合い式は p の z 方向成分を p_z とし，また，圧力のほかに三角柱の重さ $\rho g\, dx\, dz/2$ を考えると式③となる．また，式③に $dx = L\cos\theta$, $dz = L\sin\theta$ の関係を代入すると式④を得る．

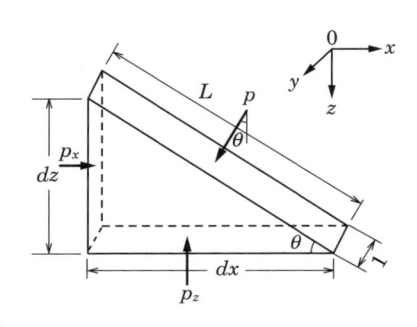

$$pL\cos\theta - p_z dx + \rho g \frac{dx\, dz}{2} = 0 \qquad ③$$
$$p - p_z + \rho g \frac{L\sin\theta}{2} = 0 \qquad ④$$

式④で，三角柱が無限に小さい場合（$L \to 0$）を考えると $p = p_z$ となる．よって，この関係と式②より，$p = p_x = p_z$ を得る．以上より，静水圧の等方性が証明される．

ポイント 3.3　静水圧

静水圧 p（ゲージ圧力）は水深のみで定まり，$p = \rho g z$ である．なお，大気圧 p_0 とは地上における大気層の単位面積当たりの空気の重さであり，水銀柱で 760 mm（水銀 Hg の比重は 13.6 より水柱に換算すると 10.34 m）に等しい．よって，$p_0 = 10.34 \times 10^3\,[\text{kgf/m}^2] = 10.34 \times 9.8 \times 10^3\,[\text{N/m}^2]$ より，

$$p_0 = 760\,[\text{mmHg}] = 10.34\,[\text{m H}_2\text{O}] = 101.3\,[\text{kN/m}^2] = 101.3\,[\text{kPa}]$$

　　　　　水銀柱換算高　　　　水柱換算高

ポイント 3.4　絶対圧力とゲージ圧力の関係

絶対圧力 p_T とゲージ圧力 p の関係を下図に示す．ゲージ圧力で $p = 0$ から $p = -101.3\,[\text{kN/m}^2]$ までの水圧は絶対圧力 p_T では負圧となる．

絶対圧力 p_T ――――――$\overset{0}{\underset{\text{真空}}{\big|}}$――$\overset{\bullet}{p_0=101.3\,[\text{kN/m}^2]}$――――

$-p_0=-101.3\,[\text{kN/m}^2]$

ゲージ圧力 p ――――$\underset{\text{負圧}}{\big|\longleftarrow\longrightarrow\overset{0}{\big|}}$――――――

絶対圧力とゲージ圧力の関係

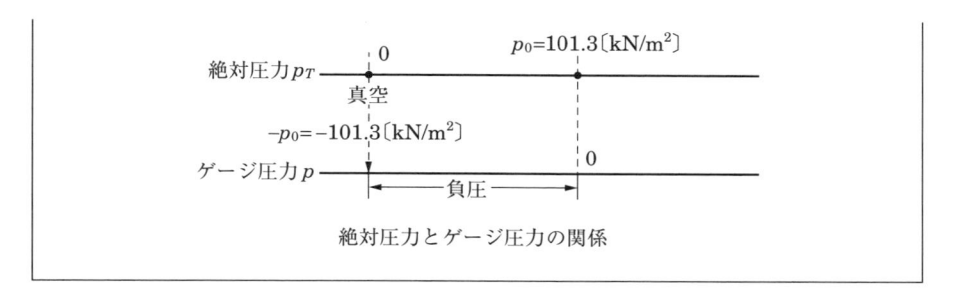

(2) 水槽中の静水圧と圧力分布の整理

図 3-2 は片側のピストンの上に錘を乗せた場合の水槽中の静水圧とその分布を示す．同図のように静水圧 p は高さ z だけで決まるので，同一の高さにある点には同じ大きさの静水圧が作用する．よって，水深 h_1 ($z=h_1$) の点 A，B には同じ大きさの静水圧 $p_A=p_B=\rho g h_1$ が，同様に $z=h_1+h_2$ の点 C，点 D には $p_C=p_D=\rho g(h_1+h_2)$ の静水圧が作用する．また，錘の重量によって下降したピストンの下面の E 点の静水圧 p_E は，同点の左側水槽の静水面からの水深で定まり，$p_E=\rho g h_3$ となる．

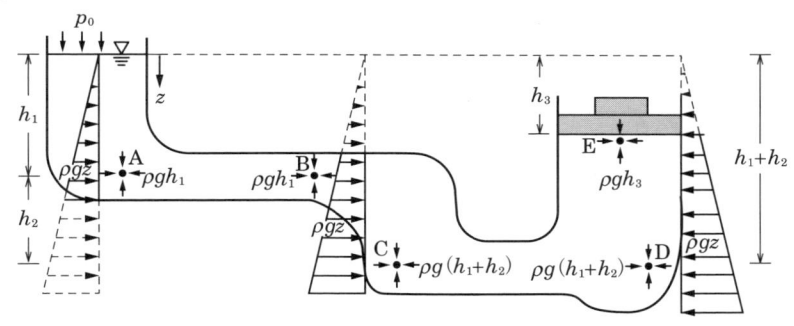

図 3-2 水槽の中の静水圧

(3) パスカルの原理の応用

2.2 節の (4) 項に述べた**パスカルの原理**の応用を考える．図 3-3 のように水で満たされた，断面積 A_1，A_2 の U 字管の左右のピストン①，②の上に重さ W_1，W_2 の錘を乗せる．このとき，両ピストンの底面の高さが同一の場合は両ピストンの下面に作用する静水圧 p は左右で等しい．また，ピストン①，②の底面に作用す

る全静水圧 P_1, P_2 は $P_1=W_1$, $P_2=W_2$ より次式が成立する．

$$p_1 = \frac{P_1}{A_1} = \frac{P_2}{A_2} = p_2 \rightarrow P_2 = P_1 \frac{A_2}{A_1} \rightarrow W_2 = W_1 \frac{A_2}{A_1} \quad (3\text{-}6)$$

式 (3-6) より，小さな断面のピストンに軽い W_1 の錘を乗せることによって，大きな断面のピストンの重い重量 W_2 の物体が支えられることがわかる．このパスカルの原理は工学的に幅広く応用されている．

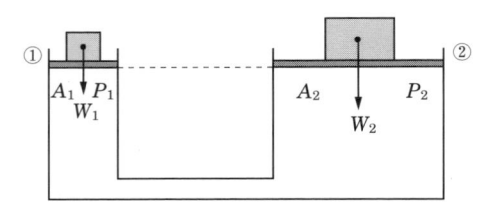

図 3-3 パスカルの原理

ポイント 3.5　パスカルの原理の応用

両ピストンが高低差 z の状態で静止している場合を考える．このとき，それぞれのピストンの直下面における全静水圧 P_1, P_2 はそれぞれ $P_1=W_1$, $P_2=W_2$ である．よって，同一の高さにある，点 a，点 b の静水圧 p_a, p_b は $p_a=P_1/A_1$, $p_b=P_2/A_2+\rho g z$ であり，また，$p_a=p_b$ であるので P_1 と P_2 の関係は，

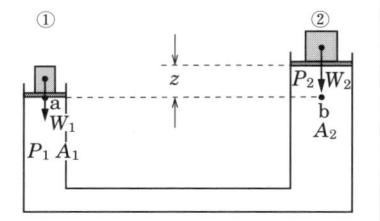

$$p_a = \frac{P_1}{A_1} = \frac{P_2}{A_2} + \rho g z = p_b \rightarrow P_2 = P_1 \frac{A_2}{A_1} - \rho g z A_2$$

3.2　平面に働く静水圧

(1) 鉛直平板に働く静水圧

▶ **a. 基礎原理**

図 3-4 のように水中に鉛直に置かれた面積 A の平板に作用する静水圧について考える．静水圧は $p=\rho g z$ で与えられるから，微小面積 $dA=b(z)dz$ に作用する水圧を dP とすると，平面に働く**全静水圧** P は，

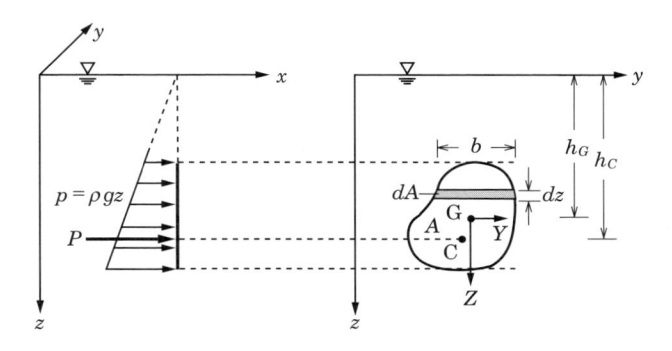

図 3-4　鉛直平板に働く静水圧

$$P = \int dP = \rho g \int zb(z)dz = \rho g \int_A zdA = \rho g h_G A \tag{3-7}$$

ただし，h_G は平板の図心 G の深さ（圧力の中心）であり，次式で定義される．

$$h_G A = \int_A zdA \rightarrow h_G = \frac{\int_A zdA}{A} \tag{3-8}$$

次に，水表面から全静水圧 P の作用点までの深さ h_C（平板に作用する分布加重 p を集中加重 P に置き換えるための位置）を求める．全静水圧の y 軸まわりのモーメント $P \cdot h_C$ は各微小部分に働く静水圧の y 軸まわりのモーメントの合計に等しいので，

$$P \cdot h_C = \int dP \cdot z = \rho g \int zbdz \cdot z = \rho g \int bz^2 dz = \rho g \int_A z^2 dA = \rho g I \tag{3-9}$$

ここに，I は平板の y 軸まわりの**断面二次モーメント**である．ここで，平板の図心 G を通る，Y–Z 座標を考えると，$z = h_G + Z$ であるから，断面二次モーメント I は次式のように書き直すことができる．

$$I = \int_A z^2 dA = \int_A (h_G + Z)^2 dA = h_G^2 \underbrace{\int dA}_{\sim h_G^2 A} + 2h_G \underbrace{\int ZdA}_{\sim 0} + \underbrace{\int Z^2 dA}_{\sim I_0} \tag{3-10}$$

式 (3-10) で Y 軸は図心を通るので右辺第 2 項は 0 より，

$$I = h_G^2 A + I_0 \tag{3-11}$$

ここに，I_0 は平板の図心 G を通る Y 軸まわりの断面二次モーメントである．結

局，h_C は式(3-9)に式(3-7)，式(3-11)を代入して次式で与えられる．

$$h_C = \frac{\rho g I}{P} = h_G + \frac{I_0}{h_G A} \tag{3-12}$$

つまり，h_C は図心より $I_0/h_G A$ だけ鉛直下方に位置することがわかる．

> **ポイント 3.6　図心と重心**
>
> 　重心とは物体の各部分に働く重力の作用と等価な合力の作用するべき点（質量の中心点）である．一方，図心とは平面図形の面積の中心である．均質な密度の平板の図心と重心の位置は一致する．

> **ポイント 3.7　鉛直平板に働く静水圧の整理**
>
> 　静水圧：$p = \rho g z$　　　　，　　　　全静水圧：$P = \rho g h_G A$
>
> 　全静水圧 P の作用点 C の水深：$h_C = \dfrac{\rho g I}{P} = h_G + \dfrac{I_0}{h_G A}$
>
> 〔注〕I_0 は図心を通る Y 軸まわりの断面二次モーメント

▶ b. 簡便な静水圧の計算法

　既述のように，静水圧の計算には積分の操作や断面二次モーメントの計算が必要であるが，平面形状が複雑になると，その計算はしばしば困難を伴う．ただし，水理学で一般に使用される代表的な平面形状の場合については，面積 A，図心 G の図形底面からの位置 z_G，図心を通る Y 軸まわりの断面二次モーメント I_0 が**図 3-5**に示すように与えられている．同図の結果を使用すれば，簡単な静水圧の計算が可能となり，以下にその計算事例を示す．

　図 3-6 のように水中に鉛直に挿入した三角形の平板に作用する全静水圧 P と作用点の水深 h_C 求めることを考える．このときの A，h_G，I_0 は**図 3-5**より，

$$A = \frac{bh}{2}, \quad I_0 = \frac{bh^3}{36}, \quad h_G = h_0 - z_G = h_0 - \frac{h}{3} \tag{3-13}$$

したがって，P（式(3-7)）と h_c（式(3-12)）はそれぞれ次式で与えられる．

図 形	面積 A	図心 z_G	図心を通るY軸まわりの断面二次モーメントI_0
長方形 $b \times h$	bh	$\dfrac{h}{2}$	$\dfrac{bh^3}{12}$
三角形	$\dfrac{bh}{2}$	$\dfrac{h}{3}$	$\dfrac{bh^3}{36}$
台形	$\dfrac{(a+b)h}{2}$	$\dfrac{h}{3}\cdot\dfrac{2a+b}{a+b}$	$\dfrac{h^3}{36}\cdot\dfrac{a^2+4ab+b^2}{a+b}$
円	πa^2	a	$\dfrac{\pi a^4}{4}$
楕円	πab	b	$\dfrac{\pi ab^3}{4}$

図 3-5 代表的な平面状形のA, z_G, I_0

$$P = \rho g h_G A = \rho g\left(h_0 - \dfrac{h}{3}\right)\dfrac{bh}{2}$$

$$h_C = h_G + \dfrac{I_0}{h_G A} = \left(h_0 - \dfrac{h}{3}\right) + \dfrac{bh^3}{36}\dfrac{1}{\left(h_0 - \dfrac{h}{3}\right)\dfrac{bh}{2}} \tag{3-14}$$

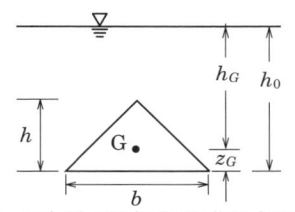

図 3-6 三角形の鉛直平面に作用する静水圧

3.2 平面に働く静水圧

> **ポイント 3.8** 全静水圧 P の作用点の深さ h_C を求める2種類の方法
>
> ① 全静水圧 P を静水圧 $p=\rho g z$ の分布の積分より求め（式(3-7)），また，その作用点 h_C を式(3-9)より直接求める方法．
> ② 全静水圧を $P=\rho g h_G A$（式(3-7)），その作用点の水深を $h_C = h_G + I_0/(h_G A)$（式(3-12)）より求める方法．
>
> 〔注〕図3-5のように，A, z_G, I_0 が与えられている平面形状の場合は一般に方法②が便利である．

▶ c. 両面から静水圧を受ける鉛直平板の簡便な計算法

図3-7のように幅 B の鉛直なセキ板で2つの水域の水が分離されている場合を考える．このとき，セキ板に作用する全静水圧 P およびその作用点 h_C を求める．ただし，セキ板の左の諸量に添字1を，右側の諸量に添字2を付けて表す．

セキ板の左右両側から作用する全静水圧 P_1, P_2 およびその合力 P は，

$$P_1 = \rho g h_{G1} A_1 = \rho g \frac{h_1}{2} h_1 B = \frac{1}{2}\rho g h_1^2 B$$

$$P_2 = \rho g h_{G2} A_2 = \rho g \frac{h_2}{2} h_2 B = \frac{1}{2}\rho g h_2^2 B$$

$$P = P_1 - P_2 \quad \text{(作用方向は水平方向に左から右)} \tag{3-15}$$

一方，P_1, P_2 の作用点の水深 h_{C1}, h_{C2} は，

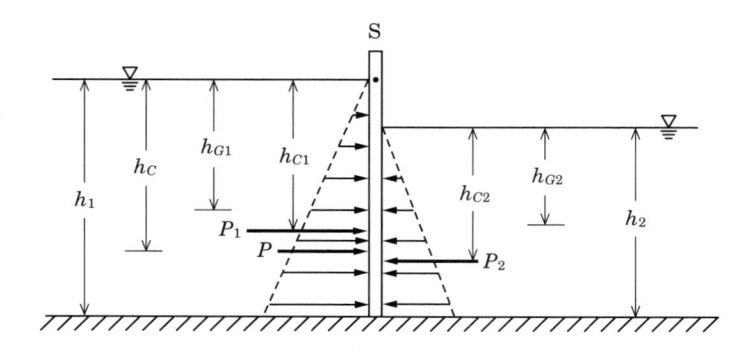

図 3-7 両側から静水圧を受ける鉛直セキ板

$$h_{C1} = h_{G1} + \frac{I_{01}}{h_{G1}A_1} = \frac{h_1}{2} + \frac{Bh_1{}^3/12}{(h_1/2)(Bh_1)} = \frac{2}{3}h_1$$

$$h_{C2} = h_{G2} + \frac{I_{02}}{h_{G2}A_2} = \frac{h_2}{2} + \frac{Bh_2{}^3/12}{(h_2/2)(Bh_2)} = \frac{2}{3}h_2 \tag{3-16}$$

式(3-15),式(3-16)より,静水圧の合力Pの作用点の水深h_C（左側のセキ板の水表面からの距離）は,点S回りのモーメント（反時計回りが正）をとり次式のように求まる.

$$Ph_C = P_1 h_{C1} - P_2(h_1 - h_2 + h_{C2}) \quad \Rightarrow \quad h_C = \frac{P_1 h_{C1} - P_2(h_1 - h_2 + h_{C2})}{P} \tag{3-17}$$

ポイント 3.9　合力の作用点の位置の計算法

全静水圧の合力の作用点の位置は,任意の1点に関する合力のモーメントと分力のモーメントの和を等値して定める.

(2) 傾斜平板に働く静水圧

▶ a. 基礎原理

図3-8のように,水中で傾斜した面積Aの平板に作用する静水圧について考える.s軸とz軸との関係は$z = s\sin\theta$で,静水圧$p = \rho g z = \rho g s \sin\theta$であるから,作用する**全静水圧**$P$は(式(3-7)参照),

$$P = \int dP = \rho g \int_A z \, dA = \rho g \sin\theta \int_A s \, dA = \rho g s_G A \sin\theta \tag{3-18}$$

ここで,s_Gは斜面に沿った水面から図心までの距離である.式(3-18)に$h_G = s_G \sin\theta$の関係を代入するとPは,

$$P = \rho g h_G A \tag{3-19}$$

つまり,傾斜平板に働く全静水圧は鉛直平板の全静水圧を求める式と同一である(式(3-7)).また,Pのx方向成分P_x,z方向成分P_zおよびPのそれぞれの関係は次式で与えられる.

$$P_x = P\sin\theta = \rho g h_G A \sin\theta = \rho g h_G A_x \quad (h_G : A_x\text{の図心までの深さ})$$

$$P_z = P\cos\theta = \rho g h_G A \cos\theta = \rho g h_G A_z = \text{斜面上の鉛直水柱の重量}$$

$$P = \sqrt{P_x{}^2 + P_z{}^2} \tag{3-20}$$

ここに,A_xはAのx軸に垂直なy-z平面への投影面積,A_zはAのz軸に垂直な

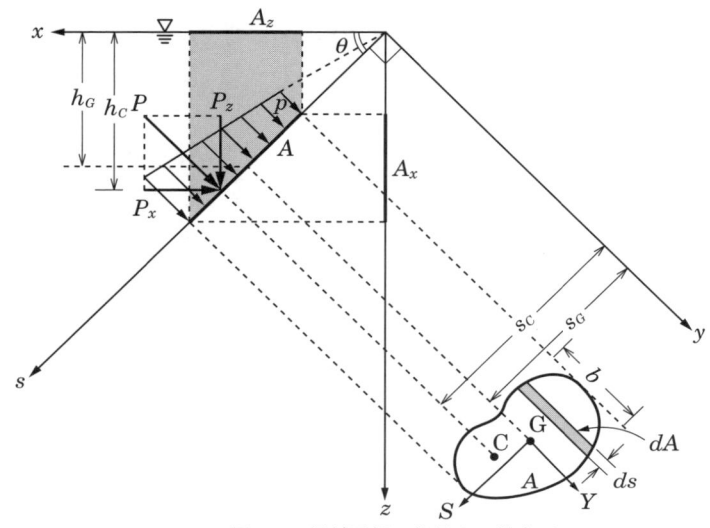

図 3-8 傾斜平板に作用する静水圧

x–y 平面への投影面積である．なお，式(3-20)より P_z は考える平面から水面までの水柱の重さであることがわかる（図3-8中の　　部分）．

次に，s 軸上の水面から水圧の作用点までの距離 s_C とそれに対応する水深の値 h_C を求めることを考える．全水圧の y 軸周りのモーメント $P \cdot s_C$ は各微小部分に働く静水圧の y 軸周りのモーメントの合計に等しい（式(3-9)参照），また，式(3-11)と同様に $I = s_G{}^2 A + I_0$ とおくと，

$$P \cdot s_C = \int dP \cdot s = \rho g \int z dA \cdot s = \rho g \int s \sin\theta b ds \cdot s = \rho g \sin\theta \int s^2 b ds$$
$$= \rho g \sin\theta \int_A s^2 dA = \rho g \sin\theta I = \rho g \sin\theta \left(s_G{}^2 A + I_0\right) \quad (3\text{-}21)$$

ここに，I_0 は図心を通る Y 軸まわりの断面二次モーメントである．したがって，s_C と h_C の値はそれぞれ，

$$s_C = \frac{\rho g \sin\theta I}{P} = s_G + \frac{I_0}{s_G A}$$
$$h_C = s_C \sin\theta \quad (3\text{-}22)$$

▶ **b．基礎原理の応用例**

図3-9のような幅 B，傾斜角度 $\theta = 60°$ の傾斜平板に作用する全静水圧 P と作用

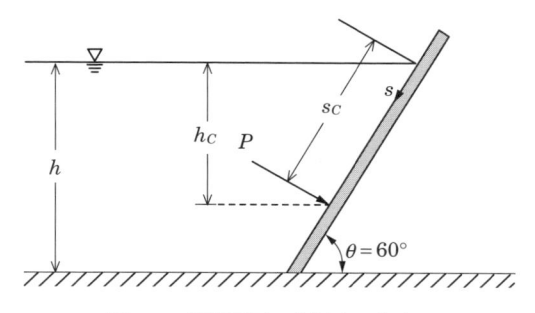

図 3-9 傾斜平板に作用する静水圧

点の水深 h_C を求める．このとき，傾斜平板に作用する全静水圧 P と作用点の位置 s_C は $\sin 60°=\sqrt{3}/2$ であるから，式 (3-19)，式 (3-22) より，

$$P = \rho g h_G A = \rho g \frac{h}{2}\frac{h}{\sin 60°}B = \frac{1}{\sqrt{3}}\rho g h^2 B$$

$$s_C = s_G + \frac{I_0}{s_G A} = \frac{1}{2}\frac{h}{\sin 60°} + \frac{1}{12}B\left(\frac{h}{\sin 60°}\right)^3 \frac{1}{\frac{1}{2}\frac{h}{\sin 60°}\frac{h}{\sin 60°}\cdot B}$$

$$= \frac{1}{\sqrt{3}}h + \frac{1}{3\sqrt{3}}h = \frac{4}{3\sqrt{3}}h = \frac{4}{9}\sqrt{3}h \tag{3-23}$$

また，作用点の水深 h_C は $h_C = s_C \sin\theta$ より，

$$h_C = \frac{4}{9}\sqrt{3}h\sin 60° = \frac{2}{3}h \tag{3-24}$$

以上より，傾斜平板の全静水圧 P の大きさは傾斜平板の傾き θ によって異なるものの，その作用点の水深 h_C は鉛直平板と一致することがわかる．

> **ポイント 3.10　傾斜平板に働く静水圧の整理**
>
> 静水圧：$p = \rho g s \sin\theta = \rho g z$，　全静水圧：$P = \rho g s_G \sin\theta A = \rho g h_G A$
>
> P の x 成分 P_x：$P_x = P\sin\theta = \rho g h_G A\sin\theta = \rho g h_G A_x$
>
> P の z 成分 P_z：$P_z = P\cos\theta = \rho g h_G A\cos\theta = \rho g h_G A_z$
>
> P，P_x，P_z の関係：$P = \sqrt{P_x^2 + P_z^2}$
>
> P の作用点の位置と水深：$s_C = \dfrac{\rho g \sin\theta I}{P} = s_G + \dfrac{I_0}{s_G A}$，　$h_C = s_C \sin\theta$
>
> 〔注〕I_0 は図心を通る Y 軸まわりの断面二次モーメント

3.2　平面に働く静水圧

(3) 曲面に作用する静水圧

▶ a. 基礎原理

図3-10のように静水中に置かれた面積Aの曲面に作用する静水圧を考える．このとき，Aのx, y, z軸に垂直な面への投影面積をA_x, A_y, A_zとする．また，曲面上にとられた**微小ユニット**の面積をdAとし，その方向成分を$(dA)_x$, $(dA)_y$, $(dA)_z$とする．このとき，dAに作用する圧力dPの方向成分，$(dP)_x$, $(dP)_y$, $(dP)_z$は，

$$(dP)_x = \rho gz(dA)_x, \; (dP)_y = \rho gz(dA)_y, \; (dP)_z = \rho gz(dA)_z \quad (3\text{-}25)$$

よって，曲面全体に作用する全静水圧Pのx, y, z方向成分P_x, P_y, P_zは，

$$P_x = \int_{A_x} \rho gz(dA)_x = \rho g h_{Gx} A_x \quad (h_{Gx}：A_x の図心までの深さ)$$

$$P_y = \int_{A_y} \rho gz(dA)_y = \rho g h_{Gy} A_y \quad (h_{Gy}：A_y の図心までの深さ) \quad (3\text{-}26)$$

$$P_z = \int_{A_z} \rho gz(dA)_z = 曲面上の鉛直水柱の重量$$

以上より全静水圧Pは$P = \sqrt{P_x^2 + P_y^2 + P_z^2}$で与えられる．また，$P_x$, P_yは考える曲面のx, y軸に垂直な投影面に働く全静水圧に等しい．一方，P_zは，その曲面を底として水面に達する鉛直な水中の重さに等しいことがわかる．なお，P_zの作用点は鉛直水中の重心を通る鉛直線上に位置する．

全静水圧PのA_x, A_y上における作用線の位置の水深h_{Cx}, h_{Cy}は鉛直平面に対する場合と同様にして求められ，

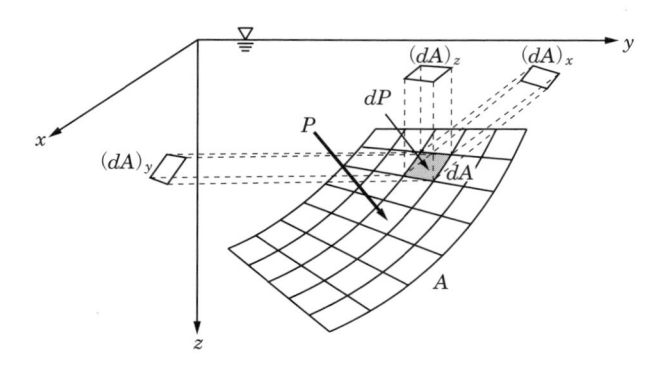

図 3-10 曲面に作用する静水圧

$$h_{Cx} = h_{Gx} + \frac{I_{0x}}{h_{Gx}A_x} \quad , \quad h_{Cy} = h_{Gy} + \frac{I_{0y}}{h_{Gy}A_y} \tag{3-27}$$

ここに，h_{Gx}, h_{Gy} は A_x, A_y における図心，I_{0x}, I_{0y} は A_x, A_y の図心まわりの断面二次モーメントである．

ポイント 3.11　曲面に働く静水圧

静水圧：$p = \rho g z$

全静水圧 P および P_x, P_y, P_z の関係：$P = \sqrt{P_x^2 + P_y^2 + P_z^2}$

　ここに $P_x = \rho g h_{Gx} A_x$, $P_y = \rho g h_{Gy} A_y$, $P_z =$ 曲面上の水柱重量

全静水圧 P の作用点 C の水深：$h_{Cx} = h_{Gx} + \dfrac{I_{0x}}{h_{Gx}A_x}$, $h_{Cy} = h_{Gy} + \dfrac{I_{0y}}{h_{Gy}A_y}$

〔注〕I_{0x} は A_x の図心を通る Y 軸まわり，I_{0y} は A_y の図心を通る X 軸まわりの断面二次モーメント

▶ **b. 基礎原理の応用例**

図 3-11 (a) のような幅 B の半円弧状のゲートに作用する静水圧について考える．

まず，図 3-11 (b) のようにゲートの右側に水深 $h = r$ で水が停滞している場合について考察する．このとき，全静水圧 P の水平方向成分 P_h とその作用点の水深 x_h (図 3-12 参照) は，ゲートの鉛直面に投影した平板 (面積 $A = Bh$) に作用する静水圧の問題として求められ (式(3-16)，式(3-26)参照)，

$$P_h = \rho g h_G A = \frac{1}{2} \rho g h^2 B \quad , \quad x_h = \frac{2}{3} h \tag{3-28}$$

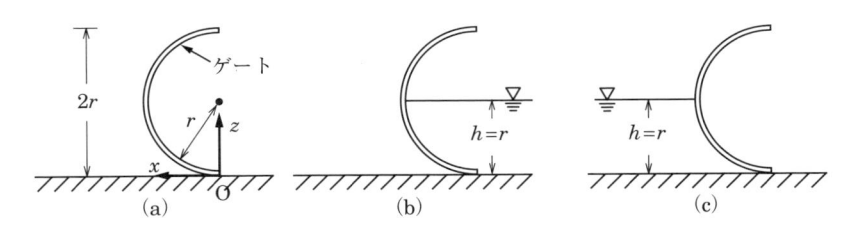

図 3-11　円弧ゲートに作用する静水圧

また，ゲートに作用する全静水圧 P の鉛直方向成分 P_v は図3-12中の▨▨部分（体積 V）の水の重量であるので，

$$P_v = \rho g V = \rho g \frac{1}{4}\pi h^2 B \tag{3-29}$$

この P_v は鉛直下向に作用する．また，P_v の作用線の点Aからの水平距離 x_v は円弧の中心点Aの回りの P_h, P_v のモーメントの和と合力 P のモーメント（P はゲート面に直交するので，その作用線は円の中心点Aを通るので腕の長さが0）が等しいとおくことによって求められる．つまり，x_v は，

$$P_h x_h - P_v x_v = P \times 0 \rightarrow x_v = x_h \frac{P_h}{P_v} = \frac{2}{3}h\frac{P_h}{P_v} = \frac{4}{3\pi}h \tag{3-30}$$

なお，全静水圧 P と，その作用線が水平となす角 α，および P のゲートへの作用点の水深 h_C は，

$$P = \sqrt{P_h{}^2 + P_v{}^2}$$

$$\tan\alpha = \frac{P_v}{P_h} \Rightarrow \alpha = \tan^{-1}\left(\frac{P_v}{P_h}\right)$$

$$h_C = h\sin\alpha \tag{3-31}$$

次に，図3-11(c)のようにゲートの左側に水深 $h=r$ で水が停滞している場合について考察する．P_h, x_h は図3-11(b)の問題と同様であるから，

$$P_h = \rho g h_G A = \frac{1}{2}\rho g h^2 B, \quad x_h = \frac{2}{3}h \tag{3-32}$$

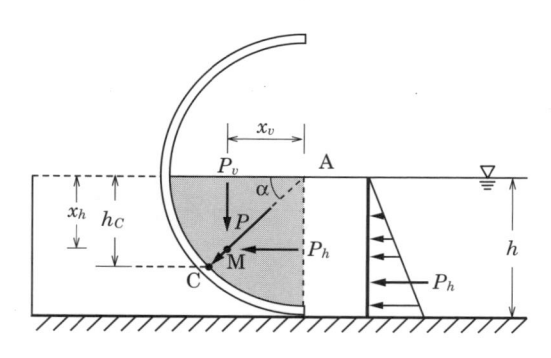

図3-12 円弧ゲートに作用する静水圧（点Mは全静水圧の作用点）

つまり，P_h の値は図 3-11(b) と同値となるが，その作用方向は逆向きである．一方，P_v は図 3-13 の ▨ 部分の水の重量に等しい．つまり，図 3-11(b) と同値となるが，方向は逆に鉛直上向きとなる（ポイント 3.12 参照）．よって，

$$P_v = \rho g V = \rho g \frac{1}{4}\pi h^2 B \tag{3-33}$$

また，P_v の作用線の座標 x_v は図 3-11(b) のケースと同様に取り扱い，式 (3-30) と一致する結果を得る．さらに，全静水圧 P の作用線が水平面となす角 α および P のゲートへの作用点の水深 h_C も式 (3-31) と一致する．

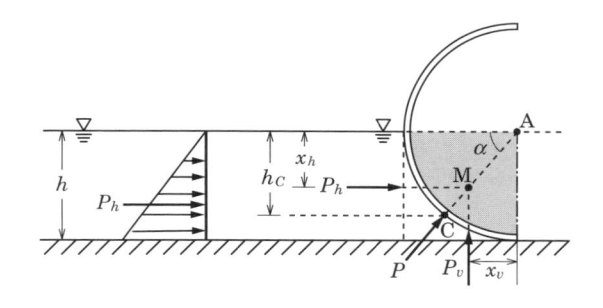

図 3-13 円弧ゲートに作用する静水圧（点 M は全静水圧の作用点）

ポイント 3.12　円弧ゲートに作用する静水圧

① ゲートの左右の水深が同一ならば，ゲート上の任意の点には同じ強さの圧力が左右から逆向きに作用する（$p_1 = p_2$）．よって，ゲート全体に作用する全静水圧 P の合力は 0 である（$P_1 = P_2$）．また，$P_{h1} = P_{h2}$ より $P_{v1} = P_{v2}$ である．よって，P_{v1} は ▨ 部分の水の重量に等しいので，P_{v2} も ▨ 部分の水の重量に等しいこととなる（$P_{v1} = P_{v2}$，ただし，方向は逆）．なお，P_{v2} は図の ▨ 部分の重量であると考えがちであるが誤りである．

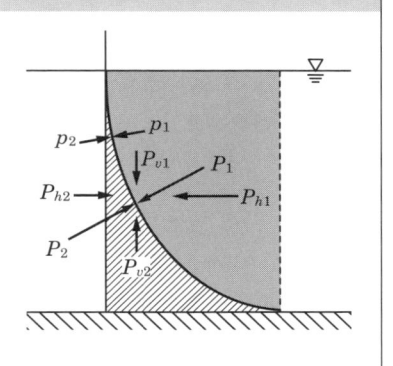

②図のように半円弧状ゲートの天端まで水位が達している場合を考える．このとき，ゲートのBC部分にはBCD部分（▽の部分で体積V_1）の水の重量に等しい力P_{v1}が鉛直下向きに働く．また，ゲートのCO部分にはBAOCD部分（◐の部分で体積V_2）の水の重量に等しい力P_{v2}が鉛直上向きに働く．つまり，鉛直方向の合力P_vは図の █ 部分の水の重量(◖の部分)，つまり，ゲートが排除した水の重量に等しく，作用方向は鉛直上向となる．

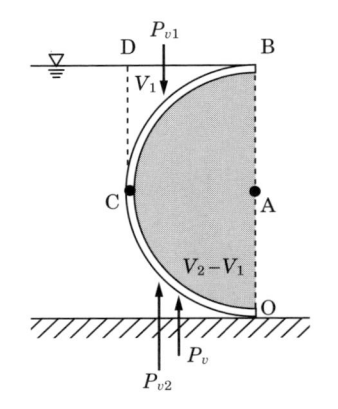

③図3-13のような円弧ゲートP_vが上向きに作用しているが，同時にP_hが作用してA点回りのモーメントは0となるのでゲートが浮き上がる心配はない．

3.3　圧力計（マノメータ）

マノメータとは，管内や密閉容器中などの大気に接触していない液体の圧力の測定のために管などから引き出した細い管である．マノメータには流体の高さが目視できるような透明な管を用いることが多い．ここでは，その基本的なものについて述べる．

図3-14(a)では，密度ρ_wの流体で満たされている管から導水管で流体が**鉛直マノメータ**に導かれている．このとき，管央のA点の圧力p_Aは同じ高さのB点の圧力$p_B = \rho_w gh$と等しい．よって，マノメータ内の流体の高さhは，

$$p_A = p_B = \rho_w gh \quad \rightarrow \quad h = p_A / \rho_w g \tag{3-34}$$

つまり，hがわかればA点の圧力が得られることになる．一方，図3-14(b)のようにマノメータを角度θで傾けた場合（**傾斜マノメータ**という）のマノメータ内の流体の長さzは$h = z\sin\theta$，$p_A = p_B$より，

$$p_A = p_B = \rho_w gh = \rho_w gz\sin\theta \quad \rightarrow \quad z = \frac{p_A}{\rho_w g \sin\theta} \tag{3-35}$$

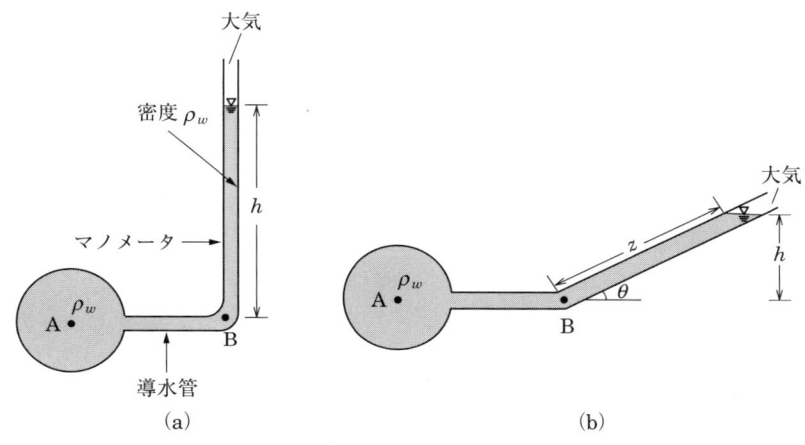

図 3-14 マノメータ

式(3-35)より，z がわかればA点の圧力が得られる．つまり，傾斜マノメータでは鉛直マノメータに比較して圧力および圧力差を拡大され（$z = h/\sin\theta$ より），目視しやすくなることが特徴である．

一方，2つの管の圧力差の測定には，**図3-15**のように密度の異なる液体を管内に封入したマノメータが使用される（**差圧マノメータ**という）．ここで，両管の圧力差が大きい場合は，**図3-15**(a)のように，管内流体よりも密度の大きい液体がマノメータ内に封入される．測定したい管内の流体を密度 ρ_w の水，マノメータに封入する液体を**水銀**（密度は $\sigma_H \rho_4$，比重は $\sigma_H = 13.6$）とすると，①-①′断面の同じ高さの点Sと点Tの圧力が等しいから，圧力差 $p_A - p_B$ は，

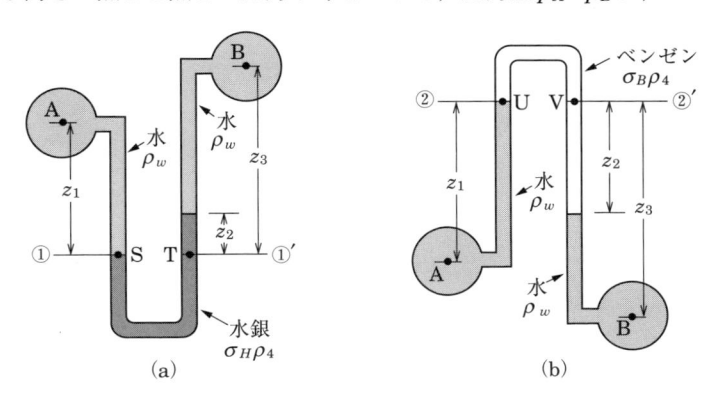

図 3-15 差圧マノメータ

点S: $p_S = p_A + \rho_w g z_1 = p_B + \rho_w g(z_3 - z_2) + \sigma_H \rho_4 g z_2 = p_T$:点T

$$\rightarrow \quad p_A - p_B = \rho_w g(z_3 - z_2 - z_1) + \sigma_H \rho_4 g z_2 \quad (3\text{-}36)$$

ここで，$z_1 = z_3$（点Aと点Bの高さが等しい）ならばz_2は，

$$z_2 = \frac{p_A - p_B}{(\sigma_H \rho_4 - \rho_w)g} \quad (3\text{-}37)$$

このように密度の大きい液体を封入した差圧マノメータを使用すれば大きな圧力差を目視できる範囲に小さくして可視化できることがわかる．この場合，$\sigma_H = 13.6$，$\rho_w \sim \rho_4 = 1\,000\,[\mathrm{kg/m^3}]$であるから，式(3-37)の分母より両管の圧力差を約1/12に縮小して可視化できることがわかる．

一方，両管の圧力差が小さい場合は，**図3-15**(b)のように**ベンゼン**などの密度の小さい液体がマノメータ内に封入される．測定したい管内の流体を密度ρ_wの水，マノメータに封入する液体をベンゼン（密度は$\sigma_B \rho_4$，比重は$\sigma_B = 0.88$）とすると，②-②′断面の同じ高さの点Uと点Vの圧力が等しいから，圧力差$p_A - p_B$は，

点U: $p_A - \rho_w g z_1 = p_B - \rho_w g(z_3 - z_2) - \sigma_B \rho_4 g z_2$:点V

$$\rightarrow \quad p_A - p_B = \rho_w g(z_1 + z_2 - z_3) - \sigma_B \rho_4 g z_2 \quad (3\text{-}38)$$

もし，$z_1 = z_3$（点Aと点Bの高さが等しい）ならばz_2は，

$$z_2 = \frac{p_A - p_B}{(\rho_w - \sigma_B \rho_4)g} \quad (3\text{-}39)$$

この場合，$\sigma_B = 0.88$，$\rho_w \sim \rho_4 = 1\,000\,[\mathrm{kg/m^3}]$であるから，式(3-39)の分母より両管の圧力差を約8倍に拡大して可視化できることがわかる．

ポイント 3.13　マノメータ内の静水圧

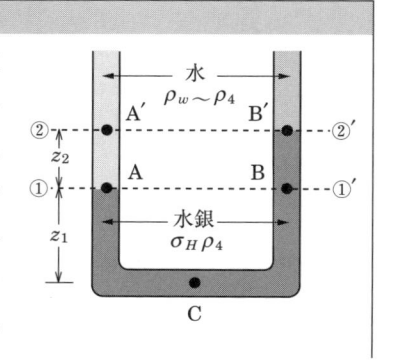

マノメータ内の同一の高さの静水圧が一致するのは，考えている領域の液体の密度が一定の場合に限られる．例えば，図のように水銀が封入されているマノメータで①-①′断面ではC点を基準にして$p_A = p_B = p_C - \sigma_H \rho_4 g z_1$が成立する．一方，②-②′断面ではC点を基準にして$p_{A'} = p_C - \sigma_H \rho_4 g z_1 -$

$\rho_w g z_2$, $p_{B'} = p_C - \sigma_H \rho_4 g(z_1 + z_2)$ であり，A′点とB′点の圧力は一致しない ($p_{A'} \neq p_{B'}$)．

3.4 浮力と浮体の安定・不安定および安定条件

(1) 浮 力

　水中に沈んでいる体積Vの物体を考える（図3-16(a)参照）．このとき，水平方向の投影面積は左右等しいので，全静水圧は左右で打ち消し合って釣り合う．よって，力の釣り合いは鉛直方向のみを考えればよい．

　ここで図3-16(a)のように物体に外接する鉛直な筒と物体表面が接する曲線をabcdとする．物体の同曲線より下部の表面積をA_1，上部の表面積をA_2，また，それぞれに作用する全静水圧の鉛直成分をP_1, P_2とする．このとき，P_1, P_2はそれぞれA_1, A_2を底とする鉛直水柱の重さに等しい．また，P_1は鉛直上向き，P_2は鉛直下向きであり，$P_1 \geqq P_2$であるから，鉛直方向の力の釣り合いは次式で与えられる．

$$P_1 - P_2 = \rho g V = B \tag{3-40}$$

つまり，水中に沈んだ物体は，物体が排除した体積Vに相当する水の重量に等

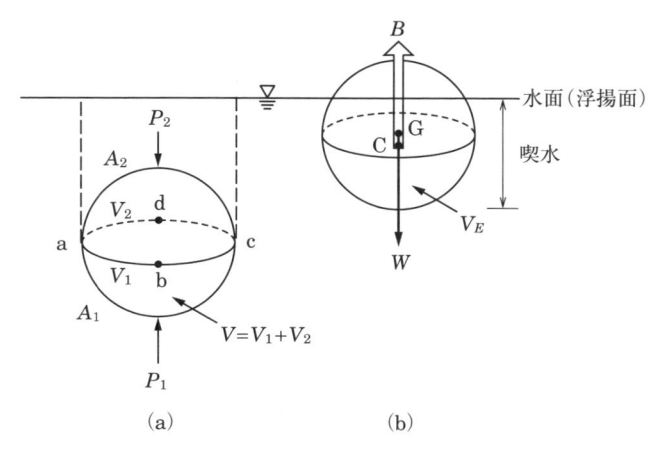

図 3-16 水中の物体に作用する浮力

しい力を鉛直上向きに受けることがわかる．この力は**浮力**Bと呼ばれる．

ここで，水面に浮かんでいる物体（**浮体**という，図3-16(b)参照）も併せて考える．物体に作用する浮力Bは物体が水に浮かんでいる場合と沈んでいる場合にかかわらず，水面下の部分の物体の体積（**排水体積**と呼ぶ）をV_Eとして，

$$B = \rho g V_E \tag{3-41}$$

つまり，物体は排水体積V_Eに相当する水の重量に等しい浮力を鉛直上向きに受ける（**アルキメデスの原理**という）．なお，浮体において，物体の水面で仕切られる面（**浮揚面**と呼ぶ）から水中の最深部までの長さを**喫水**と呼んでいる．このとき，水中に浮かんでいる物体に作用する重量Wと浮力Bが釣り合っている（$W=B$）．なお，重力Wは物体の重心Gに作用し，浮力Bは物体の水没部分を水で置き換えた部分の重心（**浮心**Cと呼ぶ）に作用する．

ここで，図3-17のように重さW，密度ρ_Iの物体が密度ρ_Sの液体中に浮かんでいる場合を考える．物体の体積をVとし，また水表面より上に出ている部分の体積をV_S，水中部分をV_E（排水体積）とする（$V=V_S+V_E$）．このとき，物体の重さWと浮力Bはそれぞれ次式で与えられる．

$$W = \rho_I g V \quad , \quad B = \rho_S g V_E \tag{3-42}$$

$W=B$より，物体の体積Vのうち，水面上に浮かんでいる部分の割合$\dfrac{V_S}{V}\left(=1-\dfrac{V_E}{V}\right)$は，

$$W = \rho_I g V = \rho_S g V_E = B \quad \Rightarrow \quad \frac{V_S}{V} = 1 - \frac{\rho_I}{\rho_S} \tag{3-43}$$

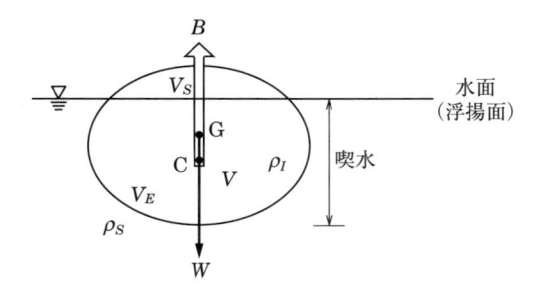

図 3-17 水中に浮かぶ物体に作用する浮力（$V=V_S+V_E$）

ポイント 3.14　浮力 B

水中に沈んでいるか，浮かんでいるかにかかわらず，物体には水中部分の体積（排水体積）に相当する液体の重量に等しい浮力（$B = \rho g V_E$）が鉛直上向に作用する．

ポイント 3.15　氷山の水中部分

海水の比重を 1.03（外洋水の標準的比重），氷山の比重を 0.92 とすると式 (3-43) より $V_S/V = 0.107$ となる．つまり，氷山の海面上に浮かんでいる部分は全体のわずか1割程度である．

(2) 浮体の安定・不安定と安定条件

▶ **a. 浮体の安定・不安定**

図3-18(a)のように，浮心Cが重心Gより上にある浮体が水に浮かんで静止している場合を考える．この浮体には重力Wと浮力Bが作用し，それぞれの力は等しく（$W = B$），その作用方向は逆向きである．また，重心Gと浮心Cは同一鉛直線上にある．次に，この浮体が時計回りに若干傾いた場合を考える（図3-18(b)参照）．このとき，水中部分の形状が変化して浮心Cは点C′に移動する．その結果，重さWと浮力Bによって反時計回りの偶力が形成され，傾いた浮体を元の位置に戻すように働く．これを**復元力**と呼んでいる．また，そのような浮体は**安定**であるという．

一方，図3-18(d)のように，重心の位置が高くて若干傾いた浮体に作用する**偶**

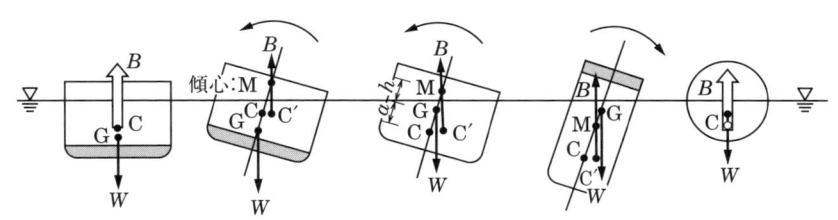

(a)	(b) 常に安定：$h > 0$ (CがGより高い，$a < 0$)	(c) 安定：$h > 0$ (CがGより低い，$a > 0$)	(d) 不安定：$h < 0$ (CがGより低い，$a > 0$)	(e) 中立：$h = 0$

W：重力，B：浮力，C：浮心，G：重心，M：傾心，$h = (\overline{MG})$：傾心高，$a = \overline{GC}$

図 3-18　浮体の安定・不安定

3.4　浮力と浮体の安定・不安定および安定条件

力が時計回りとなり，浮体の傾きを大きくさせるように働く場合，浮体は**不安定**であるという．また，図3-18(e)のように水面に浮かんだ球体のように，偶力が0である場合を**中立**という（浮体の回転によっても浮心は動かない）．

ところで，図3-18(b)のように浮心Cと重心Gの距離 $\overline{GC}=a$（CがGより低い場合を$a>0$と定義）が$a<0$（C<G：CがGより高い場合の意，以下同じ）の場合は，浮体が傾いても発生する偶力は常に反時計回りとなるので浮体は常に安定となる（**常に安定な浮体**という）．逆に，同図の図3-18(c)，(d)のように，浮心Cが重心Gより低い浮体（C<G, $a>0$）は，安定と不安定の場合があり（図(c)は安定，図(d)は不安定），以下に検討する．

ここで，図3-18(c)のように$a>0$である浮体が傾いた状態で，浮心C′から鉛直線を引き，この線がCGの延長線と交わる点をM（**傾心**という）とする．また，重心Gから傾心Mまでの距離 $\overline{MG}=h$（MよりGが高い（M>G）とき$h>0$と定義）を**傾心高**という．同図より$h>0$（M>G）の場合には反時計回りの偶力が発生するので浮体は安定となる（図3-18(c)）．一方，図3-18(d)のように，$h<0$（MがGより低い（M<G））場合には時計回りの偶力が発生するので浮体は不安定となる．

▶ **b. 浮体の安定条件**

図3-19のような左右対称で，幅$2b$，長さ（奥行）$Y>2b$，喫水L_0の直方体の浮体の**安定条件**について考察する．なお以下では，上述のように浮心C>重心Gの浮体は常に安定であるので，浮心C<重心Gの浮体の安定条件について考える．

この浮体がなんらかの原因でy軸の回りに微小角度θだけ傾いたとする．このとき，浮揚面はAOBからA′OB′に変化し，また，浮心は点Cから点C′に移動する．この移動した浮心C′の位置を求めるために図中の ■ で示す微小体積要素のy軸に関するモーメントを考える．ここで，CC′がx軸に平行であると考え，また，水面下の物体の喫水を$L(x)$とすると，傾きによって生ずる浮体のモーメントの変化量ΔMは，

$$\Delta M = V_E \overline{CC'} = \int_{-b}^{b} YL(x)dx \cdot x \tag{3-44}$$

ここに，V_Eは排水体積であり，$B=W=$一定より，θの値によらず一定である．

なお，θは微小を仮定しているから右辺は$\tan\theta \sim \theta$と近似できるのでΔMは，

$$\Delta M = \int_{-b}^{b} YL(x)dx \cdot x = \int_{-b}^{b} Y(L_0 + x\tan\theta)dx \cdot x = \int_{-b}^{b} YL_0 x dx + \int_{-b}^{b} \theta Y x^2 dx \tag{3-45}$$

浮体は左右対称であるから第1項は0となるので，ΔMは，

$$\Delta M = V_E \overline{CC'} = \theta \int_{-b}^{b} x^2 Y dx = \theta I_y \tag{3-46}$$

ここに，I_yは浮体のy軸まわりの断面二次モーメントである．結局，$\overline{CC'}$は，

$$\overline{CC'} = \frac{\theta I_y}{V_E} \tag{3-47}$$

$\overline{CC'}$は$\overline{MG} = h$（傾心高），$\overline{GC} = a$（前述のようにC＜Gで$a > 0$と定義，$a < 0$（C＞G）では常に安定であるから検討しない）として，

$$\overline{CC'} = (\overline{MG} + \overline{GC})\theta = (h + a)\theta \tag{3-48}$$

式(3-47)と式(3-48)を等値すると傾心高hが求められ，

$$\frac{\theta I_y}{V_E} = (h + a)\theta \quad \rightarrow \quad h = \frac{I_y}{V_E} - a \tag{3-49}$$

前述のように浮体は$h > 0$で安定，$h < 0$で不安定となるから，**浮体の安定条件**として次式を得る．

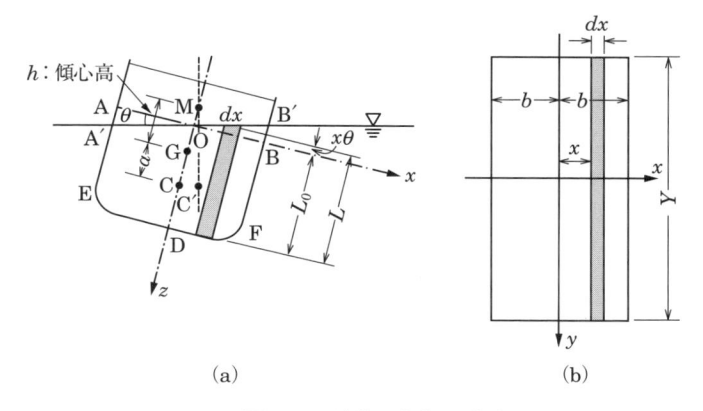

図 3-19 浮体の安定・不安定

3.4 浮力と浮体の安定・不安定および安定条件

$$h = \frac{I_y}{V_E} - a > 0 \quad \rightarrow \quad \frac{I_y}{V_E} > a : 安定$$

$$h = \frac{I_y}{V_E} - a < 0 \quad \rightarrow \quad \frac{I_y}{V_E} < a : 不安定$$

$$h = \frac{I_y}{V_E} - a = 0 \quad \rightarrow \quad \frac{I_y}{V_E} = a : 中立 \tag{3-50}$$

ところで,同じ浮体でも軸の取り方で断面二次モーメントIの値が異なる.例えば,図3-19の問題ではy軸まわりの回転を考えたが,x軸まわりの回転も考えられる.同一浮体では軸のとり方にかかわらずV_E, aは同一であるから,浮体の安定を調べるためには<u>hを最小とする軸</u>(より不安定になりやすい軸),つまり,Iが最小となる軸に関して考察すればよい(式(3-50)参照).図3-19の問題では$Y>2b$と与えられているので,$I_x>I_y$よりI_yを判定条件に使用している.

> **ポイント 3.16** 常に安定な浮体と複数の回転軸を持つ浮体の安定条件
>
> $a<0$(C>G)の浮体は常に安定である.(式(3-50)で$a<0$では$h>0$).よって,$a>0$(C<G)の浮体について安定条件を調べればよい.このとき,傾心をMとしてM>G>Cの浮体は安定,G>M>Cの浮体は不安定となる.
>
> また,複数の回転軸をもつ浮体の安定性は最も不安定となる軸回り(Iが最も小さい軸回り)について検討する.ここで,Iは水面によって切られた浮体の切り口の図形の図心を通る軸に対するものであることに留意されたい.

▶c. 浮体の安定性の計算例

図3-20のような水に浮かんでいる,縦ℓ_1,横ℓ_2($\ell_1>\ell_2$),高さHの直方体の浮体の安定条件について考える.ただし,浮体の比重をσ,水の比重をσ_wとする.このとき,浮体に作用する重力$W(=\sigma\rho_4\ell_1\ell_2 H)$と浮力$B(=\sigma_w\rho_4\ell_1\ell_2 H_0)$が釣り

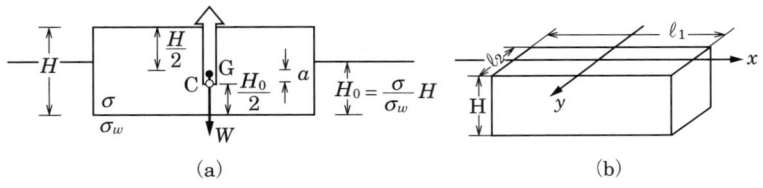

図3-20 浮体の安定性

合っている条件より（$W=B$），浮体の喫水H_0は，

$$W = B \Rightarrow \sigma\rho_4 g(\ell_1\ell_2 H) = \sigma_w \rho_4 g(\ell_1\ell_2 H_0) \Rightarrow H_0 = \frac{\sigma}{\sigma_w}H \quad (3\text{-}51)$$

浮体の安定性は$\ell_1 > \ell_2$，よって$I_y > I_x$よりx軸回りに検討すればよい．x軸回りの断面二次モーメントI_x，傾心高h，排水体積V_Eは，

$$I_x = \frac{1}{12}\ell_1\ell_2^3 \quad , \quad V_E = \ell_1\ell_2 H_0 = \ell_1\ell_2 \frac{\sigma}{\sigma_w}H \quad (3\text{-}52)$$

重心Gと浮心Cとの距離aは，

$$a = \frac{1}{2}H - \frac{1}{2}H_0 = \frac{1}{2}\left(1 - \frac{\sigma}{\sigma_w}\right)H \quad (3\text{-}53)$$

よって，傾心高hは，

$$h = \frac{I_x}{V_E} - a = \frac{(1/12)\ell_1\ell_2^3}{\frac{\sigma}{\sigma_w}\ell_1\ell_2 H} - \frac{1}{2}\left(1 - \frac{\sigma}{\sigma_w}\right)H \quad (3\text{-}54)$$

よって，浮体が安定となる条件は$h > 0$より．

$$\ell_2 > \sqrt{6\frac{\sigma}{\sigma_w}\left(1 - \frac{\sigma}{\sigma_w}\right)H^2} \quad (3\text{-}55)$$

3.5　相対的静止

(1) 慣性力の概念の導入

　加速度αで進行する電車に糸でつり下げた質量mの錘について考える．このとき錘は後方に移動して，糸は鉛直に対してθだけ傾いて静止する．この錘の力の釣合いを電車外から観察すると，錘にも加速度αが作用して，力$F = m\alpha$が作用している．つまり，糸に作用する張力Tと錘による重力$W = mg$の合力がFとなる（図3-21(a)）．一方，電車内（移動する座標系）でこの錘を観察すると，糸の張力Tと重力$W = mg$の合力Fが錘に作用する見かけの力F'（$= -m\alpha$）の力と釣り合って，錘はθだけ傾いた状態で静止しているように見える．この見かけの力F'を**慣性力**（単位質量当たりの慣性力は$-\alpha$）と呼んでいる．このように，移動する座標系で現象を観察し，慣性力の概念を導入すると，加速度を伴う現象の問題を静止現象として取り扱うことができる．これを**相対的静止の問題**と呼んでいる．このように，実際の現象を相対的静止の問題に置き換えると，取り扱いが容易に

なることが多い．本節の(2)項以降で具体的問題を取り扱う．

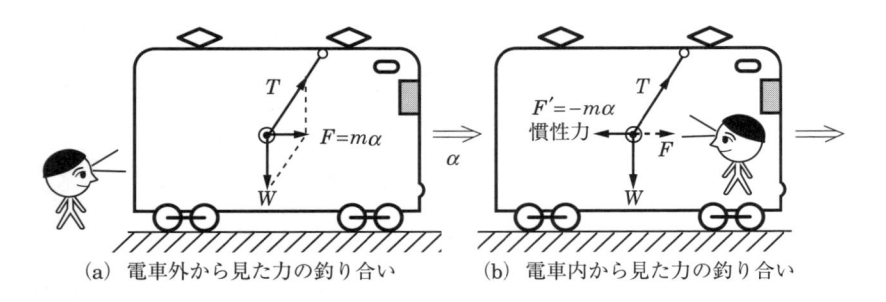

(a) 電車外から見た力の釣り合い　　(b) 電車内から見た力の釣り合い

図 3-21　電車の中の錘に作用する慣性力

(2) 直線運動
▶a. 水平方向への直線運動

水を入れた容器を水平に一定加速度 α で運動させる問題（図 3-22 参照）を相対的静止の問題として扱うために，容器とともに移動する座標系で，運動方向と逆向きに慣性力 $-\alpha$（加速度であり，単位質量当りの慣性力）を作用させて考える．つまり，容器内の質量 m の微小水塊には，x 方向には慣性力 $F'=-m\alpha$ が，z の方向には重力 $W=mg$ が作用する．よって，合力の水平面からの傾きは $\tan\gamma=-g/\alpha$ となる．なお，角度は時計回りの変化を正とする（以下同じ）．このとき，水面の位置 z_s（平均水深 h_0 からのずれ）は，この合力の向きと直交するので（水面は $p=0$ の等圧線であり，また作用する合力の向きは等圧線と直交する），水面の勾配 dz_s/dx は，

$$\tan\gamma \cdot \frac{dz_s}{dx} = -\frac{g}{\alpha} \cdot \frac{dz_s}{dx} = -1 \quad \Rightarrow \quad \frac{dz_s}{dx} = \frac{\alpha}{g} \tag{3-56}$$

図 3-22　水平加速度を受ける容器内の水面形

これを積分して$x=0$で$z_s=0$の境界条件を与えると$C=0$であるからz_sは，

$$z_s = \frac{\alpha}{g}x + C \quad \rightarrow \quad z_s = \frac{\alpha}{g}x \tag{3-57}$$

また，水面と水平面となす角度βは次式で与えられる．

$$\tan\beta = \frac{z_s}{x} = \frac{\alpha}{g} \quad \Rightarrow \quad \beta = \tan^{-1}\frac{\alpha}{g} \tag{3-58}$$

ポイント 3.17　直交の原理

曲線$y=f(x)$上の点(x_1, y_1)における接線の方程式は，$y-y_1=f'(x_1)(x-x_1)$である．また同点で接線に垂直な法線の方程式は，$y-y_1=-\{1/f'(x_1)\}(x-x_1)$である．つまり，接線と法線の勾配を掛け合わせると$-1$となる．

ポイント 3.18　相対的静止の問題の別解法

関数fがx, zの関数であるとき，全微分表示でfの増分dfは$df=(\partial f/\partial x)dx+(\partial f/\partial z)dz$と表示できる．ここでは，**図3-22**の問題を全微分を使用して解く．水中の質量$m=\rho dx dz$の微小水塊が相対的静止の状態にあるとき，x方向の釣り合い式より$\partial p/\partial x$（pは静水圧）は，

$$pdz - \left(p + \frac{\partial p}{\partial x}dx\right)dz - \rho dx dz \cdot \alpha = 0 \quad \Rightarrow \quad \frac{\partial p}{\partial x} = -\rho\alpha \quad ①$$

また，同様に$\partial p/\partial z$は$p=\rho g z$（静水圧分布の式）より，

$$\frac{\partial p}{\partial z} = \rho g \quad ②$$

これより，dpの全微分表示は，

$$dp = \frac{\partial p}{\partial x}dx + \frac{\partial p}{\partial z}dz = -\rho\alpha dx + \rho g dz \quad ③$$

式③を積分するとp（$x=0, z=0$で$p=0$より積分定数$C=0$とする）は，

$$p = -\rho\alpha x + \rho g z \quad ④$$

式④より，水表面の位置z_sは$p=0$の等圧面で与えられるから

$$z_s = \frac{\alpha}{g} x \qquad ⑤$$

式⑤は式(3-57)と一致する．つまり，全微分を使用して簡単に水表面形状が決定できる．より一般的な dp の三次元の全微分表示は，

$$dp = \rho(Xdx + Ydy + Zdz) \qquad ⑥$$

ここに，X，Y，Z はそれぞれ x，y，z 方向に作用する単位質量当たりの慣性力（つまり，単位質量当たりの外力であり，加速度である）である．なお，以下では本文中においても式⑥を使用して解くこととする．

▶ b. 鉛直方向への直線運動

図 3-23 のように，水を入れた容器を鉛直下向きに一定の加速度 α で動かすとき，容器内の圧力分布を求める（以下では，ポイント 3.18 の別解法を使用して解く）．本問の場合は単位質量当たりの慣性力（外力の加速度）を $-\alpha$ とおいて相対的静止の問題に置き換えることができる．

基礎式（ポイント 3.18 の式⑥）において $Z = g - \alpha$（g は重力の加速度，$X = 0$，$Y = 0$）と置くと，

$$dp = \rho(Xdx + Ydy + Zdz) = \rho(g-\alpha)dz \qquad (3\text{-}59)$$

同式を積分すると，

$$p = \rho(g-\alpha)z + C \qquad C：積分定数 \qquad (3\text{-}60)$$

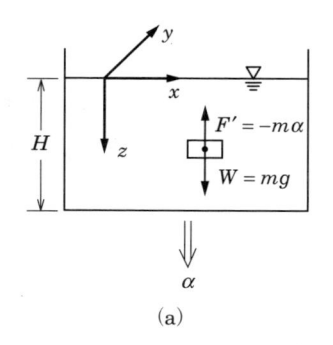

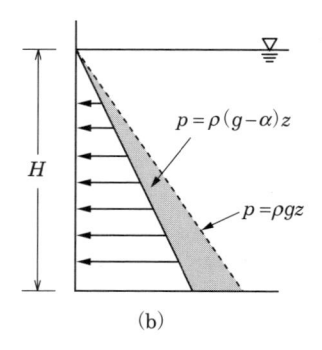

図 3-23 鉛直方向への直線運動

式(3-60)に水面の条件（$z=0$ で $p=0$）を代入して $C=0$ と定めると p は，
$$p = \rho(g-\alpha)z \tag{3-61}$$

式(3-61)より水圧 p は鉛直下方への加速度 α に応じて静水圧分布とのずれが生じ（静水圧より小さくなる），容器内の圧力は低下することがわかる（**図3-23**(b)参照）．なお，同様に取り扱うと鉛直上方に加速度 α で動かすときには p は静水圧より大きくなり，$p = \rho(g+\alpha)z$ となる．

▶c. 斜め上方向への直線運動

水の入った容器の［a］水平運動，［b］鉛直運動については既述した．ここでは**図3-24**に示すように，水を入れた幅 B の容器を角度 θ の斜面に沿って一定加速度 α で引き上げる場合を考える．なお，容器が静止しているときの後端の水深を H とする．

基礎式と x, y, z 方向の単位質量当たりの慣性力 X, Y, Z はそれぞれ，
$$dp = \rho(Xdx + Ydy + Zdz)$$
$$X = -\alpha\cos\theta \quad , \quad Y = 0 \quad , \quad Z = g + \alpha\sin\theta \tag{3-62}$$

よって，dp と積分形 p は，
$$dp = \rho\{-\alpha\cos\theta dx + (g+\alpha\sin\theta)dz\}$$
$$\Rightarrow \quad p = \rho\{-\alpha\cos\theta x + (g+\alpha\sin\theta)z\} + C \tag{3-63}$$

式(2-63)に水表面の条件（$z=z_s$ で $p=0$）を代入すると z_s は，
$$z_s = \frac{\alpha\cos\theta x - C/\rho}{g + \alpha\sin\theta} \tag{3-64}$$

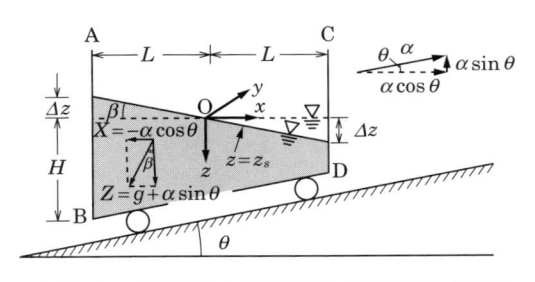

図 3-24 斜面を引き上げる場合の容器内の水面形

$x=0$ で $z_s=0$ の条件から，式(3-64)の C の値は $C=0$ となる．よって，z_s および水表面の傾き β はそれぞれ，

$$z_s = \frac{\alpha\cos\theta}{g+\alpha\sin\theta}x$$

$$\tan\beta = \frac{z_s}{x} = \frac{\alpha\cos\theta}{g+\alpha\sin\theta} \quad\Rightarrow\quad \beta = \tan^{-1}\left(\frac{\alpha\cos\theta}{g+\alpha\sin\theta}\right) \tag{3-65}$$

一方，容器の前端で水位が低下し，後端で水位が上昇するが，それぞれの水面位置の静水面からの変化量 Δz は $x=\pm L$ を代入して，

$$\Delta z = \pm\frac{\alpha\cos\theta}{g+\alpha\sin\theta}L \quad\text{(+は前端，-は後端)} \tag{3-66}$$

このとき，後端壁面 AB に作用する全水圧 P は，式(3-63)の p（$C=0$ とする）に $x=-L$ を代入して，全水深で積分すると，

$$\begin{aligned}P &= B\int_{\Delta z}^{H}pdz = B\int_{\Delta z}^{H}\rho\{\alpha\cos\theta L+(g+\alpha\sin\theta)z\}dz \\ &= \frac{1}{2}\rho B\frac{\{\alpha\cos\theta L+(g+\alpha\sin\theta)H\}^2}{g+\alpha\sin\theta}\end{aligned} \tag{3-67}$$

(3) 回転運動

図 3-25 のように，水の入っている半径 R の円筒水槽が角速度 ω で回転している場合の水槽内の水面形について考える．ただし，円筒水槽が回転していないときの水深を H とする．

この問題の慣性力（外力の加速度）は遠心力である．円筒水槽の中心からの距離 x における単位質量当たりの遠心力は，円周方向速度 $v=x(d\theta/dt)=x\omega$（ω は角速度）より $v^2/x=x\omega^2$ で与えられる．よって，基礎式と X,Y,Z はそれぞれ，

$$dp = \rho(Xdx+Ydy+Zdz)$$
$$X = x\omega^2 \quad,\quad Y=0 \quad,\quad Z=g \tag{3-68}$$

同式を積分して p は次式となる．

$$dp = \rho(x\omega^2 dx+gdz) \quad\Rightarrow\quad p = \rho\left(\frac{x^2\omega^2}{2}+gz\right)+C' \tag{3-69}$$

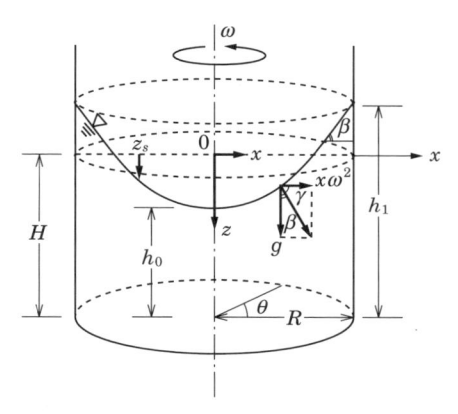

図 3-25　回転運動に伴う円筒内の水面形

式(3-69)に水面の条件（$z=z_s$ で $p=0$）を代入すると z_s は，

$$z_s = -\frac{x^2\omega^2}{2g} - \frac{C'}{\rho g} = -\frac{x^2\omega^2}{2g} + C \tag{3-70}$$

式(3-70)の積分定数 $C = -C'/\rho g$ は水槽内の水の体積は，静止時と回転時で変化しないことより求められる．つまり，回転時において $z=0$（静水時の水面の位置）より上部と下部の流体の体積は等しいので，

$$\int_0^R 2\pi x z_s dx = 0 = \int_0^R 2\pi x\left(-\frac{x^2\omega^2}{2g} + C\right)dx = 2\pi\left(-\frac{x^4\omega^2}{8g} + \frac{1}{2}Cx^2\right)\Big|_0^R = 0$$

$$\Rightarrow \quad C = \frac{R^2\omega^2}{4g} \tag{3-71}$$

よって，水面形の式は，

$$z_s = -\frac{x^2\omega^2}{2g} + \frac{R^2\omega^2}{4g} \tag{3-72}$$

なお，任意の x における水深 h は，$h = H - z_s$ で与えられるから，水槽の中心と壁面における水深 h_0, h_1 はそれぞれ，

$$h_0 = H - z_s|_{x=0} = H - \frac{R^2\omega^2}{4g} \quad : x = 0 \quad \text{（水槽中心の水深）}$$

$$h_1 = H - z_s|_{x=R} = H + \frac{R^2\omega^2}{4g} \quad : x = R \quad \text{（水槽壁面の水深）} \tag{3-73}$$

また，任意のxにおける水深は$z-z_s$であるから圧力水頭$p/\rho g$は静水圧分布と同一であり，

$$\frac{p}{\rho g} = z - z_s = z + \frac{x^2\omega^2}{2g} - \frac{R^2\omega^2}{4g} \tag{3-74}$$

> **ポイント 3.19　直交の原理を利用した別解法**
>
> 本問を本節の(2)項で述べた慣性力の合力と水面の勾配が直交する原理を利用して水面形を求める．水槽中の質量mの微小流体塊には慣性力として遠心力$F'=mx\omega^2$，重力$W=mg$が作用する．よって，合力の傾きは$\tan\gamma = g/(x\omega^2)$であるから，水面の傾き$dz_s/dx$は，
>
> $$\tan\gamma \cdot \frac{dz_s}{dx} = -1 \quad \Rightarrow \quad \frac{dz_s}{dx} = -\frac{x\omega^2}{g} \tag{①}$$
>
> これを積分すると式(3-70)と一致する次式を得る．
>
> $$z_s = -\frac{x^2\omega^2}{2g} + C \tag{②}$$

第3章　演習問題

❶ 貯水池側壁上の点Aおよび点B，水底上の点B，Cのそれぞれに作用する静水圧の大きさp_A, p_B, p_Cの大きさを求めよ．また，それぞれの作用方向を示せ．ただし，水の密度をρを$\rho=998$〔kg/m³〕とする．

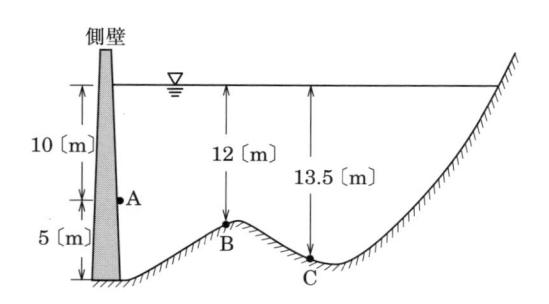

❷ 直径 $d=3.0$ 〔m〕の回転式円形ゲートの下端に力 F_0 を加えてゲートの回転を防いでいる．このときの F_0 の大きさを求めよ．ただし，水の密度は $\rho=996$ 〔kg/m^3〕とする．

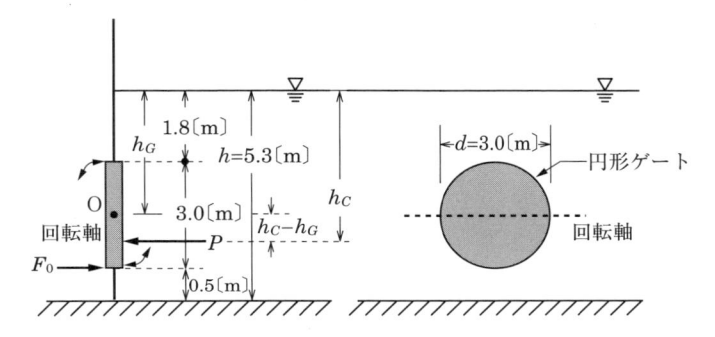

❸ 幅 $B=4.0$ m の回転ゼキが比重 $\sigma=1.02$，水深 H の塩水プールの水をせき止めている．このとき，セキが回転する限界の水深（最小値）$H_{\min}$ を求めよ．

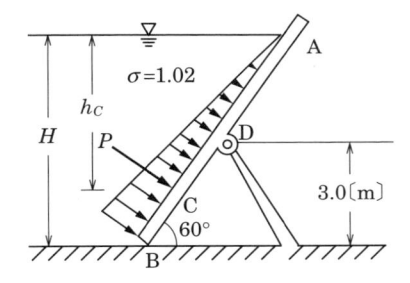

❹ 半径 r，水深 $h=5$ 〔m〕，幅（奥行き）$B=8.0$ 〔m〕の円弧形ゲートに作用する全静水圧 P と作用方向およびゲート上の作用点の水深 h_C を求めよ．ただし，水の密度 ρ を $\rho=996$ 〔kg/m^3〕とする．

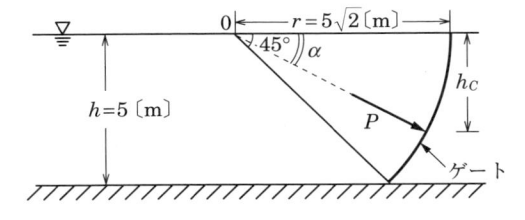

❺ 図に示すマノメータの点 A の圧力 p_A，および，点 B と点 C の圧力差 p_B-p_C を求めよ．ただし，水の密度 ρ_w を $\rho_w=1.00\times 10^3$ 〔kg/m^3〕，四塩化炭素溶液の密度 ρ_c を $\rho_c=1.60\times 10^3$ 〔kg/m^3〕とする．

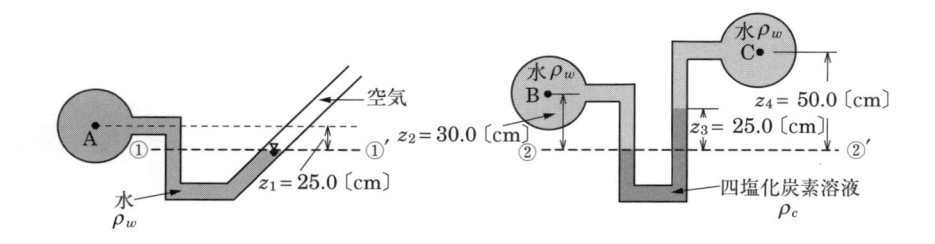

❻ 縦 $A=3$〔m〕，横 $B=2$〔m〕，高さが $H=6$〔m〕の直方体が水面に浮かんでいる．この浮体の安定性を検討せよ．ただし，浮体の比重を $\sigma=0.7$，周囲水の密度を $\rho_w=1\,000$〔kg/m³〕とする．

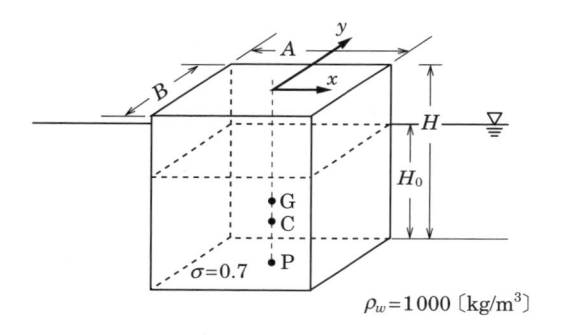

❼ 湾曲する河道を水が平均流速 $U=3.0$〔m/s〕で流れるとき，河道横断面内の水面形と内岸と外岸の水位差 Δh を求めよ．ただし，内岸と外岸曲率半径は，それぞれ $r_1=200$〔m〕および $r_2=250$〔m〕とする．

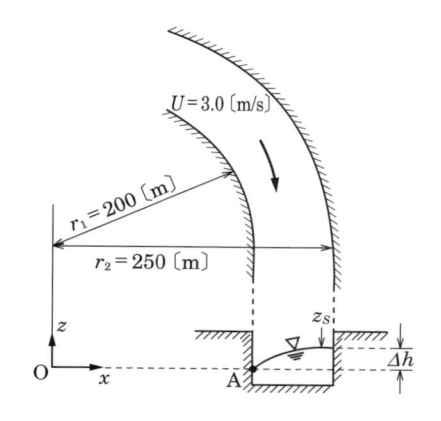

第4章 ベルヌーイの定理とその応用

　粘性がない流体（完全流体）を仮定すると，流れに伴うエネルギー損失が無視できる．本章では完全流体を仮定して流れの基礎方程式であるベルヌーイの定理を誘導するとともに同定理を応用してさまざまな問題を解く．

4.1　ベルヌーイの定理

(1) ベルヌーイの定理の誘導

　本章では完全流体を念頭に置き，流れに伴うエネルギー損失を無視して取り扱う．ここで，図4-1のように流管中のAB区間の流体塊が微小時間dtにA′B′区間に流れて移動した場合を考える．このとき，A′B区間が共通部分であるから，AA′の流体塊がBB′に移動した問題に置き換えてよい．よって，**運動エネルギー**の増加量は，管内流量をQとすると，剛体の質量mに対応する量は$\rho Q dt$であるから，

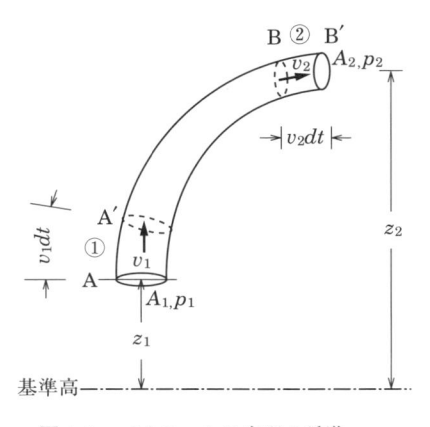

図 4-1　ベイヌールの定理の誘導

$$\frac{1}{2}m_2v_2^2 - \frac{1}{2}m_1v_1^2 = \frac{1}{2}(\rho Q_2 dt)v_2^2 - \frac{1}{2}(\rho Q_1 dt)v_1^2 : 運動エネルギーの増加$$
(4-1)

ここに，vは流速，Qは流量，ρは流体の密度である．また，添字1，2は流体の移動前と後，つまりA'A区間，BB'区間の値であることを示している．

同様に**位置エネルギー**の増加量は，gを重力の加速度，基準高（任意の高さを基準高としてよい）からのA'A，BB'区間の高さをそれぞれ，z_1，z_2とすると，

$$m_2gz_2 - m_1gz_1 = (\rho Q_2 dt)gz_2 - (\rho Q_1 dt)gz_1 : 位置エネルギーの増加$$
(4-2)

一方，管内流動は圧力によってもたらされるが，dt時間当たりに圧力がなす仕事（＝力×距離）はA'A，BB'区間の断面積をそれぞれA_1，A_2として，

$$p_1A_1 \cdot v_1 dt - p_2A_2 \cdot v_2 dt = p_1Q_1 dt - p_2Q_2 dt : 圧力のなす仕事 \quad (4-3)$$

以上より，流体のもつ運動エネルギーと位置エネルギーの増加の合計は圧力がなした仕事と一致するので次式が成立する．

$$\underbrace{\left(\frac{1}{2}\rho Q_2 dt v_2^2 - \frac{1}{2}\rho Q_1 dt v_1^2\right)}_{運動エネルギーの増加} + \underbrace{(\rho Q_2 dt g z_2 - \rho Q_1 dt g z_1)}_{位置エネルギーの増加} = \underbrace{p_1Q_1 dt - p_2Q_2 dt}_{圧力による仕事}$$
(4-4)

上式に**連続の条件**（$Q_1 = v_1A_1 = v_2A_2 = Q_2 = Q =$ 一定，ポイント4.1参照）を考慮すると，式(4-5)が成立する．同式より流れ（流線）に沿って式(4-6)が成立する．

$$\frac{v_1^2}{2g} + \frac{p_1}{\rho g} + z_1 = \frac{v_2^2}{2g} + \frac{p_2}{\rho g} + z_2 \tag{4-5}$$

$$\underset{\substack{全エネルギー水頭 \\ [L]}}{H} = \underset{\substack{速度水頭 \\ \frac{[LT^{-1}]^2}{[LT^{-2}]}=[L]}}{\frac{v^2}{2g}} + \underset{\substack{圧力水頭 \\ \underbrace{\frac{[L^{-1}MT^{-2}]}{[ML^{-3}][LT^{-2}]}=[L]}_{ピエゾ水頭}}}{\frac{p}{\rho g}} + \underset{\substack{位置水頭 \\ [L]}}{z} = 一定 \tag{4-6}$$

式(4-6)の各項は長さの次元をもっており，それぞれ，**速度水頭**$v^2/(2g)$，**圧力水頭**$p/\rho g$，**位置水頭**z，と呼ばれている．同式は，流れの単位重量ρg当たりの**エネルギーの総和**Hが流れ方向に一定であることを示している（同定理はエネル

ギーの保存則を表している）．これを**ベルヌーイの定理**と呼んでいる．また，H を**全エネルギー水頭**，$Ep = p/\rho g + z$ を**ピエゾ水頭**と呼ぶ．なお，位置水頭は任意の高さを基準高として定めればよい．

> **ポイント 4.1　連続の条件**
>
> 図 4-1 の定常流では $Q = v_1 A_1 = v_2 A_2 =$ 一定が成立する（連続の条件）．これは流量が流れ方向に変化しないことを意味している（非圧縮性流体の条件）．

> **ポイント 4.2　剛体のエネルギー保存則と流体のエネルギー保存則**
>
> 剛体のもつエネルギーは運動エネルギー $(1/2) m v^2$ と位置のエネルギー mgz の和であり，それぞれの単位重量当たりの値は $(1/2g) v^2$, z となる．流体の場合はこれに圧力のエネルギー $p/\rho g$ が加わる（式 (4-6) 参照）．

(2) エネルギー損失とベルヌーイの定理

式 (4-6) は流れに伴うエネルギー損失を無視して誘導された．一方，エネルギー損失が無視できない現実の粘性流体の場合にもベルヌーイの定理が準用され，式 (4-5) は次式のように書き直される．

$$\frac{v_1^2}{2g} + \frac{p_1}{\rho g} + z_1 = \frac{v_2^2}{2g} + \frac{p_2}{\rho g} + z_2 + h_f + h_\ell \tag{4-7}$$

ここに，h_f，h_ℓ は水頭の形で表したエネルギー損失であり，それぞれ**摩擦損失水頭**，**形状損失水頭**と呼ばれる．その詳細および適用方法については「第 7 章 管水路の流れ」，「第 8 章 開水路の流れ」において示す．

4.2　ベルヌーイの定理の応用

本節ではベルヌーイの定理の（式 (4-5)，式 (4-6)）適用事例を示す．

⑴ 水槽に接続した流出管からの流出－その1

図4-2に示すように，水槽内の流速が無視しうるほど大きな水槽に点Dが縮小している流出管B–D–Cが接続している場合について考える．なお，水槽の水位 h は水の供給により一定に保たれているとする．基準高を流出管の高さとして水表面上の点Aと管の出口の点C間にベルヌーイの定理を適用すると，

$$\underbrace{\frac{v_A^2}{2g}}_{\sim 0} + \underbrace{\frac{p_A}{\rho g}}_{\sim 0} + \underbrace{z_A}_{\sim h} = \underbrace{\frac{v_C^2}{2g}}_{} + \underbrace{\frac{p_C}{\rho g}}_{\sim 0} + \underbrace{z_C}_{\sim 0} \tag{4-8}$$

ここに，$z_A=h$，$z_C=0$，点Aと点Cは大気に接しているので $p_A=p_C=0$，$v_A=0$（水面の位置は変化しない）と近似できる．よって，流出管からの流出速度 v_C，流出流量 Q はC点の断面積を A_C ($=\pi d_C^2/4$, d_C は点Cの円管の内径)として，

$$z_A = \frac{v_C^2}{2g} \quad \Rightarrow \quad h = \frac{v_C^2}{2g} \tag{4-9}$$

$$\Rightarrow \quad v_C = \sqrt{2gh} \qquad\qquad : 流出速度$$

$$\Rightarrow \quad Q = v_C A_C = \sqrt{2gh}\, A_C = \sqrt{2gh}\left(\frac{\pi d_C^2}{4}\right) : 流出流量$$

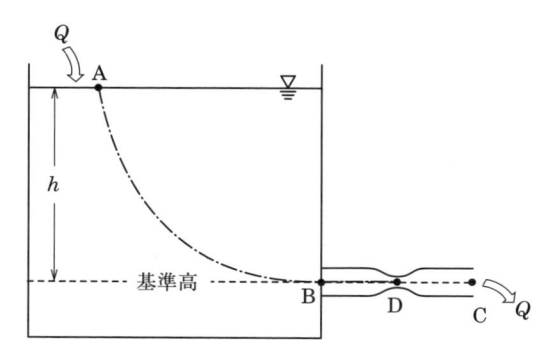

図 4-2　流出管からの流出

D–C間にベルヌーイの定理を適用すると，

$$\frac{v_D^2}{2g} + \underbrace{\frac{p_D}{\rho g}}_{\sim 0} + \underbrace{z_D}_{} = \frac{v_C^2}{2g} + \underbrace{\frac{p_C}{\rho g}}_{\sim 0} + \underbrace{z_C}_{\sim 0} \tag{4-10}$$

ここに，$z_C=z_D=0$，$p_C/\rho g=0$ より，$p_D/\rho g$ は，

$$\frac{p_D}{\rho g} = \frac{v_C^2}{2g} - \frac{v_D^2}{2g} \tag{4-11}$$

同式より流速が速い流出管の収縮部の点Dの圧力が低下することがわかる．なお，連続の条件より得られる $v_D=v_C(A_C/A_D)$ を式(4-11)に代入すると圧力水頭 $p_D/\rho g$ は，

$$\frac{p_D}{\rho g} = \frac{v_C^2}{2g}\left\{1-\left(\frac{A_C}{A_D}\right)^2\right\} = \frac{v_C^2}{2g}\left\{1-\left(\frac{d_C}{d_D}\right)^4\right\} \tag{4-12}$$

ポイント 4.3　ベルヌーイの定理の適用上の留意点

① 厳密にはベルヌーイの定理は流れの流管（流線で囲まれる管）に沿って成立する．なお，管路の計算では管路を流管とみなして適用する．
② 2点間にベルヌーイの定理を適用するときは，一方の点を $p/\rho g=0$ の大気と接する点，もしくは，大きな水槽内の流速が $v \sim 0$ と近似できる点にとると問題が解きやすい．
③ 基準高は問題が解きやすいように自由に任意の位置に設定すればよい．

(2) 水槽に接続した流出管からの流出－その2

図4-3に示すように大きな水槽に管径一定の流出管B－C－Dが接続している場

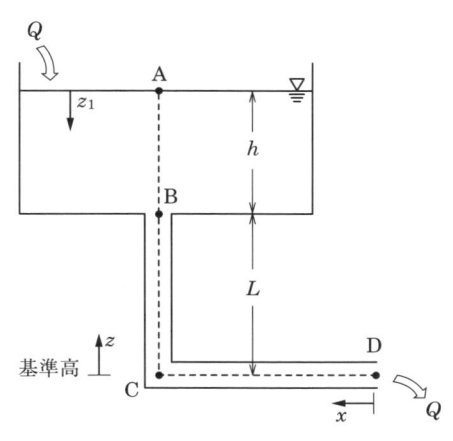

図4-3　流出管からの流出

合の流出管からの流出速度と静水圧分布について考える．ただし，水槽の水位hは水の供給により一定に保たれているとする．

基準高をC–Dの高さとしてA–D間にベルヌーイの定理を適用すると，

$$\frac{\cancel{v_A^2}}{2g} + \frac{\cancel{p_A}}{\rho g} + z_A = \frac{v_D^2}{2g} + \frac{\cancel{p_D}}{\rho g} + \cancel{z_D} \tag{4-13}$$
$$\sim 0 \quad \sim 0 \quad \sim h+L \qquad \sim 0 \quad \sim 0$$

ここに，$p_A = p_D = 0$（大気に接する），$v_A = 0$，$z_D = 0$，$z_A = h+L$ と置くと，流出管からの流出速度v_Dと流出流量Qは，流出管の点Dの内径をd_Dとして，

$$z_A = \frac{v_D^2}{2g} \quad \Rightarrow \quad h + L = \frac{v_D^2}{2g} \tag{4-14}$$

$$\Rightarrow \quad v_D = \sqrt{2g(h+L)} \qquad : 流出速度$$

$$\Rightarrow \quad Q = v_D A_D = \sqrt{2g(h+L)} \left(\frac{\pi d_D^2}{4}\right) : 流出流量$$

ここで，流出管の点C〜D間の任意の点xと出口の点D間にベルヌーイの定理を適用すると，

$$\frac{v_D^2}{2g} + \frac{\cancel{p_D}}{\rho g} + \cancel{z_D} = \frac{v_x^2}{2g} + \frac{p_x}{\rho g} + \cancel{z_x} \tag{4-15}$$
$$\sim 0 \quad \sim 0 \qquad \sim 0$$

ここに，$p_D = 0$（大気に接する），$v_D = v_x$（管径が等しい），$z_D = z_x = 0$ と置くと，

$$\frac{p_x}{\rho g} = \frac{v_D^2}{2g} - \frac{v_x^2}{2g} = 0 \tag{4-16}$$

一方，流出管のB〜C間の任意の高さzの点と出口の点Dにベルヌーイの定理を適用すると，

$$\frac{v_D^2}{2g} + \frac{\cancel{p_D}}{\rho g} + \cancel{z_D} = \frac{v_z^2}{2g} + \frac{p_z}{\rho g} + z_z \tag{4-17}$$
$$\sim 0 \quad \sim 0 \qquad \sim z$$

ここに，$p_D = 0$，$z_D = 0$，$v_z = v_D$（管径が等しい），$z_z = z$と置くと$p_z/\rho g$は，

$$\frac{v_D^2}{2g} = \frac{v_z^2}{2g} + \frac{p_z}{\rho g} + z \quad \Rightarrow \quad \frac{p_z}{\rho g} = -z + \left(\frac{v_D^2}{2g} - \frac{v_z^2}{2g}\right) = -z \tag{4-18}$$

式(4-18)より水槽との接続点，点Bの直下流の点B^+における圧力水頭$p_{B+}/\rho g$は$z=L$と置いて，

$$\frac{p_{B+}}{\rho g} = -L \qquad (4\text{-}19)$$

なお，水槽内の圧力水頭は$p_{z'}/\rho g = z'$で与えられ，また，点Bの直上流のB^-点における圧力水頭は静水圧分布より$p_{B-}/\rho g = h$となる．

以上より，水槽と流出管における水圧分布は図4-4に示すとおりとなる．同図に示すように水槽内と流出管の接続点（点B）で正から負の値に不連続的に変化する．

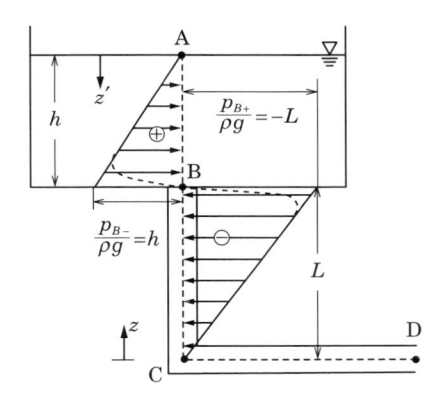

図4-4 管内圧力分布図（粘性の効果により現実の圧力変化は破線で示すように連続的となる）

> **ポイント 4.4　圧力分布の作図法と留意点**
>
> ① 図4-4中のp_{B-}の－は点Bへの流入直前（点B^-），p_{B+}の＋は流入直後（点B^+）の値であることを表す．
> ② 点Bにおける圧力の不連続は水の粘性を無視したために生ずる．実際には図4-4中の破線に示すように連続的に変化する．
> ③ 式(4-14)より図4-4における水槽内の水深hは$h = v_D^2/2g - L$となる．
> ④ 流出管で正・負の圧力が混在する場合には管路系の外側を正，内側を負として描くことが一般的である．図4-4の流出管の先端部をHだけ立ち上げた場合の圧力分布の作図例を示す．

4.2　ベルヌーイの定理の応用

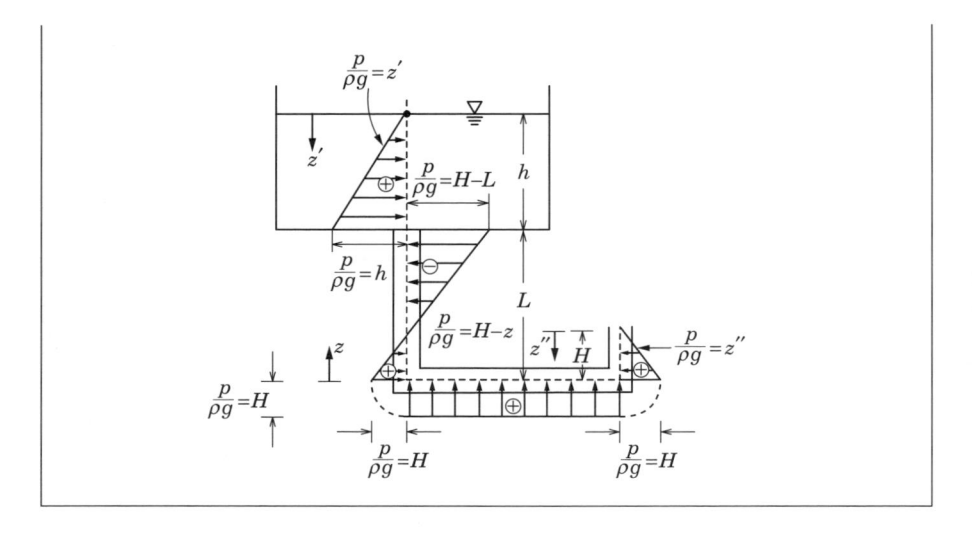

【3】流出管からの非定常流出

図4-5のように，表面積Aで水供給のない大きな水槽に接続した直径dの流出管より流量Qで水を放出させる場合を考える．このとき，水槽の水深Hの時間tに関する変化を表す式を求める．ただし，$t=0$で$H=H_0$とする．

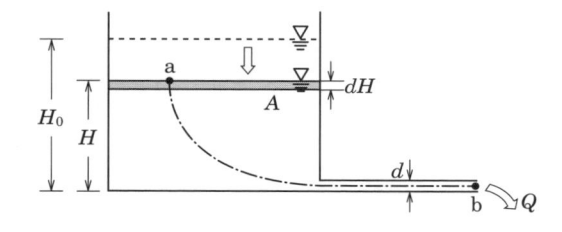

図 4-5 流出管からの非定常流出

任意の水深での微小時間dtにおける水槽内の水面の下降量をdHとすると流出管からの放出流量は，

$$-\frac{d(HA)}{dt} = Q \quad \Rightarrow \quad -\frac{dH}{dt}A = Q \tag{4-20}$$

上式の左辺の−は水面が下降することを意味している．水面上の点aと流出管の先端の点b間で，流出管の高さを基準高としてベルヌーイの定理を適用する

と，

$$\frac{v_a^2}{2g} + \frac{p_a}{\rho g} + z_a = \frac{v_b^2}{2g} + \frac{p_b}{\rho g} + z_b \qquad (4\text{-}21)$$
$$\sim 0 \quad \sim 0 \quad \sim H \qquad \sim 0 \quad \sim 0$$

ここに，$v_a=0$，$p_a=p_b=0$（大気に接する），$z_a=H$，$z_b=0$より，流出管からの流出流速$v=v_b$と流出流量Qは，

$$z_a = \frac{v_b^2}{2g} \ \Rightarrow \ H = \frac{v_b^2}{2g}$$

$$\Rightarrow \ v = v_b = \sqrt{2gH} \qquad \text{：流出速度}$$

$$\Rightarrow \ Q = v_b\left(\frac{1}{4}\pi d^2\right) = \sqrt{2gH}\left(\frac{1}{4}\pi d^2\right) \text{：流出流量} \qquad (4\text{-}22)$$

式(4-22)を式(4-20)に代入すると水面の下降速度dH/dtは，

$$\frac{dH}{dt} = -\frac{Q}{A} = -\frac{\pi d^2}{4}\sqrt{2gH}\,\frac{1}{A} \qquad (4\text{-}23)$$

同式を積分すると水槽内の水深Hは積分常数をCとして，

$$\frac{dH}{\sqrt{H}} = -\frac{\pi d^2}{4A}\sqrt{2g}\,dt \ \Rightarrow \ 2\sqrt{H} = -\frac{\pi d^2}{4A}\sqrt{2g}\,t + C$$

$$\Rightarrow \ H = \frac{1}{4}\left(-\frac{\pi d^2}{4A}\sqrt{2g}\,t + C\right)^2 \qquad (4\text{-}24)$$

Cは初期条件$t=0$で$H=H_0$より，$C=2\sqrt{H_0}$となる．よって，Hは，

$$H = \frac{1}{4}\left(-\frac{\pi d^2}{4A}\sqrt{2g}\,t + 2\sqrt{H_0}\right)^2 \qquad (4\text{-}25)$$

なお，水槽内の水を完全排水するのに要する時間t_0は$H=0$と置いて，

$$t_0 = \frac{4\sqrt{2}}{\pi}\frac{A}{d^2}\sqrt{\frac{H_0}{g}} \qquad (4\text{-}26)$$

ポイント 4.5　非定常流出流の取扱い

　非定常流出流の取扱いではベルヌーイの式のほかに「水槽内の減少した水の量＝出口より放出された水の量」の関係（式(4-20)）が必要である．なお，

4.2　ベルヌーイの定理の応用　**61**

流出流量 Q と水槽内水深 H の関係は式 (4-23) を式 (4-20) へ代入して求められる．

4.3 ベルヌーイの定理の工学的応用

(1) ピトー管

ピトー管とは2本の細管を一体化したものであり，ベルヌーイの定理を応用して流速を測定するための計器である．図4-6に示すように管 A の先端部（点a）は開き，管 B の先端部は密閉され側壁部分に小孔（点b）が空けてある．また，それぞれの細管はマノメータA，Bにつながれている．ここでは，ピトー管を流速 v の流れの中の水深 H の地点に挿入することを考える．

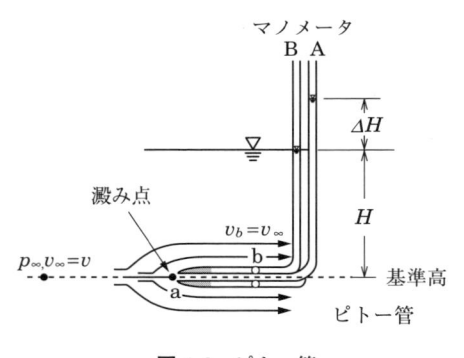

図4-6 ピトー管

なお，十分上流の $+\infty$ の点で流速 $v_\infty (=v)$ の流れがピトー管の先端部のa点でいったん静止（$v_a = 0$）した後に，流れが回り込み，b点で流速が回復して再び $v_b = v_\infty (=v)$ に達すると考える（図4-6参照）．このとき，管Aのマノメータの水位が管Bより ΔH だけ上昇したとする（管Bのマノメータの水位は水面と一致する）．ここで，$+\infty$ 点とa点（流速が0となる，**澱み点**という）間およびb点間でピトー管の高さを基準高としてベルヌーイの式を立てると，

$$\underbrace{\frac{v_\infty^2}{2g}}_{\sim \frac{v^2}{2g}} + \underbrace{\frac{p_\infty}{\rho g}}_{\sim H} + \underbrace{\cancel{z_\infty}}_{\sim 0} = \underbrace{\frac{\cancel{v_a^2}}{2g}}_{\sim 0} + \underbrace{\frac{p_a}{\rho g}}_{\sim H+\Delta H} + \underbrace{\cancel{z_a}}_{\sim 0} = \underbrace{\frac{v_b^2}{2g}}_{\sim \frac{v^2}{2g}} + \underbrace{\frac{p_b}{\rho g}}_{\sim H} + \underbrace{\cancel{z_b}}_{\sim 0} \qquad (4\text{-}27)$$

+∞点　　　　　　　　a点　　　　　　　　b点

上式の+∞−a点間の関係より$z_\infty=z_a=0$（ピトー管のサイズは小さいと考える），$v_a=0$, $v_\infty=v$と置くと$p_a/\rho g$は，

$$\frac{p_a}{\rho g} = \frac{v_\infty^2}{2g} + \frac{p_\infty}{\rho g} = \frac{v^2}{2g} + H \qquad (4\text{-}28)$$

同様に+∞−b点間の関係で$z_\infty=z_b=0$（ピトー管のサイズは小），$v_b=v_\infty=v$と置くと$p_b/\rho g$は，

$$\frac{p_b}{\rho g} = \left(\frac{v_\infty^2}{2g} - \frac{v_b^2}{2g}\right) + \frac{p_\infty}{\rho g} = \frac{p_\infty}{\rho g} = H \qquad (4\text{-}29)$$

式(4-28)より式(4-29)を引いて，流れの流速vは，

$$\frac{v^2}{2g} = \frac{p_a}{\rho g} - \frac{p_b}{\rho g} = \Delta H \quad \rightarrow \quad v = \sqrt{2g\Delta H} \qquad (4\text{-}30)$$

式(4-30)より，ピトー管の両マノメータの差圧ΔHを計測すれば流速が計算できることがわかる．なお，式(4-30)は式(4-28)より直接求めることもできる．

ポイント 4.6　ピトー管

　点bに接続されたマノメータは水圧のみを感知するので，水柱の高さは水表面と一致する（$p_b/\rho g=H$）．一方，点aに接続されたマノメータでは水圧のほかに流速vが静止するときに生ずる圧力（澱み圧もしくは動圧$v^2/2g$という）も併せて感知するので点bよりΔHだけ水位が高くなる．なお，実際のピトー管ではエネルギー損失が生ずるために，補正係数C_vを用いて$v=C_v\sqrt{2g\Delta H}$として流速が求められる（C_vは流速係数と呼ばれ，実験的に定める）．

---

(2) ベンチュリー管

　ベンチュリー管とは管の途中を絞った収縮管路であり，ベルヌーイの定理を応用して管内流量を測定するための計器である．図4-7には上下にそれぞれ一対のマノメータが描かれているが，ここでは上部の一対のマノメータについて考える

（下部のマノメータについてはポイント 4.7 参照）．

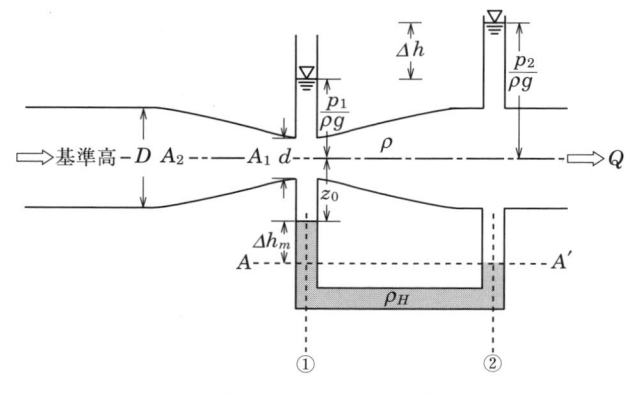

図 4-7　ベンチュリー管

管路の収縮部（断面①）と拡大部（断面②）間で，流体の密度を ρ，管の中心を基準高としてベルヌーイの式を立てると，

$$\frac{v_1^2}{2g} + \frac{p_1}{\rho g} + z_1 = \frac{v_2^2}{2g} + \frac{p_2}{\rho g} + z_2 \tag{4-31}$$

$z_1 = z_2 = 0$ より，両断面の圧力水頭の差 Δh （$=(p_2-p_1)/\rho g$）は，

$$\Delta h = \frac{p_2 - p_1}{\rho g} = \frac{v_1^2}{2g} - \frac{v_2^2}{2g} \tag{4-32}$$

ここで，断面①の断面積と管径を A_1，d，断面②のそれを A_2，D とすると，連続の条件（$Q=$一定）より v_1 は，

$$Q = v_1 A_1 = v_2 A_2 \quad \Rightarrow \quad v_1 \frac{1}{4}\pi d^2 = v_2 \frac{1}{4}\pi D^2 \quad \Rightarrow \quad v_1 = v_2 \left(\frac{D}{d}\right)^2 \tag{4-33}$$

式 (4-33) を式 (4-32) に代入して v_2 は，

$$\Delta h = \frac{p_2 - p_1}{\rho g} = \frac{v_2^2}{2g}\left\{\left(\frac{D}{d}\right)^4 - 1\right\} \quad \Rightarrow \quad v_2 = \sqrt{\frac{2g\Delta h}{\left(\frac{D}{d}\right)^4 - 1}} \tag{4-34}$$

よって，**管内流量 Q** は，

$$Q = v_2 A_2 = \sqrt{\frac{2g\Delta h}{\left(\frac{D}{d}\right)^4 - 1}} \frac{\pi D^2}{4} \tag{4-35}$$

式(4-35)よりベンチュリー管では2つの断面の圧力水頭の差 Δh を計測すれば管内流量 Q が計算されることがわかる（管径は与えられている）．

ポイント 4.7　大流量で流れる管のベンチュリー管による差圧測定法

図4-7の上部一対のマノメータでは，管内流量が大きくなると縮小部の流速が大きくなるとともに圧力が低下する．この圧力低下が大きくなると負圧が生じ，マノメータから空気が混入して圧力の測定は不能になる．また，管の圧力が非常に高い場合もマノメータの水位が高くなり実用上の不都合が生ずる．このような場合は同図の下部に示すような差圧マノメータを使用するとよい．例えば，マノメータ内に水銀を封入すると，$(p_2-p_1)/\rho g$ は ρ_H を水銀の密度，Δh_m を両断面の水銀柱の高さの差とすると，A–A′断面の圧力が等しいことより（図4-7参照），

$$p_1 + \rho g z_0 + \rho_H g \Delta h_m = p_2 + \rho g (z_0 + \Delta h_m) \;\rightarrow\; \frac{p_2 - p_1}{\rho g} = \Delta h_m \left(\frac{\rho_H}{\rho} - 1\right)$$

つまり，v_2，Q は式(4-34)，式(4-35)の Δh を $\Delta h_m (\rho_H/\rho - 1)$ に置きかえて計算すればよい．なお，ベンチュリー管を流れる流体を水とすると $\rho_H/\rho \sim 13.6$ であるので Δh_m は Δh の1/12程度に小さくなる．

実際のベンチュリー管ではエネルギー損失が生じるので，流量 Q は式(4-35)の右辺に補正係数 C を掛けて使用する（C は流量係数と呼ばれる実験定数）．

ポイント 4.8　霧吹きの原理

水を入れた容器に立てたストローの上部にノズルで空気を高速で吹き付ける．このとき，ストローの上端では流速が大きいので負圧が生じ，容器内の水が吸い上げられるとともにノズルから噴出する空気によって霧状になって飛散する．これが霧吹きの原理である．

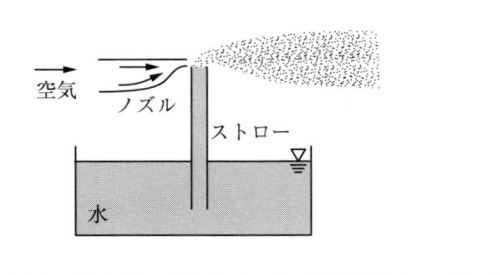

(3) オリフィス

水槽の底面あるいは側壁に開けた穴（流出孔）を**オリフィス**という．オリフィスの中で水槽の断面に比較して流出孔のサイズが十分に小さいものを**小型オリフィス**，大きいものを**大型オリフィス**と呼んでいる．以下にそれぞれについて取り扱う．

▶ **a. 小型オリフィス**

図4-8のように，水槽の側壁に空けられた断面積 a の小型オリフィスから水が放出されている場合を考える．ただし，水槽に水が連続的に供給され，水位が一定に保たれている．オリフィスから水面までの距離を H とするとき，水表面の点Aとオリフィスの点B間にオリフィスの位置を基準高としてベルヌーイの定理を適用すると，

$$\underset{\sim 0}{\frac{v_A^2}{2g}} + \underset{\sim 0}{\frac{p_A}{\rho g}} + \underset{\sim H}{z_A} = \underset{\sim 0}{\frac{v_B^2}{2g}} + \underset{\sim 0}{\frac{p_B}{\rho g}} + z_B \tag{4-36}$$

ここで，$v_A=0$，$p_A/\rho g = p_B/\rho g = 0$（大気に接する），$z_A=H$，$z_B=0$ より，オリフィスからの流出速度 $v=v_B$ および流出流量 Q は，

$$z_A = \frac{v_B^2}{2g} \Rightarrow H = \frac{v_B^2}{2g}$$

$$\Rightarrow v = v_B = \sqrt{2gH} \quad \text{：流出速度} \tag{4-37}$$

$$\Rightarrow Q = av_B = a\sqrt{2gH} \quad \text{：流出流量}$$

ただし，実際の流出速度 v は補正係数 C_v（**流速係数**と呼ぶ）を導入して，

$$v = C_v\sqrt{2gH} \tag{4-38}$$

現実のオリフィスからの流出水は流出直後にいったん縮流（**ベナコンストラクタ**という）する．この縮流部の流水断面積を a' とすると流出流量 Q は，

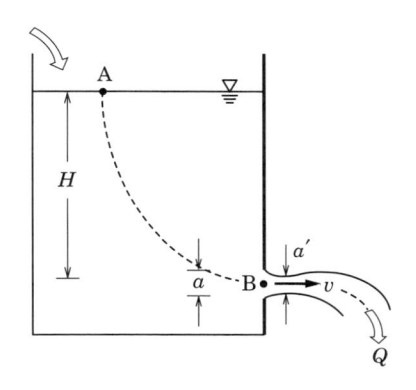

図4-8 小型オリフィス

$$Q = va' = C_v\sqrt{2gH}\,a' = C\sqrt{2gH}\,a \tag{4-39}$$

ここに，C は**断面収縮係数** $C_a = a'/a$ を使用して $C = C_v C_a$ で定義される実験定数であり，**流量係数**と呼ばれる（0.6 程度の値である）．

ポイント 4.9　小型オリフィスと大型オリフィス

小型オリフィスでは流出孔の断面全域で放出流速が一定（$v = \sqrt{gH}$）と近似できる．一方，大型オリフィスとは流出孔の断面が大きいので，その断面内の高さに応じて放出流速が異なる（後述の本項のb参照）．

ポイント 4.10　縮流と放出流量

放流管からの放流では縮流はほとんど生ぜず，流出流量 Q は流出速度を v，管の断面積を a として $Q = va$ で求まる．一方，縮流が生じる小型オリフィスでは，Q は縮流部の流水断面積 a' を使用して $Q = va'$ として求める．

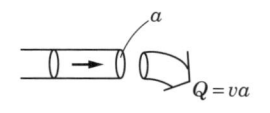

(a) 放流管からの放出 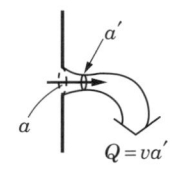　　　(b) 小型オリフィスからの放出

> **ポイント 4.11**　不思議なオリフィス
>
> 式(4-38)のようにオリフィスでは水位Hによって流出速度vが変化する．一方，図のように密閉した容器にストローをつけたオリフィスでは，水槽内の水位低下とともにストローより外気が容器内に侵入する．このため，ストロー下端の圧力は常に大気圧$p=0$となる．このとき，オリフィスからの流出速度はストロー下端より水位が上にある限り，$v=\sqrt{2gL}$の一定となる．

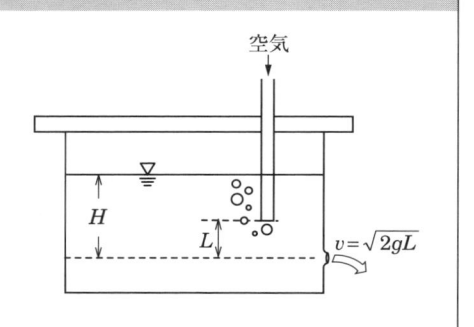

▶ **b. 大型オリフィス**

図4-9のように，水が連続的に供給され水位が一定に保たれている水槽の側壁に設置された高さH_0，幅Bの四角形の大型オリフィスを考える．ここで，水面からオリフィスの上端および下端までの距離をそれぞれH_1, H_2とする．このとき，水深Hのオリフィスの微小部分（▨部分で面積dAは$dA=BdH$）から放出される流量dQは**流量係数**Cを導入して，

$$dQ = C\sqrt{2gH}\,dA = C\sqrt{2gH}\,BdH \tag{4-40}$$

同式を$H=H_1 \sim H_2$で積分して，オリフィスの放出流量Qは，

$$Q = \int dQ = \int_{H_1}^{H_2} C\sqrt{2gH}\,BdH = CB\sqrt{2g}\int_{H_1}^{H_2} H^{\frac{1}{2}}dH$$

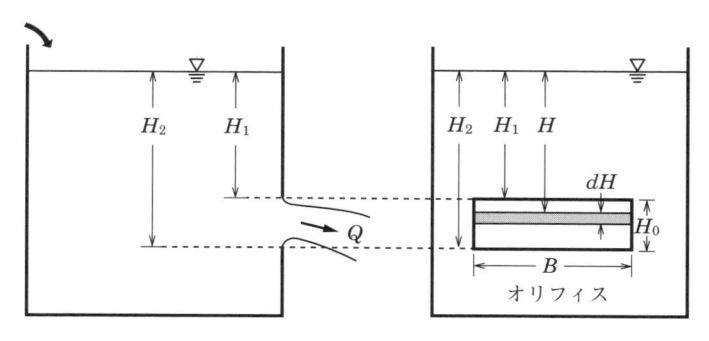

図 4-9　大型オリフィス

$$= \frac{2}{3}CB\sqrt{2g}H^{\frac{3}{2}}\Big|_{H_1}^{H_2} = \frac{2}{3}CB\sqrt{2g}\left(H_2^{\frac{3}{2}} - H_1^{\frac{3}{2}}\right) \tag{4-41}$$

なお，流量が既知の問題では流量係数 C は式 (4-41) より求められ，

$$C = \frac{3Q}{2B\sqrt{2g}\left(H_2^{\frac{3}{2}} - H_1^{\frac{3}{2}}\right)} \tag{4-42}$$

(4) 各種の堰と流量測定

開水路の流れ（水表面を持つ流れ，第8章参照）の流量測定には流れを堰止めて越流させる構造物（**堰**という）がしばしば用いられる．堰は越流する水脈を安定させるために上部を刃形にすることが一般的である（**刃形堰**と呼ぶ）．また，堰には正面から見た形状によって四角堰や三角堰などがあり，流量の条件などに応じて使い分けられる．以下では**四角堰**と**三角堰**について述べる．

▶ a. 四角堰

図 4-10 に示すように，水脈（**ナップ**という）が堰を完全越流している四角堰を考える．また，堰の十分上流の水面：点Aと堰天端の高さの差を H（越流水深という），堰天端地点：点Bにおける点Aよりの水面の低下高さを h_d とする．

このとき，点Aと点B間で堰の天端を基準高としてベルヌーイの式を立てると，

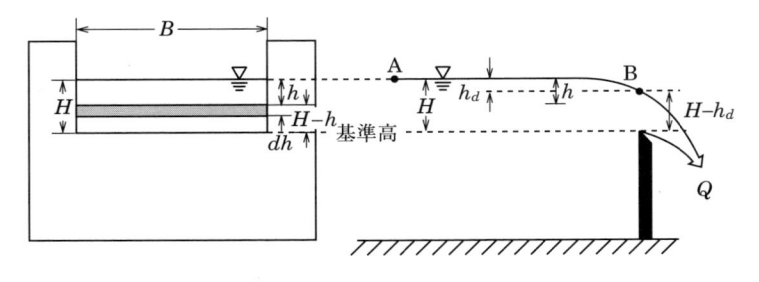

図 4-10　四角堰

$$\frac{v_A^2}{2g} + \frac{p_A}{\rho g} + z_A = \frac{v_B^2}{2g} + \frac{p_B}{\rho g} + z_B \qquad (4\text{-}43)$$

$\sim 0 \quad \sim 0 \quad \sim H \qquad \sim 0 \quad \sim H\text{-}h_d$

ここで，$v_A \sim 0$（堰の十分上流地点の流速は極めて小さい），$p_A/\rho g = p_B/\rho g = 0$（大気に接する），$z_A = H$，$z_B = H-h_d$ と置くと，堰からの流出流速 v $(=v_B)$ は，

$$H = \frac{v_B^2}{2g} + (H - h_d) \quad \Rightarrow \quad v = v_B = \sqrt{2gh_d} \qquad (4\text{-}44)$$

上式の h_d を任意の水深 h に置き換えたうえで式 (4-43) のベルヌーイの式を立てると，$v = \sqrt{2gh}$ を得る．これより，図 4-10 の微小部分（▨▨ 部分で面積 dA は $dA = Bdh$）の越流量 dQ を求める．dQ は流量係数を C とすると，$dQ = C\sqrt{2gh}\,dA$ で与えられる．よって，堰からの全越流量 Q は，

$$Q = \int_A dQ = \int C\sqrt{2gh}\,dA = \int_0^H C\sqrt{2gh}\,B\,dh$$

$$= CB\sqrt{2g}\int_0^H h^{\frac{1}{2}}dh = \frac{2}{3}CB\sqrt{2g}\,h^{\frac{3}{2}}\Big|_0^H = \frac{2}{3}CB\sqrt{2g}\,H^{\frac{3}{2}} \qquad (4\text{-}45)$$

式 (4-45) は大型オリフィスの流出流量 Q を求める式 (4-41) に $H_2 = H$，$H_1 = 0$ を代入して簡単に求められる．また，実務においては $K = \left(\frac{2}{3}\right)C\sqrt{2g}$（定数）と置いて $Q = KBH^{\frac{3}{2}}$ の形がよく使用される．

▶ **b. 三角堰**

四角堰では越流量が小さい場合は越流した水脈が堰下面に付着するように

なる．この状態では越流量が不安定となり，堰の公式は使用できない（ポイント4.13参照）．このような場合は越流量が小さくてもナップが形成される三角形断面の堰（**三角堰**という）が使用される．三角堰は上部ほど，幅が広くなっているので小流量から大流量までに対応できることが特徴である（**図4-11**参照）．ここでは頂角2θの三角堰の越流量Qを求めることを考える．

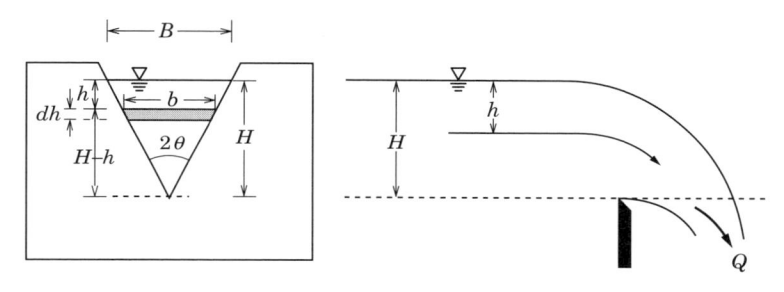

図4-11 三角堰

四角堰と同様に取り扱うと図4-11の微小部分（面積は$dA = bdh$）の越流量dQは，$dQ = C\sqrt{2gh}dA$で与えられる．また，堰幅bと水深hの関係は，

$$\frac{\frac{b}{2}}{H-h} = \tan\theta \quad \Rightarrow \quad b = 2(H-h)\tan\theta \tag{4-46}$$

よって，dQは，

$$dQ = C\sqrt{2gh}dA = C\sqrt{2gh}bdh = C\sqrt{2gh}\,2(H-h)\tan\theta\,dh \tag{4-47}$$

つまり，堰からの越流量Qは，

$$Q = \int dQ = \int_0^H C\sqrt{2gh}\,2(H-h)\tan\theta\,dh = 2C\sqrt{2g}\tan\theta\int_0^H \sqrt{h}(H-h)dh$$

$$= 2C\sqrt{2g}\tan\theta\left|\frac{2}{3}Hh^{\frac{3}{2}} - \frac{2}{5}h^{\frac{5}{2}}\right|_0^H = \frac{8}{15}C\sqrt{2g}\tan\theta\,H^{\frac{5}{2}} \tag{4-48}$$

なお，実務においては$K = \frac{8}{15}C\sqrt{2g}\tan\theta$（定数）とおいて，$Q = KH^{\frac{5}{2}}$の形がよく使用される．

ポイント 4.12 四角堰と三角堰の越流量を表す公式

四角堰と三角堰の越流量を表す公式はそれぞれ以下のようである.

$$\text{四角堰}: Q = KBH^{\frac{3}{2}} \quad \left(K = \frac{2}{3}C\sqrt{2g}\right)$$

$$\text{三角堰}: Q = KH^{\frac{5}{2}} \quad \left(K = \frac{8}{15}C\sqrt{2g}\tan\theta\right)$$

このように,堰では越流水深 H を知ることにより堰からの越流量を算定することができる.なお,K の値については多くの実用式が提案されている(水理公式集など参照).

ポイント 4.13 堰の公式の適用条件

図(a)に示すように堰を越える流量が小さく,水脈(ナップ)が堰下面に再付着するような場合には堰の公式は適用できない.堰の公式が適用可能なのは図(b)に示すようにナップが堰より完全にはく離する場合である.

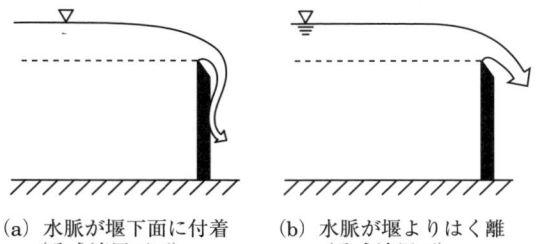

(a) 水脈が堰下面に付着 (公式適用不可)

(b) 水脈が堰よりはく離 (公式適用可)

第4章 演習問題

❶ 管径 $d_1 = 0.30$ 〔m〕の断面①から管径 $d_2 = 0.25$〔m〕の断面②に流れる円管流を考える.断面①の水圧 p を,$p_1 = 5.00 \times 10^4$〔N/m²〕,流速 v を $v_1 = 3.0$〔m/s〕とするとき,断面②の圧力 p_2 と流速 v_2 を求めよ.ただし,水の密度 ρ を $\rho = 996$〔kg/m³〕とする.

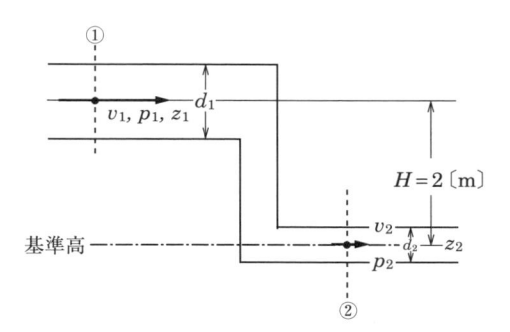

❷ 水槽に取り付けられた放水管から水が放出されている．水槽には連続的に水が供給され，水深 $h=5.00$ [m]に保たれている．このときの放水流量 Q と水槽と放水管における圧力分布を求めよ．ただし，水の密度 $\rho=996$ [kg/m^3]とする．

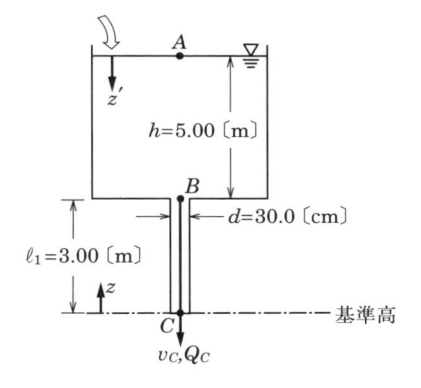

❸ 管水路の断面積 $A_1=80.0$ [cm^2]の断面①から断面積 $A_2=20.0$ [cm^2]の断面②に水が流れる円管流を考える．このとき，断面①と断面②に立てたマノメータの水位差 Δh が 80.0 [cm]であるときの管内流量 Q を求めよ．

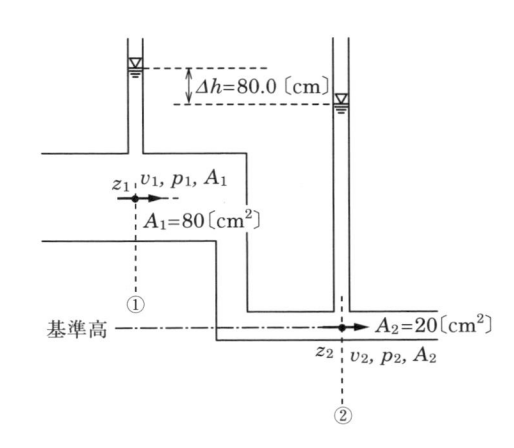

❹ ベンチュリー管のマノメータ内の水銀の高低差 Δh が $\Delta h = 25.0$ 〔cm〕とする．この場合の管内流量 Q を求めよ．ただし，管内を流れるの水の密度 ρ は $\rho = 996$ 〔kg/m^3〕，水銀の比重 σ_H は $\sigma_H = 13.6$ とする．

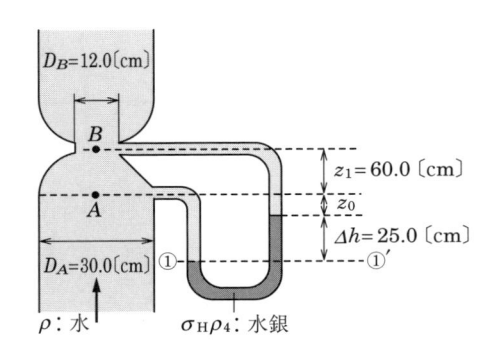

❺ 表面積が A_1，A_2 の 2 つの水槽 ①，② が面積 A_0，流量係数 C のオリフィスを通じてつながっている．時刻 $t=0$ の両水槽の水深差 $\Delta H(=H_1-H_2)$ が ΔH_0 であるとき，ΔH の時間 t に対する変化を表す式を求めよ．

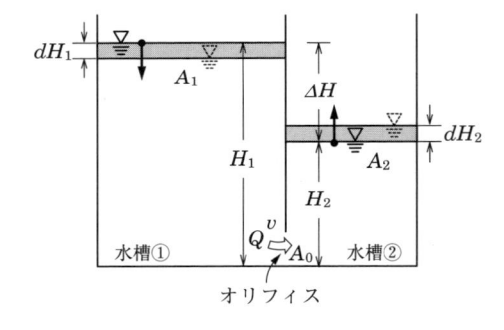

❻ 頂角 $2\theta = 60°$ の三角堰において，越流水深 $H = 18$〔cm〕の場合の堰の越流流量 Q を求めよ．また，流量 Q を 2 倍にするための越流水深を求めよ．ただし，流量係数 $C = 0.61$ とする．

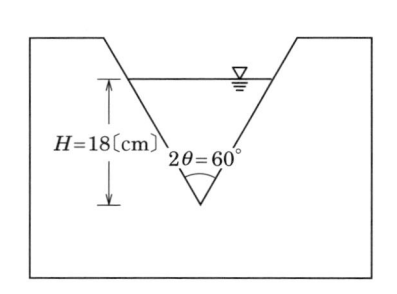

第5章 運動量の定理とその応用

　流れや噴流が構造物に与える力を評価することは，水理構造物を設計するうえで重要である．本章では流れの支配領域に運動量の定理を適用して，流れが構造物に与える流体力を求めたり，水面が急激に変化する跳水や段波などの現象を取り扱う．

5.1 流体運動への運動量の定理（運動方程式）の適用の基礎概念

運動に関する**ニュートンの第二法則**を剛体の運動に適用すると（図5-1参照），

$$f = \frac{dM}{dt} = \frac{d(mv)}{dt} = m\frac{dv}{dt} = m\alpha \tag{5-1}$$

ここに，fは外力，Mは運動量，tは時間，mは剛体の質量，vは速度，αは加速度である．同式は，運動量の時間変化率が作用する外力fに等しいことを表しており，**運動量の定理**と呼ばれている．これを差分形式で表すと次式となる．

$$f = \frac{mv_2 - mv_1}{\Delta t} \quad \Rightarrow \quad mv_2 - mv_1 = f\Delta t \tag{5-2}$$

式(5-2)は図5-1に示すように，質量mの物体に力f（外力）がΔt時間作用すると，剛体の速度はv_1からv_2に変化し，その運動量はmv_1からmv_2に変化するこ

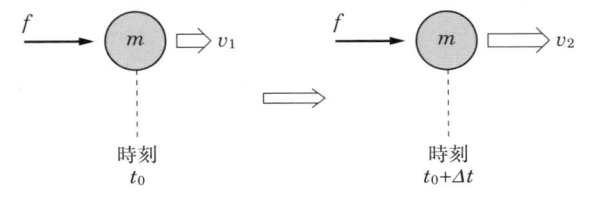

図 5-1　運動量の定理

とを表している．これはニュートンの第二法則から導かれる基礎原理であり，**運動量の方程式**と呼ばれる．以下ではこの運動量の方程式を流れに適用する．

図5-2のように，縮小する管路中の定常流れを考える（流量$Q =$一定，粘性の影響を無視する）同図でvは流速，pは圧力，Aは断面積であり，以下では断面①，②の諸量に添字1, 2を付して表す．断面①，②および管壁で囲まれる領域ABCD（**検査領域**と呼ぶ，図中の▨部分）にあった流体塊がΔt時間に領域A'B'C'D'に移動することを考える．このとき，重なり合う領域A'BCD'の流体が持つ運動量は不変であることから，領域AA'D'Dの流体塊が領域BB'C'Cに移動する問題と考えてよい．一方，剛体の質量$m = \rho V$（ρは密度，Vは体積）に対応する流体での量は$\rho Q \Delta t$であるから，Δt時間の運動量の変化量は$\rho Q v_2 \Delta t - \rho Q v_1 \Delta t$である．この変化量に対応する<u>力$F'$が管の壁面に作用し</u>，また，その反作用として検査領域の流体は同じ大きさで<u>逆向きの反力Fを壁面から受ける</u>ことになる．

つまり，式(5-2)のf（検査領域に作用する外力の和）は，この問題では①，②断面における全静水圧，$P_1 = p_1 A_1$，$P_2 = p_2 A_2$とFの合計（$f = P_1 - P_2 - F$）であるから，s方向（流軸方向）の運動量の方程式は，

$$mv_2 - mv_1 = f\Delta t$$
$$\Rightarrow \rho Q v_2 \Delta t - \rho Q v_1 \Delta t = f \Delta t = (p_1 A_1 - p_2 A_2 - F)\Delta t$$
$$\Rightarrow \rho Q (v_2 - v_1) = P_1 - P_2 - F \tag{5-3}$$

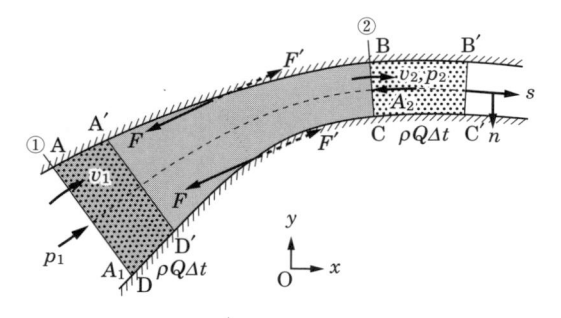

図5-2 縮小管路に適用された運動量の定理

> **ポイント 5.1　運動量の定理の適用（Ⅰ）**
>
> ① 運動量の定理の適用に当たっては管路中の壁面剪断力や開水路中の底面剪断力などの粘性の効果は取扱いの複雑さを避けるために無視されることが多い．よって，運動量の定理は一般に流れの短い区間で適用される．
> ② 流れが管壁から受ける力は管壁に直角方向に作用する．図5-2中の力 F', F はそれらの s 方向成分を表している．
> ③ 図5-2では s 方向について考えたが，問題によっては s 軸に直交する n 軸方向の運動量の方程式を立てる必要が生ずることがある．また，厳密には，重力 W を外力の和 f 中に考慮する必要があるが，その寄与は一般に小さい．ここでは無視している．

図5-2では流れ方向（s 方向）に運動量の定理を適用したが，ここでは固定座標系の x–y 座標で書き直す．**図5-3**に示すような**湾曲管路**について，式(5-3)を x, y 方向成分に分離して書き直された運動量の方程式は，

$$\rho Q(v_2 \cos\theta_2 - v_1 \cos\theta_1) = p_1 A_1 \cos\theta_1 - p_2 A_2 \cos\theta_2 - F_x \cdots (x \text{方向})$$
(5-4)

$$\rho Q(v_2 \sin\theta_2 - v_1 \sin\theta_1) = p_1 A_1 \sin\theta_1 - p_2 A_2 \sin\theta_2 + F_y \cdots (y \text{方向})$$
(5-5)

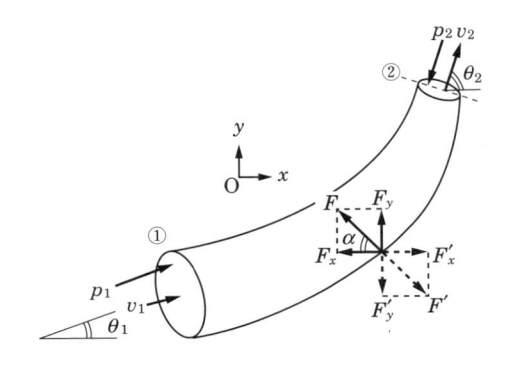

図 5-3　湾曲管路に適用された運動量の定理

5.1　流体運動への運動量の定理（運動方程式）の適用の基礎概念

ここに，θ は流軸が水平面となす角度，p は水圧，F_x, F_y は流体が壁面から受ける力の合力 F の x, y 方向成分である．流体が壁面に与える力 F' は F の反作用であり，その作用方向は F とは逆方向である（$F'=-F$）．なお，式 (5-4) の F_y に付する符号は図5-3において F_y を y 軸の正の方向と定義しているので + としている．

また F' の x, y 方向成分 F_x', F_y' は F の x, y 方向成分 F_x, F_y の反作用である（$F_x'=-F_x, F_y'=-F_y$）．よって流体が壁面に与える力 F' の大きさと，その作用方向が水平面とがなす角度 α はそれぞれ，

$$|F'|=|F|=\sqrt{F_x^2+F_y^2}=\sqrt{F_x'^2+F_y'^2} \quad , \quad \alpha=\tan^{-1}\left(\frac{F_y}{F_x}\right) \qquad (5\text{-}6)$$

5.2 管水路流れへの運動量の定理の適用

(1) 直線管水路への運動量の定理の適用

図5-4のように，管径 d が x 軸に対称に直線的に変化する水平面内に置かれた円管を水が流量 Q で流れているとき，管壁が流れから受ける力 F' の大きさと，その作用方向を求める．ただし，断面①，②と管壁で囲まれる検査領域の壁面の微小要素 dA 部分に流体が作用する力を f_p'，その反作用を f_p とする．このとき，流体が管路の壁面から受ける力 F の x, y 方向成分 F_x, F_y は，

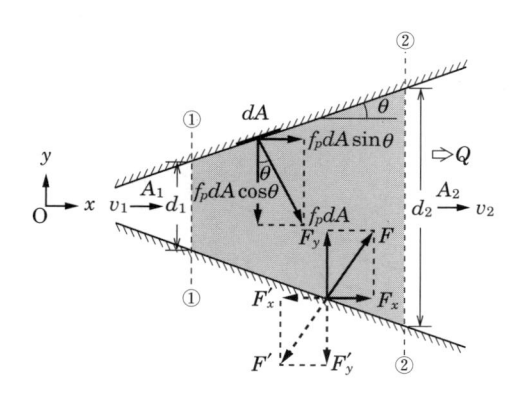

図 5-4 拡大管路に適用された運動量の定理

$$F_x = \int_A f_p \sin\theta dA = \sin\theta \int_A f_p dA$$
$$F_y = \int_A f_p \cos\theta dA = \cos\theta \int_A f_p dA \tag{5-7}$$

ただし，F_y は x 軸に対して向かい合う微小領域の力 $f_p dA \cos\theta$ が互いに相殺されるので $F_y=0$ となる．また，式(5-5)において $\theta_1=\theta_2=0°$ より F_y 以外の項もすべて 0 になるので，y 方向への運動量の定理の適用は考える必要がない．よって，この問題では x 方向の運動量の方程式のみを考えればよい．つまり，式(5-4)で $\theta_1=\theta_2=0°$ と置いて，x 方向の運動量の方程式は，

$$\rho Q v_2 - \rho Q v_1 = p_1 A_1 - p_2 A_2 + F_x \tag{5-8}$$

ここで，$A_1=(1/4)\pi d_1^2$, $A_2=(1/4)\pi d_2^2$, $v_1=Q/A_1$, $v_2=Q/A_2$ とすると，F_x は次式で与えられる．

$$\rho Q \frac{Q}{\frac{1}{4}\pi d_2^2} - \rho Q \frac{Q}{\frac{1}{4}\pi d_1^2} = p_1 \frac{1}{4}\pi d_1^2 - p_2 \frac{1}{4}\pi d_2^2 + F_x$$
$$\Rightarrow \quad F_x = \frac{4\rho Q^2}{\pi}\left(\frac{1}{d_2^2} - \frac{1}{d_1^2}\right) - \frac{\pi}{4}\left(p_1 d_1^2 - p_2 d_2^2\right) \tag{5-9}$$

ここで，$F_y=0$ より F は $F=F_x$ である．よって，F' の大きさは $|F'|=|F|=|F_x|$ であり，また，その作用方向は x 軸の負の向きである．

> **ポイント 5.2　運動量の定理の適用（Ⅱ）**
>
> ① 図5-4では F_x を x の正の方向に考えているので，式(5-8)の F_x に付する符号を + としている．一方，図5-3では F_x を x の負の方向に考えているので，式(5-4)の F_x に付する符号を − としている．
> ② 流れが管路の壁面や構造物に与える力 F' は，その反作用である構造物が流れに与える力 F を運動量の方程式より求めたうえで，$F'=-F$ として定める．なお，図5-4のように，x 軸に対称な現象では y 方向の運動量の方程式は考える必要がない．

(2) 湾曲管水路への運動量の定理の適用

図5-5のように，水平面内に置かれた**湾曲管水路**（$\theta_1=0°$, $\theta_2=60°$）において管

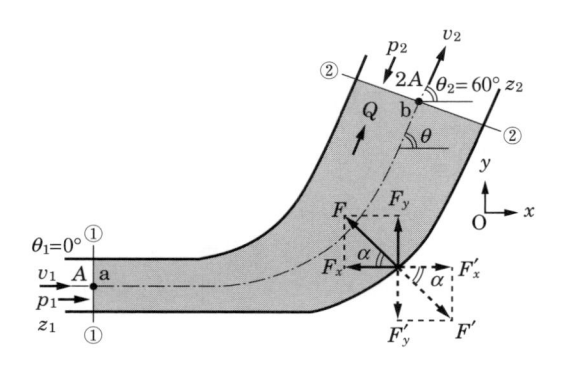

図 5-5 湾曲水路に適用された運動量の定理

壁が流れに与える力 F とその作用方向を求める．ただし，管内流量を Q，断面①，②における断面積を A, $2A$, 断面①における圧力は p_1 とする．

この問題では，まず，与えられていない p_2 を求める．断面①の点 a と断面②の b 間にベルヌーイの定理を適用した上で，$z_1=z_2$（水平面内で高さは同じ），$v_1=Q/A$, $v_2=Q/2A$ と置くと p_2 は，

$$\frac{p_2}{\rho g} = \frac{p_1}{\rho g} + \left(\frac{v_1^2}{2g} - \frac{v_2^2}{2g}\right) + (z_1 - z_2) = \frac{p_1}{\rho g} + \frac{Q^2}{2gA^2} - \frac{Q^2}{8gA^2}$$

$$\Rightarrow \quad p_2 = p_1 + \frac{3}{8}\frac{\rho Q^2}{A^2} \tag{5-10}$$

よって，図中の ▨ 部分の検査領域において立てられる x, y 方向の運動量の方程式は式 (5-4)，式 (5-5) に $\theta_1=0°$, $\theta_2=60°$, $A_1=A$, $A_2=2A$ を代入して，

$$\rho Q(v_2 \cos 60° - v_1 \cos 0°) = p_1 A \cos 0° - p_2 (2A)\cos 60° - F_x \cdots (x\text{方向})$$
$$\rho Q(v_2 \sin 60° - v_1 \sin 0°) = p_1 A \sin 0° - p_2 (2A)\sin 60° + F_y \cdots (y\text{方向})$$
$$\tag{5-11}$$

同式より $\cos 60°=1/2$, $\sin 60°=\sqrt{3}/2$ であるから，F_x, F_y は，

$$F_x = -\rho Q\left(\frac{Q}{2A}\right)\left(\frac{1}{2}\right) + \rho Q\left(\frac{Q}{A}\right) + p_1 A - \left(p_1 + \frac{3}{8}\frac{\rho Q^2}{A^2}\right)2A\left(\frac{1}{2}\right) = \frac{3}{8}\frac{\rho Q^2}{A}$$

$$F_y = \rho Q\left(\frac{Q}{2A}\right)\left(\frac{\sqrt{3}}{2}\right) + \left(p_1 + \frac{3}{8}\frac{\rho Q^2}{A^2}\right)2A\left(\frac{\sqrt{3}}{2}\right) = \sqrt{3}p_1 A + \frac{5}{8}\sqrt{3}\frac{\rho Q^2}{A}$$

$$\tag{5-12}$$

よって，Fの大きさとその作用方向（x軸とのなす角度α）は，

$$F = \sqrt{F_x{}^2 + F_y{}^2} = \sqrt{\frac{21}{16}\left(\frac{\rho Q^2}{A}\right)^2 + \frac{15}{4}\rho Q^2 p_1 + 3(p_1 A)^2}$$

$$\alpha = \tan^{-1}\left(\frac{F_y}{F_x}\right) = \tan^{-1}\left\{\frac{\sqrt{3}(8p_1 A^2 + 5\rho Q^2)}{3\rho Q^2}\right\} \tag{5-13}$$

5.3 平板に衝突する噴流流れへの運動量の定理の適用

(1) 噴流に直交する平板が受ける力と流量配分

図5-6のように，幅A_1，流速v_1，流量Q_1の噴流が水平面内に置かれた**平板**に垂直に衝突して分岐する（水平面内の二次元現象として考える）．このとき，噴流から平板が受ける力F'と分岐後の配分流量を求める．

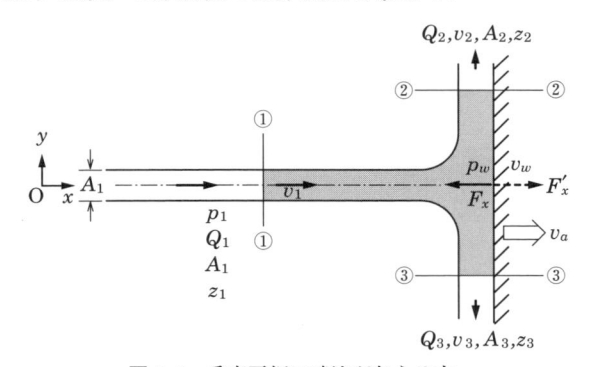

図 5-6 垂直平板に噴流が与える力

部分の検査領域に対してx方向の運動量の方程式を立てる．ただし，以下では①，②，③断面と壁面上の諸量に添字$1, 2, 3, w$を付ける．式(5-4)のx方向の運動量の方程式を①断面と壁面間に適用すると，$v_w = 0$（壁面で流速は0），$\theta_1 = \theta_w = 0$，$p_1 = p_w = 0$（大気に接する）として，噴流が平板から受ける力Fのx方向成分F_xは，

$$0 - \rho Q_1 v_1 = -F_x \quad \Rightarrow \quad F_x = \rho Q_1 v_1 \quad (= \rho A_1 v_1{}^2) \tag{5-14}$$

なお，噴流から平板が受ける力F'はx軸に対象な現象であるので，$F_y' = 0$より

$F'=F_x'=-F_x$ となる．よって，F' の大きさは式(5-14)より，

$$|F'|=|F_x|=\rho Q_1 v_1 = \rho A_1 v_1^2 \tag{5-15}$$

ここで，断面①－②間および断面①－③間にベルヌーイの定理を適用すると，

$$\frac{v_1^2}{2g}+\frac{p_1}{\rho g}+z_1=\frac{v_2^2}{2g}+\frac{p_2}{\rho g}+z_2 \tag{5-16}$$

$$\frac{v_1^2}{2g}+\frac{p_1}{\rho g}+z_1=\frac{v_3^2}{2g}+\frac{p_3}{\rho g}+z_3 \tag{5-17}$$

式(5-16)に，$z_1=z_2$（水平面内での現象），$p_1=p_2=0$（大気に接する）の条件を代入すると $v_2=v_1$ を得る．同様に式(5-17)に $z_1=z_3$，$p_1=p_3=0$ の条件を代入すると $v_3=v_1$ を得る．結局，次式が成立する（各断面の流速は等しい）．

$$v_1=v_2=v_3 \tag{5-18}$$

ここで，以下の式(5-23)に $\theta=90°$ と置くと $Q_2=Q_3=Q_1/2$ を得る．この関係と上式(5-18)の $v_1=v_2=v_3$ の条件より次式を得る．

$$Q_1=2Q_2=2Q_3 \quad , \quad A_1=2A_2=2A_3 \tag{5-19}$$

> **ポイント 5.3** 　移動する平板に作用する力
>
> 　図5-6の問題において平板が速度 v_a で x 軸の正の方向（水平右向き）に運動することを考える．このときの F' は式(5-15)の v_1 を平板に対する噴流の相対速度 v_1-v_a，①断面の流量 Q_1 を Q に置き換えて $|F'|=\rho Q(v_1-v_a)=\rho A_1(v_1-v_a)^2$ となる．つまり，F' は平板が噴流から離れる方向に移動するときは小さくなり，近づく方向に移動するときは大きくなる．

(2) 傾斜平板に噴流が与える力と流量配分

　図5-7のように，厚さ b_1 の噴流が流速 v_1，流量 Q_1 で水平面内に置かれた傾斜角 θ の斜面に衝突し，斜面に沿って分岐する場合について考える．なお，座標は斜面に沿って x 軸，斜面に直角方向に y 軸をとる．このとき，平板が噴流から受ける力 F' と分岐後の配分流量を求める（現象は水平面内の二次元とする）．

　前項と同様に取り扱うと $v_1=v_2=v_3$（式(5-18)参照，平板のなす角度 θ は無関係）となる．また，■部分の検査領域における x，y 方向の運動量の方程式は，

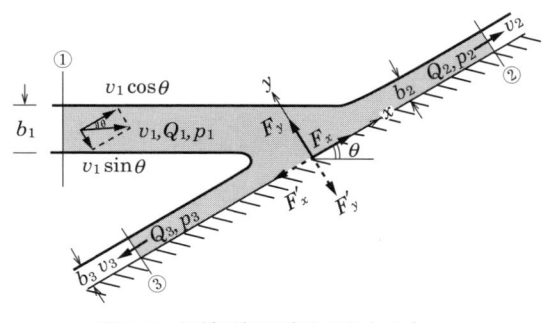

図 5-7 傾斜平板に噴流が与える力

$$(\rho Q_2 v_2 - \rho Q_3 v_3) - \rho Q_1 v_1 \cos\theta = F_x \quad \cdots (x\text{方向}) \tag{5-20}$$

$$0 - (-\rho Q_1 v_1 \sin\theta) = F_y \quad \cdots (y\text{方向}) \tag{5-21}$$

ここで，噴流が壁面から受ける力は壁面に直交するので$F_x=0$である．また$v_1=v_2=v_3$の条件より式(5-20)は，

$$Q_2 - Q_3 - Q_1 \cos\theta = 0 \tag{5-22}$$

式(5-22)と$Q_1=Q_2+Q_3$（連続の条件）の関係よりQ_2, Q_3は，

$$Q_2 = \frac{Q_1}{2}(1+\cos\theta) \quad , \quad Q_3 = \frac{Q_1}{2}(1-\cos\theta) \tag{5-23}$$

式(5-23)に示すように平板と噴流のなす角度θに応じて流量Q_1がQ_2とQ_3に配分されることがわかる．また，この関係と$v_1=v_2=v_3$の条件より，①，②，③断面の噴流の厚さb_1, b_2, b_3の相互の関係は，$b_2=(1/2)b_1(1+\cos\theta)$, $b_3=(1/2)b_1(1-\cos\theta)$と与えられる．

なお，$F'_x=0$より $F'=\sqrt{F_x'^2+F_y'^2}=F_y'=-F_y$より，$F'$の大きさは式(5-21)より，

$$|F'| = |F_y| = \rho Q_1 v_1 \sin\theta = \rho b_1 v_1^2 \sin\theta \tag{5-24}$$

> **ポイント 5.4 重力の影響**
>
> 図5-6，図5-7のように平板を水平面内に置く場合は重力の影響は考慮する必要がない．一方，平板を鉛直面内に置く場合は，厳密には検査領域内に作用する重力の影響を考慮する必要がある．しかし，一般にはその影響を無視できることが多い．

5.3 平板に衝突する噴流流れへの運動量の定理の適用

5.4 流水中の構造物が受ける力の問題への運動量の定理の適用

図5-8のように,流量Qが流れる,幅Bの水平床水路の底部に設置された突起物に流れが与える力F'を求める.この問題では突起物が流れに与える力Fのx,y成分をF_x,F_yとすると,$F_y=0$であるからx方向のみを考えればよい.

x方向の運動方程式は断面①,②における流速をv_1,v_2,水深をh_1,h_2,全静水圧をP_1,P_2とすると,式(5-4)に$\theta_1=\theta_2=0°$を代入して,

$$\rho Q v_2 - \rho Q v_1 = P_1 - P_2 - F_x \tag{5-25}$$

v_1,v_2は連続の条件より,

$$Q = v_1 B h_1 = v_2 B h_2 \quad \Rightarrow \quad v_1 = \frac{Q}{Bh_1} \quad , \quad v_2 = \frac{Q}{Bh_2} \tag{5-26}$$

また,P_1,P_2は水圧分布に静水圧分布を仮定して,

$$P_1 = \frac{1}{2}\rho g h_1{}^2 B \quad , \quad P_2 = \frac{1}{2}\rho g h_2{}^2 B \tag{5-27}$$

式(5-26),式(5-27)を式(5-25)に代入するとF_xは,

$$F_x = P_1 - P_2 + \rho Q v_1 - \rho Q v_2 = \frac{1}{2}\rho g B \left(h_1{}^2 - h_2{}^2\right) + \frac{\rho Q^2}{B}\left(\frac{1}{h_1} - \frac{1}{h_2}\right) \tag{5-28}$$

なお,突起物に作用する力F'は$F_y'=-F_y=0$であるから,F'の大きさは式(5-28)より$|F'|=|F_x'|=|F_x|$として求められる.また,その作用方向はx軸の正の方向(水平右向き)である.

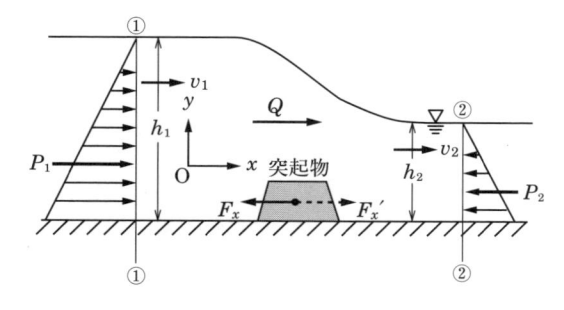

図 5-8 突起物に作用する流体力

5.5 跳水と段波現象への運動量の定理の適用

流れの短い区間の現象には**運動量の定理**を適用して取り扱うことがよく行われる．ここではそのような事例として跳水と段波を取り上げる．

(1) 跳水現象

ゲートの下端から水深が小さく流速の大きな流れが流出する現象を考える．この流れが下流側に設置された堰などの影響で流速が遅い水深の大きな流れに遷移するとき**跳水**と呼ばれる現象が観察される．跳水現象が生ずると水深が急激に増加するとともに急変地点に**強い渦**（ローラー部と呼ばれる）が形成され，そこでは大きな**エネルギー損失**が生ずる．以下では跳水現象に運動量の定理を適用する．

図5-9のように流量 Q が流れる水路幅 B の水平床水路を考える．ここで，検査領域（　　部分）の断面①，②における流速を v_1, v_2，水深を h_1, h_2，全静水圧を P_1, P_2 とすると，x 方向の運動量方程式は式(5-4)に $\theta_1 = \theta_2 = 0$，$F_x = 0$ を代入して，

$$\rho Q v_2 - \rho Q v_1 = P_1 - P_2 \tag{5-29}$$

ここで，P_1, P_2 は水圧分布に静水圧分布と仮定して，

$$P_1 = \frac{1}{2}\rho g h_1^2 B, \quad P_2 = \frac{1}{2}\rho g h_2^2 B \tag{5-30}$$

式(5-30)を式(5-29)に代入すると，

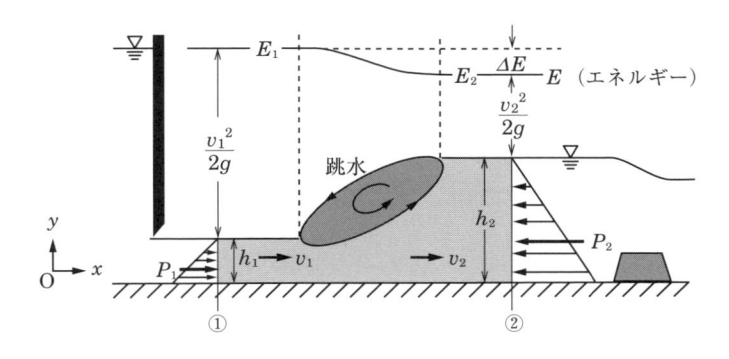

図5-9 跳水

$$\rho Q(v_2 - v_1) = \frac{1}{2}\rho g B(h_1{}^2 - h_2{}^2) \tag{5-31}$$

また，連続の条件より得られる，$v_2 = (v_1 h_1)/h_2$（$Q = v_1 h_1 B = v_2 h_2 B$ より）を式(5-31)に代入したうえで整理すると，

$$\rho v_1 h_1 B\left(\frac{v_1 h_1}{h_2} - v_1\right) = \frac{1}{2}\rho g B h_1{}^2\left\{1 - \left(\frac{h_2}{h_1}\right)^2\right\}$$

$$\Rightarrow \quad \left(1 - \frac{h_2}{h_1}\right)\left\{\frac{v_1{}^2}{gh_1} - \frac{1}{2}\left(\frac{h_2}{h_1}\right)\left(1 + \frac{h_2}{h_1}\right)\right\} = 0 \tag{5-32}$$

式(5-32)は h_2/h_1 に関する3次方程式であり，その解は，

$$1 - \frac{h_2}{h_1} = 0 \quad \Rightarrow \quad \frac{h_2}{h_1} = 1$$

$$\frac{v_1{}^2}{gh_1} - \frac{1}{2}\left(\frac{h_2}{h_1}\right)\left(1 + \frac{h_2}{h_1}\right) = 0 \quad \Rightarrow \quad \frac{h_2}{h_1} = \frac{-1 \pm \sqrt{1 + 8Fr_1{}^2}}{2} \tag{5-33}$$

ここに，$Fr_1 = v_1/\sqrt{gh_1}$ は①断面で定義される無次元数であり**フルード数**と呼ばれる．式(5-33)の3解のうち，$h_2/h_1 = 1$ は跳水が生じないことを意味し，また，負解は物理的な意味がない解である．よって，跳水前後の水深比を表す解は，

$$\frac{h_2}{h_1} = \frac{1}{2}\left(-1 + \sqrt{1 + 8Fr_1{}^2}\right) \tag{5-34}$$

ここで，跳水のローラー部における**エネルギー損失水頭** ΔE を求める．①－②断面の水表面間にベルヌーイの式を適用して，$p_1 = p_2 = 0$（大気に接する）と置くと，

$$\Delta E = E_1 - E_2 = \underbrace{\left(\frac{v_1{}^2}{2g} + \frac{p_1}{\rho g} + h_1\right)}_{\text{断面①の全エネルギー水頭}} - \underbrace{\left(\frac{v_2{}^2}{2g} + \frac{p_2}{\rho g} + h_2\right)}_{\text{断面②の全エネルギー水頭}}$$

$$= \left(\frac{v_1{}^2}{2g} + h_1\right) - \left(\frac{v_2{}^2}{2g} + h_2\right) = \frac{v_1{}^2}{2g}\left\{1 - \left(\frac{h_1}{h_2}\right)^2\right\} + (h_1 - h_2) \tag{5-35}$$

同式に式(5-34)より得られる $v_1{}^2 = (gh_1/2)(h_2/h_1)(1 + h_2/h_1)$ の関係を代入して v_1 を消去すると ΔE は，

$$\Delta E = \frac{h_1}{4}\left(\frac{h_2}{h_1}\right)\left(1 + \frac{h_2}{h_1}\right)\left\{1 - \left(\frac{h_1}{h_2}\right)^2\right\} + (h_1 - h_2) = \frac{(h_2 - h_1)^3}{4h_1 h_2} \tag{5-36}$$

なお，ポイント5.5で述べるように跳水現象は上流が射流（$Fr > 1$）であり，下

流が常流（$Fr<1$）となる条件で発生する．

> **ポイント 5.5　フルード数 Fr**
>
> フルード数 $Fr = v/\sqrt{gh}$ を使用して，流速が遅く $Fr<1$ の流れを**常流**，流速が速く $Fr>1$ の流れを**射流**，$Fr=1$ の流れを**限界流**と呼んでいる．なお，跳水は流れが射流から常流に遷移するときに生ずる（開水路の流れ，8-4節参照）．

> **ポイント 5.6　エネルギー損失 ΔE の見積**
>
> 式(5-36)の ΔE は式(5-34)の h_2/h_1 の値を使用して導かれている．実験・実測で ΔE を精度良く求めるためには式(5-34)ではなく，式(5-35)を使用して直接求める必要がある．なお，跳水部で失われる流れのエネルギーは最終的に熱として逸散する（跳水後の水温が若干上昇する）．

> **ポイント 5.7　跳水の利用**
>
> ダム放流水はダム斜面で流速が速い射流となる（$Fr>1$）．この流れはダム下流の河床の洗堀などの問題を引き起こす．このため，下流河床に**減勢工**と呼ばれる突起を設置して強制的に跳水を生じさせ，流速の遅い常流（$Fr<1$）とすることがよく行われる．

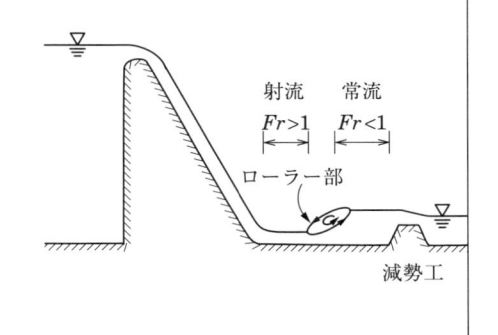

(2) 段波現象

図5-10のように跳水現象が生じている幅 B の水路を考える．このとき，ゲート操作などにより上下流の水深を変化させると，跳水地点が上流もしくは下流方向へ移動するが，これを**段波**と呼んでいる．ここで，上流側の水深 h_1（流速は v_1）が一定の条件の基に下流側の水深 h_2（流速は v_2）を h_2'（流速は v_2'）に上昇させるとき生じる段波が上流に向かって進行する現象について考える．

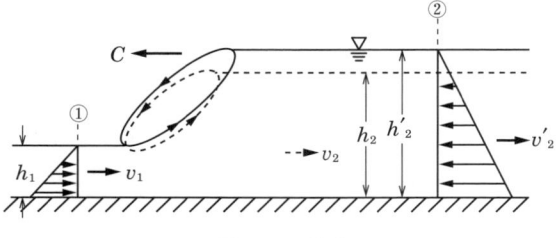

図 5-10 段波

ここで，段波の進行速度 C で上流に移動する座標系（移動座標系）を使用する．このとき，断面①，②の流速はそれぞれ v_1+C，$v_2'+C$ となる．また，移動座標系から見た水路流量を Q，①，②断面の水圧分布を静水圧分布とすると，水平方向の運動量方程式は（式(5-3)で $F=0$，もしくは式(5-4)で $\theta_1=\theta_2=0$，$F_x=0$ とおく），

$$\rho Q(v_2'+C) - \rho Q(v_1+C) = \frac{1}{2}\rho g h_1^2 B - \frac{1}{2}\rho g h_2'^2 B$$

$$\Rightarrow \rho Q(v_2' - v_1) = \frac{1}{2}\rho g(h_1^2 - h_2'^2)B \tag{5-37}$$

また，連続の条件より v_2' は，

$$Q = (v_1+C)h_1 B = (v_2'+C)h_2' B$$

$$\Rightarrow v_2' = (v_1+C)\frac{h_1}{h_2'} - C \tag{5-38}$$

式(5-37)に式(5-38)を代入して，整理すると段波の進行速度 C は，

$$\rho(v_1+C)h_1\left\{(v_1+C)\frac{h_1}{h_2'} - C - v_1\right\} = \frac{1}{2}\rho g(h_1^2 - h_2'^2)$$

$$\Rightarrow (v_1+C)^2 = \frac{1}{2}g\frac{h_2'}{h_1}(h_1+h_2') \quad \Rightarrow \quad C = \sqrt{\frac{1}{2}g\frac{h_2'}{h_1}(h_1+h_2')} - v_1 \tag{5-39}$$

なお，水路を水が流れない場合 $Q=0$（よって，$v_1=0$）における C は，

$$C = \sqrt{\frac{1}{2}g\frac{h_2'}{h_1}(h_1+h_2')} \tag{5-40}$$

式(5-40)において，さらに，①，②断面の水面の段差が小さい場合（$h_1 \sim h_2'$）の C は，

$$C = \sqrt{gh_1} \tag{5-41}$$

なお，式(5-41)におけるCの値は長波の**波速**と一致する(ポイント5.8参照)．

> **ポイント 5.8　長波**
>
> 水深hの水面を伝播する波長Lの波においてhに比較してLが十分に大きい波($h/L < 1/20$)は長波(極浅海波ともいう，例えば津波は長波)と呼ばれる．長波の波速は$C = \sqrt{gh}$ で与えられる．よって，ポイント5.5のフルード数Frとは流れの流速vと長波の波速 $C = \sqrt{gh}$ の比である($Fr = v/C = v/\sqrt{gh}$)．

第5章　演習問題

❶　断面積A_1の貯水槽に接続した長さL，断面積A_2の円管より密度ρの水が流量Qで放流されている．貯水槽には水が連続的に供給され，水深Hが一定に保たれているとする．このとき，z方向の運動量の方程式より円管からの流出速度vを求めよ．

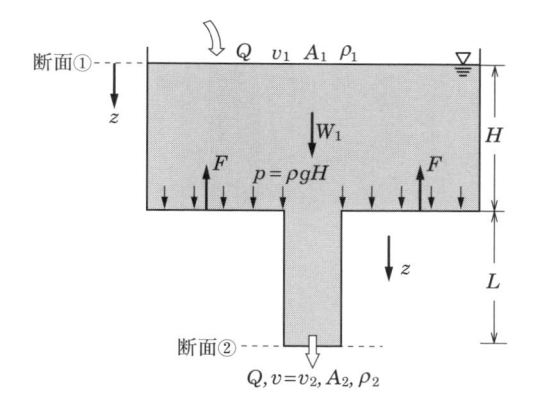

❷　直径$d = 25.0$ [cm]，流速$v = 30.0$ [m/s]の噴流が水平面内に置かれたブレードに当たって160°向きを変える．このとき，流れがブレードに与える力F'とその作用方向αを求めよ．ただし，噴流の直径は流れ方向に変化しないものとし，また，水の密度$\rho = 996$ [kg/m^3]とする．

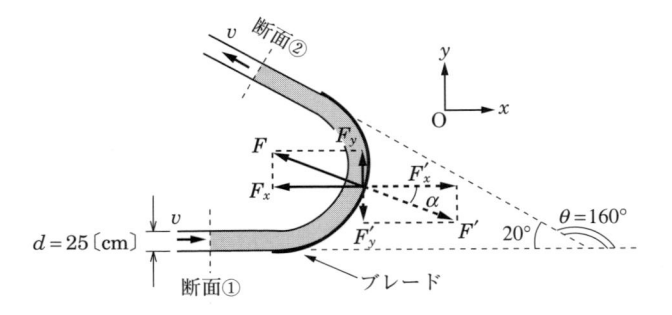

❸ 鉛直に立てた直径 $d_1=30.0$ [cm] の円管の先端に設けた, $d_2=5.00$ [cm], 長さ $\ell=20.0$ [cm] のノズルの先端から流速 $v_2=35.0$ [m/s] で水を放出する. このとき, ノズルに作用する力 F' とその作用方向を求めよ. ただし, 水の密度 $\rho=996$ [kg/m³] とする.

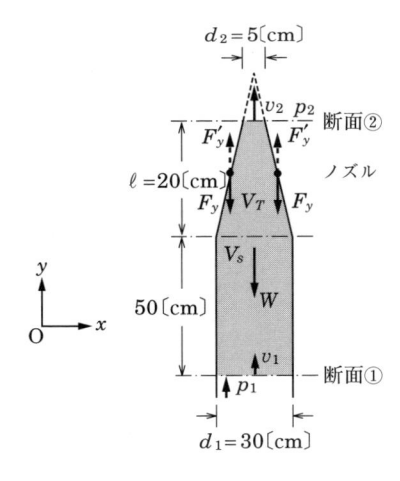

❹ 図5-9に示す跳水現象において水路幅 $B=8$ [m], 水路流量 $Q=15.0$ [m³/s] とする. このとき, 断面①の水深が $h_1=0.3$ [m] であるときの各断面の流れの状態を判定せよ. また, 跳水によるエネルギー損失水頭 ΔE を求めよ.

❺ 図5-10のような段波において, $v_1=8.3$ [m/s], $h_1=0.3$ [m], $h_2=2.5$ [m] とするとき, 段波の進行速度 C を求めよ.

第6章 流れの挙動と物体に作用する抵抗

本章は層流・乱流や境界層の形成などの流れの基礎的概念についての知識を深めることを目的としている．また，水理設計にとって重要な流れが物体に与える抵抗の計算法ついて学ぶ．

6.1 層流と乱流

(1) レイノルズの実験

レイノルズは図6-1のように水槽中のガラス管の中に水とともに染料を流し，ガラス管中の流況を可視化した．その結果，管内流速が遅い場合は染料が管と平行に整然と流れる**層流**となり，管内流速が速い場合は流れが乱れる**乱流**，その中間的な管内流速では層流もしくは乱流が不安定に出現する**遷移流**となることを明らかにした．また，この流れの挙動を支配するパラメータは，**レイノルズ数** $Re = u_m d / \nu$（u_mは管内平均流速，dは管の内径，νは流体の動粘性係数）であることも明らかにしている．

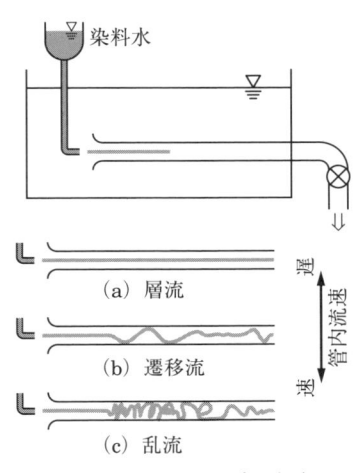

図6-1 レイノルズの実験

一様断面の管路内の流れでは，完全流体を仮定すると流れに伴うエネルギー損失は無視できる．しかし，現実の一様断面管路流れで長い区間を考える場合は，粘性の存在によって管路壁面に壁面剪断力が作用してエネルギー損失が生ずる

(6-4節参照，摩擦損失という)．このエネルギー損失水頭h_fは一様断面（管径＝一定）とすると，考える2点間で速度水頭$u_m^2/2g$が同一であるから，圧力水頭の差$\Delta p/\rho g$と一致する．

図6-2は管径dの円管路の二点間で生ずるエネルギー損失水頭h_f（6.4節参照）と，レイノルズ数Reの関係の実験結果の概略を示している．同図のように管路の平均流速u_mを0から速くすると，原点Oから**層流状態**（$h_f \sim u$）で点Aを経由して点Bに至り，**乱流状態**（$h_f \sim u^2$）の点Cに移行して点Dに至る．一方，乱流状態の点Dから流速を遅くすると点Cで点Bの層流状態に移行するのではなく（流速が遅くなっても乱れが残っているので），点Aに至って層流状態に戻る．つまり，層流と乱流の限界のu_mの値は層流から乱流への遷移（点B）と乱流から層流への遷移（点A）で異なることとなる．

このとき，点Aに対応する流速は**限界流速**u_{mc}と呼ばれ，そのときのReを**限界レイノルズ数**$Rec\left(=\dfrac{u_{mc}d}{\nu}\right)$と呼んでいる．$Rec$の値は$Rec \sim 2\,000$である（管径$d=$一定を考えているので$Re$が大きいことは$u_m$が大きいことを意味している）．一方，点Bに対応する流速u_mは**上限界速度**u_{mc}'と呼び，そのときのReを**上限界レイノルズ数**Rec'と呼んでいる．Rec'の値は$Rec' \sim 4\,000$である．以上より，層

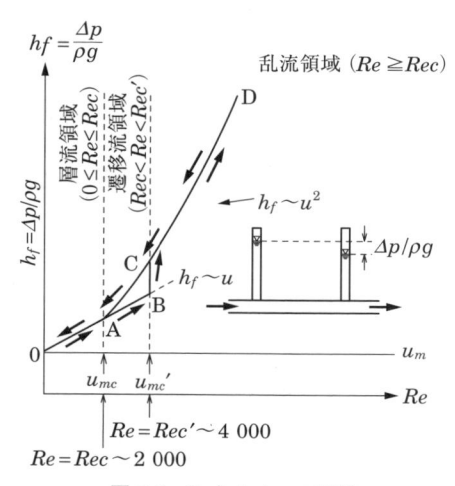

図6-2 Reと$\Delta p/\rho g$の関係
（$\Delta p/\rho g$は2点間の圧力水頭の差であり，この場合は摩擦損失水頭，図6-16参照）

流領域は $0 \leq Re \leq Rec$，乱流か層流かが定まらない遷移領域は $Rec < Re < Rec'$，乱流領域 $Re \geq Rec'$ で与えられる．なお，6.4 節で述べるように円管流は層流における摩擦損失水頭 $h_f \sim u_m$（式（6-20）と式（6-27）より），乱流で $h_f \sim u_m^2$（式（6-20）と図 6-19 で Re が大きく $f \sim$ 一定となる乱流領域を念頭に置く）となる．

> **ポイント 6.1　乱流場の平均流速成分と乱れ成分**
>
> 　乱流中の流れは不規則な運動をする．例えば，x 方向の流速 u は時間平均値 $\bar{u}$ と変動成分 u' の合計として，$u = \bar{u} + u'$ で与えられる．また，u' の時間平均値 $\overline{u'}$ は $\overline{u'} = 0$ となる．なお，他の座標軸方向の流速も同様である．

> **ポイント 6.2　乱流の発生および乱流中の渦と波**
>
> 　乱流は不規則性，偶然性，三次元性の性質をもっている．また，乱流は各種のサイズの渦の集まりが流れる現象としてモデル化できる．よって，乱流中で流速測定を実施すれば，乱流はさまざまな波数，波長をもった波の重ね合わせとしてとらえられる．

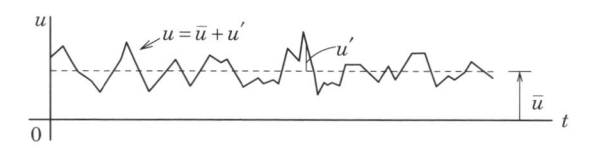

(2) 乱流中に働く剪断応力

　層流中には**粘性剪断応力** $\tau_v = \mu(d\bar{u}/dy)$ が作用する（2.2 節の (5) 項参照，$\bar{u}$ は u の時間平均値，ポイント 6.1 参照）．一方，乱流中には τ_v のほかに乱れによる剪断応力 τ_t が付加的に作用する（2-3 節の (3) 項参照）．τ_t の評価のために**図 6-3** に示すような壁面に平行な流れを考える．ここで，x, y 方向の流速 u, v は $u = \bar{u} + u'$，$v = \bar{v} + v'$，また，$\bar{v} = 0$，$\overline{u'} = \overline{v'} = 0$ である．よって，面 A-B を通して T 時間に y 方向に輸送される x 方向の運動量の平均量は次式で与えられる．

$$\frac{1}{T}\int_0^T \rho uv\, dt = \frac{1}{T}\int_0^T \rho v'(\bar{u}+u')\, dt = \frac{1}{T}\int_0^T \rho \bar{u} v'\, dt + \frac{1}{T}\int_0^T \rho u'v'\, dt$$

$$= \rho\overline{u'v'} \tag{6-1}$$

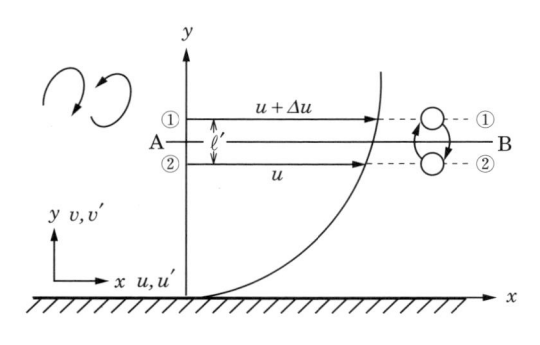

図 6-3 乱れによる運動量輸送と剪断応力

ここで，図6-3のように，乱れによって距離 ℓ' 離れた下層の流速が遅い部分（流速 u，②-②断面）の流体塊と上層の流速の速い部分（流速 $u+\Delta u$，①-①断面）の流体塊とが瞬時に入れ替わるとする．このとき，下層から上層に流体塊が移動するときには中間のA-B面では $v'>0$，$u'<0$ が観察される．逆に流体塊が上層から下層へ移動する場合は $v'<0$，$u'>0$ が観察される．つまり，$\overline{u'v'}$ は一般に負の値となる．これより，式(6-1)に負号を付けた $-\rho\overline{u'v'}$ が乱れによる付加的な剪断応力 τ_t（**レイノルズストレス**と呼ばれる．なお，運動量の変化は力が作用する結果であることを思い出す）を表すことになる．よって，流れの中に作用する剪断応力 τ は，粘性剪断応力 τ_v とレイノルズストレス τ_t の合計 $\tau=\tau_v+\tau_t$ であり，次式のように表される．

$$\tau = \tau_v + \tau_t = \mu\frac{d\bar{u}}{dy} - \rho\overline{u'v'} \tag{6-2}$$

（層流成分）（乱流成分）
粘性剪断応力　レイノルズストレス

ここで，u' を ℓ' を使用して次式のように近似する．

$$u' = \ell'\frac{d\bar{u}}{dy} \tag{6-3}$$

また，v' は $|v'|\propto|u'|$ と考えられるので，定数 α を導入して，

$$|v'| = \alpha\ell'\left|\frac{d\bar{u}}{dy}\right| \tag{6-4}$$

式(6-4)で ℓ' に類似な長さ $\ell=\sqrt{\alpha}\ell'$ を導入したうえで，τ_t が $d\bar{u}/dy$ と同符号と

なるように配慮すれば，τ_t は，

$$\tau_t = -\rho\overline{u'v'} = \rho\ell^2 \frac{d\overline{u}}{dy}\left|\frac{d\overline{u}}{dy}\right| = \rho\varepsilon\frac{d\overline{u}}{dy} \tag{6-5}$$

ここに，ℓ は**混合距離**と呼ばれ，乱れによる流体塊の平均的な移動距離を表す（乱れのスケールを表す）．また，ℓ は壁面から離れるにつれて大きくなり，壁面近傍ではカルマン定数 κ （=0.4）を用いて $\ell = \kappa y$ と表現される（ただし，壁面から十分離れると一定値となる）．また，$\varepsilon = \ell^2|d\overline{u}/dy|$ は τ_t の大きさを表すための係数であり，τ_ν の係数である ν （$=\mu/\rho$，**動粘性係数**）と類似な量であることから，**渦動粘性係数**と呼ばれている．これより，流れのなかに作用する剪断力 τ は式(6-2)を書き直して，

$$\tau = \tau_\nu + \tau_t = \rho(\nu + \varepsilon)\frac{d\overline{u}}{dy} \quad \begin{cases} \sim \rho\nu\dfrac{d\overline{u}}{dy} & :（層流） \\ \sim \rho\varepsilon\dfrac{d\overline{u}}{dy} & :（乱流） \end{cases} \tag{6-6}$$

なお，水理学で取り扱う流れの多くは Re 数が十分大きい乱流であるので，第1項は無視できることが多い．なお，以下では $\overline{u}$，$\overline{v}$ などの流速の時間平均値については簡略化のために単に u，v と表すこととする．

6.2 境界層

(1) ダランベールの背理

完全流体を仮定すると，一様流体中に水平に置かれた半径 a の円柱周りの流れの流速 v は上下左右で対称となる（**図6-4**）．ここで，流れの十分上流（点 $+\infty$）における流速，圧力，高さを U，p_∞，z_∞ とし，円柱上の任意の地点（点B）のそれぞれの値を v，p，z とする．このとき，点 $+\infty$ －点B間にベルヌーイの定理を適用すると $z = z_\infty = 0$ （水平面内の現象）であるから $p/\rho g$ は，

$$\frac{p_\infty}{\rho g} + \frac{U^2}{2g} + z_\infty = \frac{p}{\rho g} + \frac{v^2}{2g} + z = E\text{（一定値）}$$

$$\Rightarrow \frac{p}{\rho g} = \left(\frac{p_\infty}{\rho g} + \frac{U^2}{2g}\right) - \frac{v^2}{2g} = E - \frac{v^2}{2g} \tag{6-7}$$

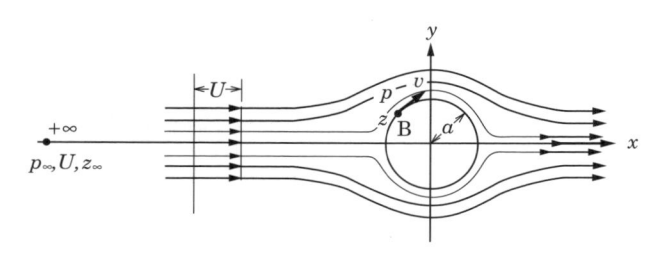

図 6-4　円柱周りの流れ

　上式より完全流体では流速vが円柱の上下左右で対称であるから（詳細については他書参照），式(6-7)より円柱に作用する圧力$p/\rho g$も同様に上下左右で対称となる．つまり，完全流体中の円柱は流れから力を受けないことがわかる．この結果は，流れのなかの物体は流れから力を受けるという日常の経験に反することから，**ダランベールの背理**と呼ばれている．これは粘性の効果を無視する完全流体の仮定によるものであり，この矛盾の解決のためには，物体表面上に粘性により形成される**境界層**の存在と，その物体からの**剥離**を考慮することが必要である（流れは円柱の上下流で異なる挙動を示す）．このことを初めて明らかにしたのは**プラントル**である（口絵年表参照）．このプラントルの境界層の概念の導入によって，その後の流体力学・水理学の急速な発展がもたらされた．なお，境界層とその効果については本節の次項以下で述べる．

(2) 境界層の概念と剥離現象

　流速$u=U$の一様流速中に置かれた平板上の粘性流体を考える．粘性流体においては平板の壁面上では，表面の微小な凹凸（目では判別できないほど微小な場合を含める）によって，その下流の流れが遮蔽されるので，壁面の表面での流速uは$u=0$となる．また，壁面から離れるほど流速は速くなり，十分に壁面から離れた地点で一様流速$u=U$に漸近する（完全流体では平板上の流れは，平板からの距離によらず$u=U$の一定）．この平面近傍の$u=U$より流速が遅い部分を境界層と呼んでいる（一般に流速uが$u=0.99U$となる地点を**境界層の外縁**と定義）．

　境界層は平板先端部から成長を始めるが，先端部付近の境界層厚δが小さい領域では，境界層中の流れが層流となる（**層流境界層**という）．一方，より下流でδ

が大きくなっていくと，遷移領域を経て，境界層中の流れが乱流となる（**乱流境界層**という）．

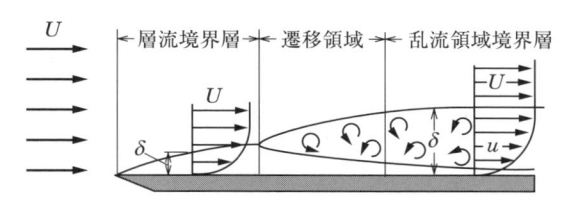

図 6-5　平板上に発達する境界層

(1)項では完全流体中の円柱は流れから力を受けないという結果が導かれることを示した．しかし，現実の粘性流体では，粘性の効果により上述の平板上の境界層と同様に，円柱表面に境界層が形成される．この境界層は流下とともに発達し，円柱の下流側で剥離して，物体の後部に低圧部が形成される．このとき，円柱には圧力差に起因する抵抗が発生する（作用方向は流下方向）．この抵抗は物体の形状に起因するので**形状抵抗**と呼ばれる．このように物体上の境界層の発生とその剥離を考慮することによって，**ダランベールの背理**のもつ矛盾が説明できる．なお，この剥離現象は円柱の上下端（**図6-6**参照）で交互に生じるので，下流に**カルマン渦**と呼ばれる渦列が形成される（図6-6，ポイント6.4参照）．

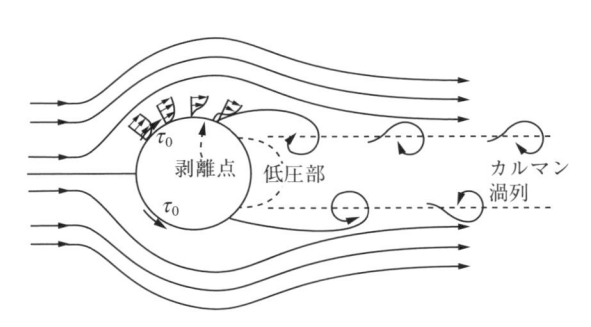

図 6-6　円柱下流の剥離現象

> **ポイント 6.3　キャビテーション**
>
> 　管水路の縮流部やダムの越流部のように，流速が速い場所では水圧が低下する（ベルヌーイの定理を思い出す）．その結果，水圧が飽和蒸気圧以下になると水中に気泡が発生する（**キャビテーション**（空洞現象）と呼ぶ）．この気泡は流下して流速の遅い高圧部に至ると，急激に圧縮されて崩壊する．このとき，発生する衝撃的・間欠的な高圧が，物体表面の浸食や騒音などの工学上の問題を引き起こすので対策が必要である．

> **ポイント 6.4　カルマン渦**
>
> 　流れのなかの物体の後部には，境界層の剥離によって一対のカルマン渦列が形成される（図6-6参照）．カルマン渦列は自然界で多く観察される．例えば，電線が風の日にヒューヒューと鳴るのは，電線の下流に形成されるカルマン渦列の干渉によって生ずる音である．

6.3　流れと抵抗

(1) 表面抵抗と形状抵抗

　前節の(2)項に述べたように，流れのなかに置かれた鈍い形状の物体は，物体表面に形成された境界層が剥離するとき**形状抵抗**を受ける．一方，流れのなかの物体表面には表面剪断力 τ_0 が作用する．これによって物体は下流側へ向かう抵抗を受けるが，この抵抗は**表面抵抗**と呼ばれる．

　図6-7に形状抵抗と表面抵抗の関係を概念的に示す．同図6-7(a)のように，流れに垂直に設置された平板では，形状抵抗 F_{DF} が卓越し表面抵抗 F_{DS} は無視できる．一方，同図6-7(b)のように，流れに平行に置かれた平板では表面抵抗 F_{DS} が卓越し形状抵抗 F_{DF} は無視できる．なお，図6-7(c)に示すような一般の形状の物体では，両抵抗とも無視できないので抵抗 F_D は次式のように両抵抗の合力で表される．

$$F_D = F_{DS} + F_{DF} = C_S A \frac{\rho U^2}{2} + C_F A \frac{\rho U^2}{2} = C_D A \frac{\rho U^2}{2} \tag{6-8}$$

ここに，U は流体の流速，C_S は**表面抵抗係数**，C_F は**形状抵抗係数**，A は**代表面積**（対象とする物体が流れから受ける抵抗の特徴をとらえて適宜選択する）である．なお，表面抵抗と形状抵抗を分離して取り扱うことは工学的に困難なことが多く，一般には両者を足し合わせた抵抗 $F_D\,(=F_{DS}+F_{DF})$ と，それを見積るための抵抗係数 $C_D\,(=C_S+C_F)$ がしばしば使用される（式(6-8) 参照）．

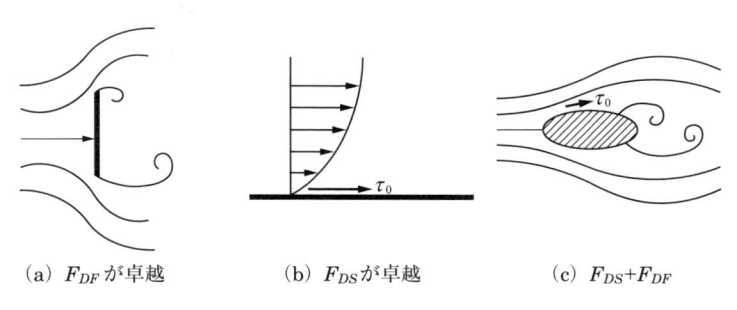

(a) F_{DF} が卓越   (b) F_{DS} が卓越   (c) $F_{DS}+F_{DF}$

図 6-7　表面抵抗と形状抵抗

(2) 平板に作用する表面抵抗

図 6-8 のように流速 U の一様流中の流れに平行に置かれた，幅 B，長さ ℓ の**平板に作用する抵抗** F_D を考える．この場合は形状抵抗 F_{DF} を無視して表面抵抗 F_{DS} のみを考えればよい．平板表面に作用する剪断力を τ_0（壁面剪断力），代表面積 $A = B\ell$ とすると F_D は表面抵抗係数 C_S を導入して，

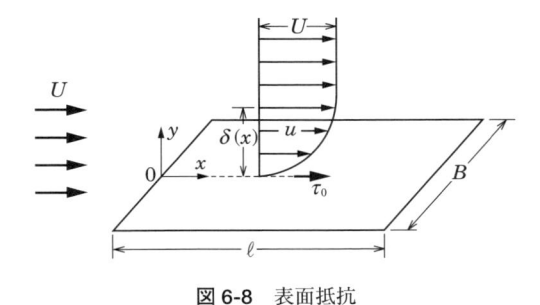

図 6-8　表面抵抗

$$F_D \sim F_{DS} = B\int_0^\ell \tau_0 dx = C_S A \frac{\rho U^2}{2} = C_S B\ell \frac{\rho U^2}{2} \qquad (6\text{-}9)$$

以下に物体表面に形成される境界層が層流境界層の場合と乱流境界層の場合の C_S の値について整理して示す．

▶ **a. 層流境界層の表面抵抗係数 C_S**

層流境界層における C_S の値としては**ブラジウス**によって理論的に得られた次式がよく使用される．

$$C_S = \frac{1.328}{\sqrt{Re_\ell}} \quad : \quad Re_\ell \leq 5\times 10^5 \qquad (6\text{-}10)$$

ここに，Re_ℓ は $Re_\ell = U\ell/\nu$ であり，平板の長さ ℓ を使用したレイノルズ数である．また，同式の適用範囲は $Re_\ell < 5\times 10^5$ である．

▶ **b. 乱流境界層の表面抵抗係数 C_S**

乱流境界層で $5\times 10^5 < Re_\ell \leq 10^7$ の領域の C_S の値は，**ブラジウス**が円管乱流について求めた理論解を平板の問題に拡張した次式がよく使用される（誘導の詳細は他書参照）．

$$C_S = \frac{0.074}{Re_\ell^{1/5}} \quad : \quad 5\times 10^5 < Re_\ell \leq 10^7 \qquad (6\text{-}11)$$

また，Re_ℓ がより大きな $10^7 < Re_\ell \leq 10^9$ の範囲では次式の**プラントル・シュリヒティングの式**がよく使用される．

$$C_S = \frac{0.455}{(\log_{10} Re_\ell)^{2.58}} \quad : \quad 10^7 < Re_\ell \leq 10^9 \qquad (6\text{-}12)$$

一方，遷移領域を含めて次式が提案されている．

$$C_S = \frac{0.074}{Re_\ell^{1/5}} - \frac{1700}{Re_\ell} \qquad (6\text{-}13)$$

式(6-10)〜式(6-13)と実験結果との比較を**図6-9**に示す．同図より，平板上の境界層は $Re_\ell > 5\times 10^5$ では遷移領域を経て乱流境界層に遷移していくことがわかる．

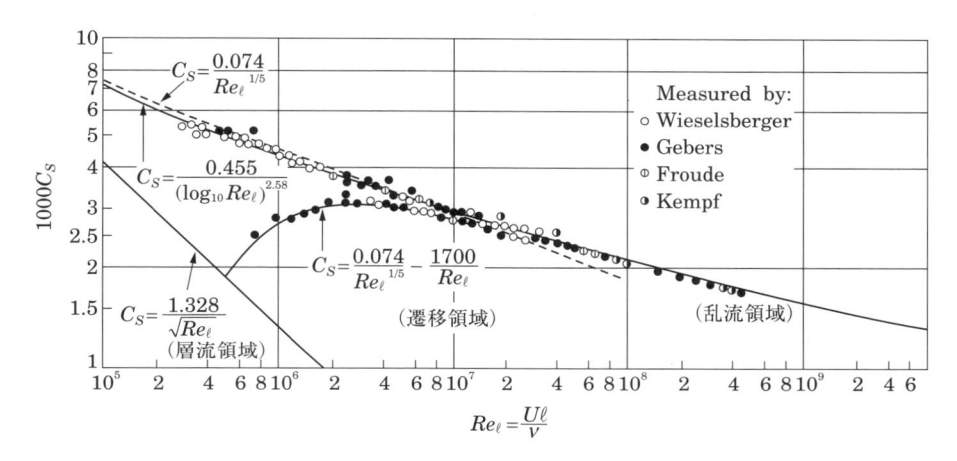

図 6-9 平板の表面抵抗係数C_S（『水理公式集』，土木学会編）

(3) 二次元（柱状）物体が流れから受ける抵抗

ここでは二次元物体の抵抗係数C_Dの評価法について述べる．

▶ a. 円柱が流れから受ける抵抗

図 6-10 は円柱の抵抗係数$C_D (= C_S + C_F)$とレイノルズ数$Re (= Ud/\nu)$の関係について，実験結果とそのベストフィットラインを示している．なお，円柱の抵抗

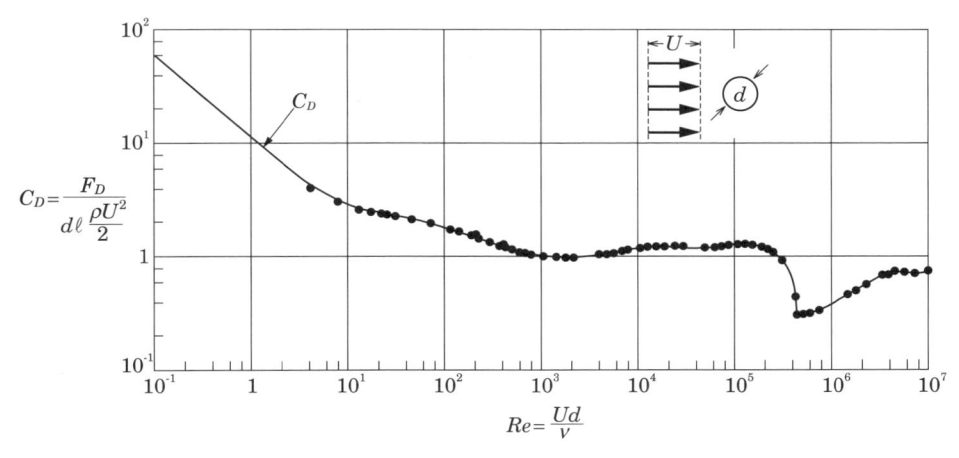

図 6-10 円柱の抵抗係数（『流体力学ハンドブック』，日本流体力学会）

6.3 流れと抵抗

$F_D = C_D A (\rho U^2 /2)$ における代表面積 A は，$A = d\ell$（ℓ は円柱の長さ）である．同図より Re が大きくなると C_D は小さくなることがわかる．また，$Re \sim 3 \times 10^5$ 近傍で C_D の値が低下するのは，層流境界層から乱流境界層への遷移によるものである（ポイント6.6参照）．

▶ **b. さまざまな二次元（柱状）物体の抵抗係数**

図6-11に十分に Re が大きな乱流中（$Re = 10^5$）におけるさまざまな形状の二次元物体の抵抗係数 C_D の値を示す．

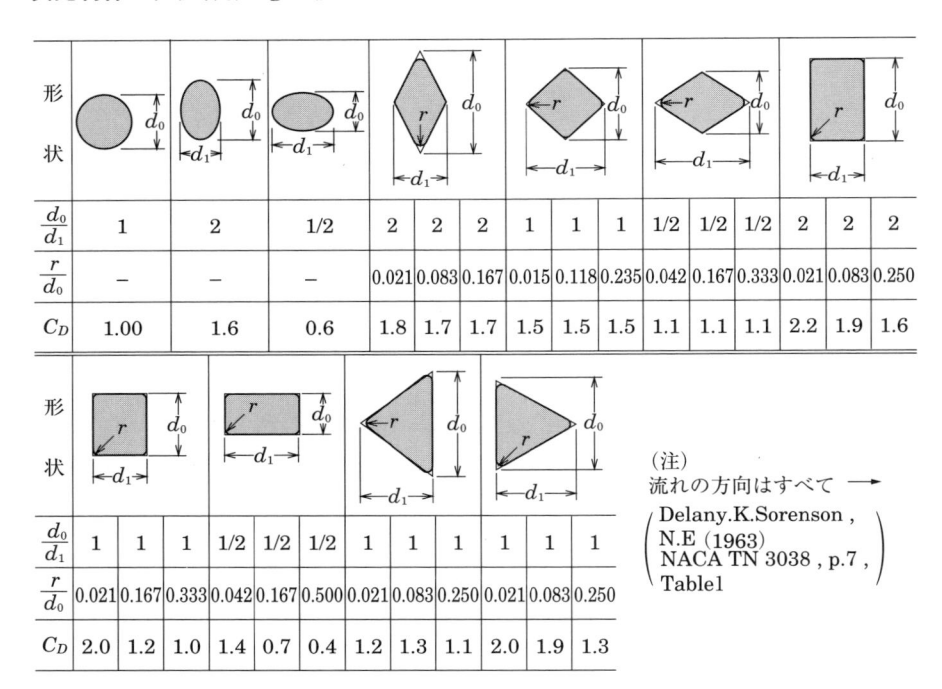

形状	○	楕円	楕円	菱形	菱形	菱形	正方形	正方形	正方形	菱形	菱形	菱形	長方形	長方形	長方形
d_0/d_1	1	2	1/2	2	2	2	1	1	1	1/2	1/2	1/2	2	2	2
r/d_0	–	–	–	0.021	0.083	0.167	0.015	0.118	0.235	0.042	0.167	0.333	0.021	0.083	0.250
C_D	1.00	1.6	0.6	1.8	1.7	1.7	1.5	1.5	1.5	1.1	1.1	1.1	2.2	1.9	1.6

形状	正方形	正方形	正方形	長方形	長方形	長方形	三角形	三角形	三角形	三角形	三角形	三角形
d_0/d_1	1	1	1	1/2	1/2	1/2	1	1	1	1	1	1
r/d_0	0.021	0.167	0.333	0.042	0.167	0.500	0.021	0.083	0.250	0.021	0.083	0.250
C_D	2.0	1.2	1.0	1.4	0.7	0.4	1.2	1.3	1.1	2.0	1.9	1.3

（注）流れの方向はすべて →
(Delany.K.Sorenson, N.E (1963) NACA TN 3038, p.7, Table1)

図6-11　乱流中の種々の二次元物体の抵抗係数 C_D（$Re = 10^5$），r は曲率半径
（『流体力学ハンドブック』，日本流体力学会）

(4) 三次元物体が流れから受ける抵抗

ここでは**三次元物体の抵抗係数 C_D の評価法**について述べる．

▶ **a. 球が流れから受ける抵抗**

ストークスは流速 U がきわめて遅く（$Re = Ud/\nu$ が十分に小さい），層流と見な

せる条件では球（直径d）の抵抗係数C_Dを理論的に取り扱い，次式を得ている（他書参照）．

$$C_D = \frac{24}{Re} \quad :\text{ストークスの抵抗則} \tag{6-14}$$

同式の適用範囲は$Re<1$である．一方，オセーンはストークスの理論をRe数がより大きな場合に適用できるように拡張して次式を得ている．

$$C_D = \frac{24}{Re}\left(1+\frac{3}{16}Re\right) \quad :\text{オセーンの抵抗則} \tag{6-15}$$

同式の適用範囲は$Re\sim 2$程度までであり，ストークスの抵抗則に比較して適用範囲が大きく拡大したわけではない．

図6-12は球の抵抗係数C_Dとレイノルズ数Re（$=Ud/\nu$）の関係についての実験結果と，そのベストフィットライン，および式(6-14)，式(6-15)を比較して示している．なお，球の抵抗$F_D=C_D A(\rho U^2/2)$における代表面積Aは$A=\pi d^2/4$である．工学的な計算では，ストークスもしくはオセーンの抵抗則の適用範囲よりRe数が大きい領域については同図に示す実験曲線を使用してC_Dを推定する．な

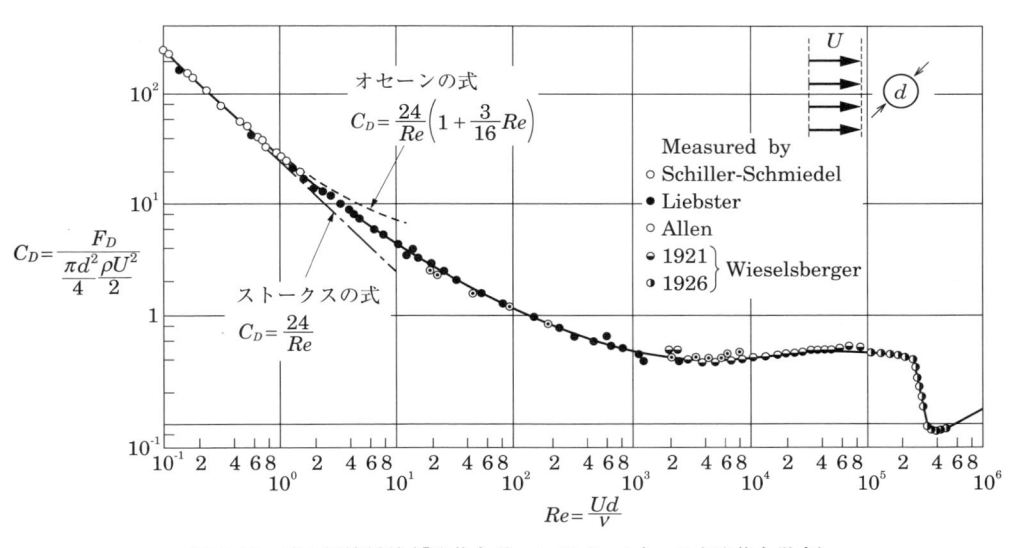

図6-12 球の抵抗係数（『流体力学ハンドブック』，日本流体力学会）

お，同図より Re が大きくなると C_D は小さくなることがわかる．また，$Re \sim 3 \times 10^5$ 程度で C_D が急減するのは，層流境界層から乱流境界層への遷移によるものである（ポイント6.6参照）．

▶ **b. 球に作用する抵抗の算出**

図6-13のように静止水中（密度 ρ_w，動粘性係数 ν）に，直径 d，密度 ρ（$\rho > \rho_w$）の球を沈降させることを考える．

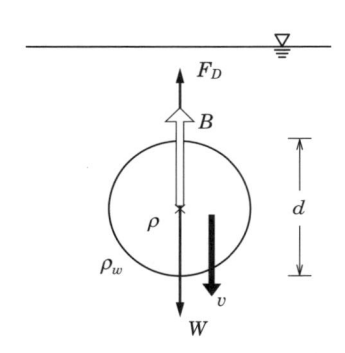

図 6-13 球の抵抗則の適用

球を水中で離すと落下し始め，その落下速度（**沈降速度**）は徐々に大きくなる．そして，十分な距離を落下した後には，球に作用する重力 W，浮力 B，水から受ける抵抗 F_D の3つの力が釣り合い，落下速度 v は等速運動に達する（平衡状態といい，そのときの速度を**最終沈降速度**という）．この状態で球に作用する W, B, F_D（代表面積 A を $A = \pi d^2/4$）と力の釣合式はそれぞれ，

$$W - (B + F_D) = 0 \quad : 力の釣合式$$

$$W = \frac{\rho g \pi d^3}{6}, \quad B = \frac{\rho_w g \pi d^3}{6}, \quad F_D = C_D A \frac{\rho v^2}{2} = C_D \left(\frac{\pi d^2}{4} \right) \frac{\rho v^2}{2}$$

(6-16)

式(6-16)より最終沈降速度 v は，

$$v = \sqrt{\frac{4}{3 C_D} \frac{\rho - \rho_w}{\rho_w} g d} \tag{6-17}$$

なお，**ストークスの抵抗則**が成立する場合は，式(6-17)に $C_D = 24/Re = 24\nu/vd$

を代入して，

$$v = \frac{1}{18} \frac{(\rho - \rho_w)g}{\rho_w} \frac{d^2}{\nu} \tag{6-18}$$

> **ポイント 6.5　最終沈降速度と抵抗の工学的計算**
>
> 　工学的計算において球の最終沈降速度vを求めるには，いったん，vを仮定して計算されるRe数を使用して図6-12よりC_Dを推定する．このC_Dを使用して式(6-17)より再度vを求める．このとき，仮定したvの値と計算されたvの値が異なる場合は両者が一致するまで計算を繰り返してvを決定する．ただし，$Re<1$が明らかな場合（汚水処理場の極めて小さな粒子の沈降現象を考える場合など）は，式(6-18)より直接vを求めればよい．

> **ポイント 6.6　物体に作用する抵抗（層流剥離と乱流剥離）**
>
> 　物体表面上に形成される境界層が層流状態のまま剥離（層流剥離）するか，乱流に遷移した後に剥離（乱流剥離）するかによって物体の抵抗は複雑に変化する．図6-10，図6-12でRe数が大きくなると，C_Dの値が一定値に達した後に急減しているが，これは境界層が層流境界層から乱流境界層に遷移するためである（図6-12では$Re=3\times10^5$程度）．なお，乱流剥離では層流剥離に比べて物体後部に形成される後流の幅が小さくなり，作用する抵抗F_Dも小さくなる．この原理を利用しているのがゴルフボールのディンプル（表面の凹凸）である．ディンプルにより乱流境界層の発達が促がされ抵抗が小さくなるので飛距離を伸ばすことが可能となる．

▶ c. さまざまな三次元物体の抵抗係数

　図6-14は十分にReが大きな乱流中（$Re=10^4\sim10^6$）におけるさまざまな**三次元物体**の抵抗係数C_Dの値を示す．同図より類似の形状の物体でも**スプリッター**の有無によってC_Dの値が大きく異なることがわかる（スプリッターによって後流が分離されて下流低圧部の影響を小さくすることができる）．

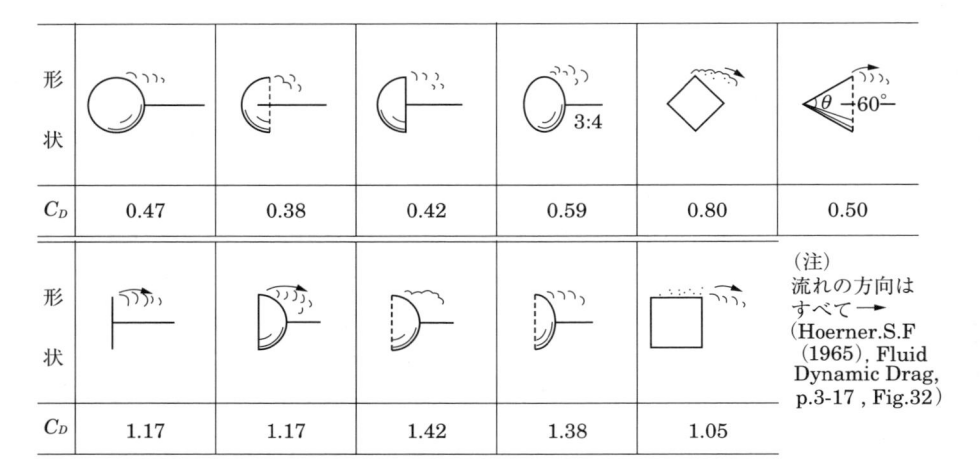

形状	○	◐	◑	⬭ 3:4	◇	◁ θ 60°
C_D	0.47	0.38	0.42	0.59	0.80	0.50

形状	⊢	⊃	⊃	⊃	□	(注)流れの方向はすべて→ (Hoerner.S.F (1965), Fluid Dynamic Drag, p.3-17, Fig.32)
C_D	1.17	1.17	1.42	1.38	1.05	

図 6-14　さまざまな三次元物体の抵抗係数 C_D ($Re=10^4 \sim 10^6$)
（『流体力学ハンドブック』，日本流体力学会）

(5) 揚　力

図 6-15(a)のように，一様流中に置かれた円柱を時計回りに回転させることを考える．このとき円柱の回転によって誘起される流れにより，円柱の下部で流速が遅くなり，上部で流速が速くなる．このため，円柱の下部の圧力は上部より高くなる（ベルヌーイの定理より）．よって，円柱は下から上へ力を受けるが，この力を**揚力** F_L と呼んでいる．

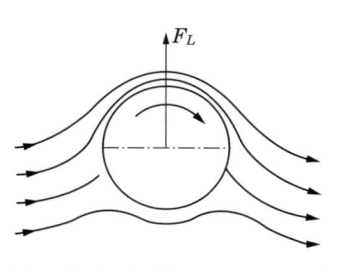

(a) 回転する円柱周りの流れと揚力　　　　(b) 翼周りの流れと揚力

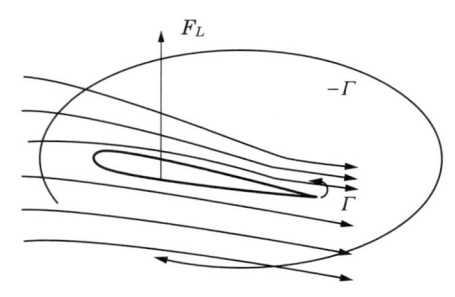

図 6-15　揚力

また，図6-15(b)に示すように航空機の翼状の物体を流れのなかに置くと，その下流端より反時計回りの渦（循環 Γ：他書参照）が放出される．このとき，反作用として，翼の回りに時計回りの渦（循環 $-\Gamma$）が形成される．この渦によって翼の下部の流速は遅くなり，上部の流速は速くなる．つまり，翼は回転する円柱と同様に揚力を受けることとなる．なお，揚力 F_L は次式で定義される．

$$F_L = C_L A \frac{\rho U^2}{2} \qquad (6\text{-}19)$$

ここに，C_L は**揚力係数**，A は**代表面積**である．

ポイント 6.7　抵抗 F_D と揚力 F_L

流れのなかに翼状の物体を置くと，揚力 F_L とともに流れから抵抗 F_D を受ける．流れの方向と翼がなす角度 α（迎え角）と F_D，F_L の関係を下図(b)に示す．同図のように，α が大きくなると，翼の上部の後流が剥離するようになり，形状抵抗が大きくなるので，F_L とともに F_D も大きくなる．さらに α が大きくなると F_L はピークをもって，その後急激に小さくなると同時に F_D は急激に増加する．これが翼の失速状態である（飛行機の場合は墜落する）．

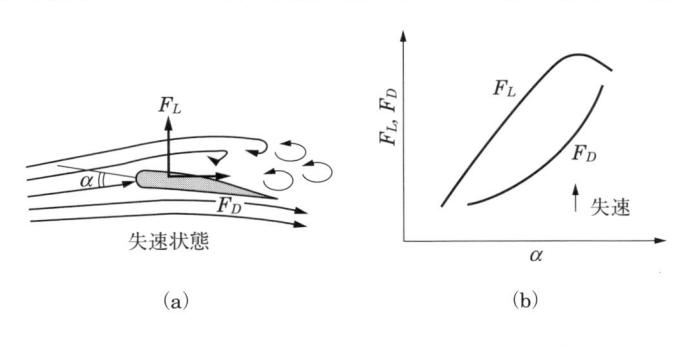

(a)　失速状態

(b)

6.4　円管流の摩擦抵抗

管路を流体が流れるとき，管壁面には τ_0（**壁面剪断応力**）が作用する．この点

を管内流の側から見ると流体は τ_0 に抵抗して流れることになる．つまり，管路流は仕事をしながら流れる．その結果，円管流にはエネルギー損失が生ずる．本節ではこのエネルギー損失の評価法について述べる．

(1) ダルシー・ワイズバッハの式

壁面剪断応力 τ_0 に起因するエネルギー損失を**摩擦損失**と呼び，また，それを水頭の形で表したものを**摩擦損失水頭** h_f と呼ぶ．ダルシー・ワイズバッハは一様断面円管路の ℓ だけ離れた2点間に発生する摩擦損失水頭 h_f は断面平均流速 u_m の2乗に比例し（乱流を念頭に置いている，6.1節の(1)項参照），管径 d に反比例すると考えて次式を提案している（図6-16参照）．

$$h_f = f \frac{\ell}{d} \frac{u_m^2}{2g} \tag{6-20}$$

ここに，f は摩擦損失係数であり，次項においてその評価法について述べる．なお，h_f はエネルギー水頭の損失であるが，一様断面管路（管径 $d=$ 一定）の場合は速度水頭 $u_m^2/2g$ が一定であるから圧力水頭の減少として観察される（図6-16参照）．

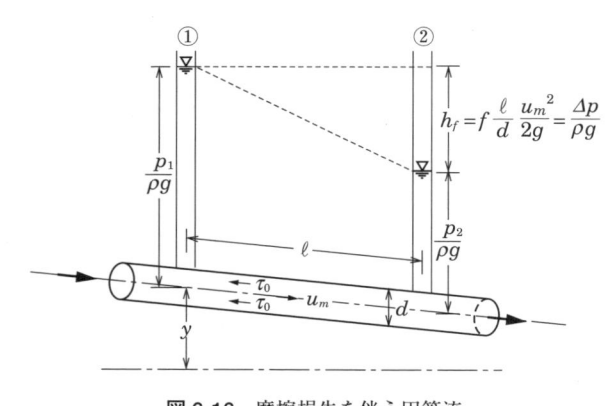

図 6-16 摩擦損失を伴う円管流

(2) 層流・乱流の摩擦損失係数 f

▶ **a. 層流の摩擦損失係数** f

図6-17のように半径 a の円管内を層流状態で流体が流れている場合を考える．

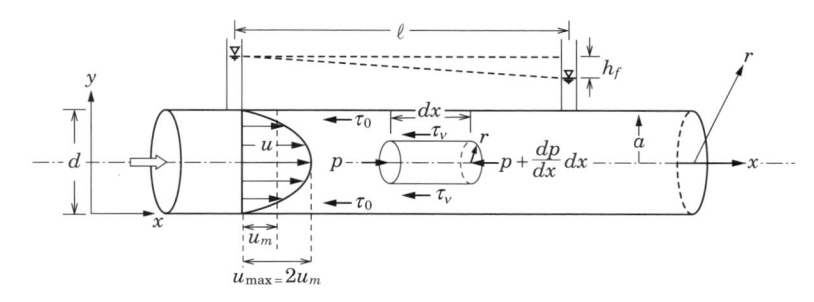

図 6-17 層流の摩擦損失係数

ここで，円管内の半径 r の微小ユニットに作用する水圧を p，その外周に作用する剪断力を τ_v とする．このとき，半径 r の微小ユニットに関する x 方向（流れ方向）の力の釣合式より τ_v は，

$$p\pi r^2 - \left(p + \frac{dp}{dx}dx\right)\pi r^2 - 2\pi r dx \tau_v = 0$$

　　左から作用する水圧　　右から作用する水圧　　作用する剪断力

$$\Rightarrow \tau_v = -\frac{dp}{dx}\frac{r}{2} \tag{6-21}$$

また，ニュートンの粘性則より τ_v（式(2-4)参照，ただし，r 方向に u が小さくなるので−を付する）は，

$$\tau_v = -\mu \frac{du}{dr} \tag{6-22}$$

式(6-21)と式(6-22)を等値すると du/dr は，

$$\frac{du}{dr} = \frac{1}{\mu}\frac{dp}{dx}\frac{r}{2} \tag{6-23}$$

これを $r=a$（壁面）で $u=0$ の境界条件の基に積分すると流速分布は，

$$u = -\frac{1}{4\mu}\frac{dp}{dx}a^2\left(1-\frac{r^2}{a^2}\right) = u_{\max}\left(1-\frac{r^2}{a^2}\right) = 2u_m\left(1-\frac{r^2}{a^2}\right) \tag{6-24}$$

ここに，$u_{\max} = -(1/4\mu)(dp/dx)a^2$ は管中心（$r=0$）において生じる最大流速，また，u_m は管内平均流速である（図6-17，式(6-25)参照）．

ここで，式(6-24)を断面内で平均して平均流速 u_m は，

6.4　円管流の摩擦抵抗　　**109**

$$u_m = \frac{1}{\pi a^2}\int_0^a u \cdot 2\pi r dr = \frac{a^2}{8\mu}\left(-\frac{dp}{dx}\right) \tag{6-25}$$

つまり，$2u_m = u_{\max}$ の関係があることがわかる（式(6-24)参照）．この場合の圧力の x 方向への変化率（圧力勾配という）：$-dp/dx$ は摩擦損失水頭 h_f のみによってもたらされるので（図6-17参照），式(6-20)より，$-dp/dx = \rho g\,(h_f/\ell)$，$2a = d$ 管径であるから式(6-25)より，

$$-\frac{dp}{dx} = \frac{32\mu u_m}{d^2} = \rho g \frac{h_f}{\ell} \tag{6-26}$$

同式の h_f に式(6-20)を代入すれば，層流の摩擦損失係数 f は，

$$f = \frac{64\nu}{u_m d} = \frac{64}{Re} \tag{6-27}$$

> **ポイント 6.8　層流における管内流量**
>
> 層流の管内流量 $Q = \pi(d^2/4)\,u_m$ は式(6-26)より $Q = \{\rho g \pi d^4/(128\mu)\}(h_f/\ell)$ となる．つまり，Q は d の4乗と h_f/ℓ に比例し，μ に反比例する．この関係は**ハーゲン・ポアゼイユの法則**と呼ばれる．

▶ b. 乱流の摩擦損失係数

図6-18のように管径 d の円管内を乱流状態で流体が流れている場合を考える．このとき，微小区間 dx の微小ユニットの x 方向の力の釣合いより壁面剪断力 τ_0 は，

$$0 = \frac{\pi}{4}d^2\left\{p - \left(p + \frac{dp}{dx}dx\right)\right\} - \tau_0 \pi d \cdot dx \;\Rightarrow\; \tau_0 = \frac{d}{4}\left(-\frac{dp}{dx}\right) \tag{6-28}$$

圧力勾配 $-dp/dx = \rho g(h_f/\ell)$ は式(6-20)を使用して，

$$-\frac{dp}{dx} = f\frac{\rho}{d}\frac{u_m^2}{2} \tag{6-29}$$

これを式(6-28)に代入して，

$$U_* = \sqrt{\frac{\tau_0}{\rho}} = \sqrt{\frac{f}{8}}u_m \tag{6-30}$$

ここに，$U_* = \sqrt{\dfrac{\tau_0}{\rho}}$ は壁面剪断力 τ_0 の大きさの指標であり，速度の次元をもつ

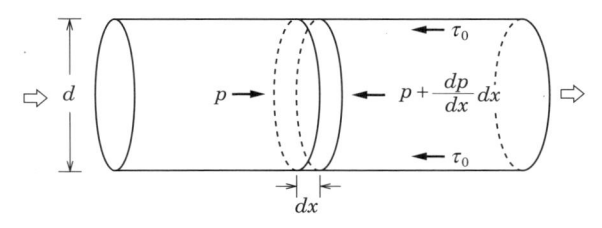

図 6-18 乱流の摩擦損失係数

ので**摩擦速度**と呼ばれる．式(6-30)より f は次式で与えられる．

$$f = \frac{8\tau_0}{\rho u_m^2} = 8\left(\frac{U_*}{u_m}\right)^2 \tag{6-31}$$

同式の u_m/U_* の値は管の壁面が滑らかな場合（**滑面円管路**という）と粗い場合（**粗面円管路**という）で異なる．滑面円管路の f はポイント6-10の式⑧の u_m/U_* を代入して，

$$\frac{1}{\sqrt{f}} = 2.03\log_{10}\left(Re\sqrt{f}\right) - 0.91 \text{ :滑面円管路} \tag{6-32}$$

ただし，工学上は式中の0.91の代わりに実験結果と一致する0.8の値がよく使用される．なお，同式より滑面の f は Re 数のみの関数であるが，両辺に f が含まれるので，同式から f を求めるためには繰返し計算が必要となる．

一方，粗面円管路の f はポイント6.10中の式⑪の u_m/U_* を代入して，

$$\frac{1}{\sqrt{f}} = 2.03\log_{10}\frac{d}{2k_s} + 1.68 \text{ :粗面円管路} \tag{6-33}$$

ここに，k_s は管の壁面の凹凸の大きさを表す指標であり，**相当粗度**と呼ばれる（ポイント6.9参照）．なお，工学上は式中の1.68の代わりに実験結果と一致する1.74の値がよく使用される．また，同式より f は k_s/d のみの関数であることがわかる．

ポイント 6.9 壁面の粗滑

壁面の凹凸を**粗度**と呼んでいる．また，乱流の流れでも壁面の極近傍には流速が遅く，粘性の効果が強い層（**粘性底層**という，ポイント6.10の図参照）

が存在する．粗度の高さを k_s，粘性底層の厚さを δ_v とするとき，$k_s<\delta_v$ の壁面を水理学的に滑らか（**滑面**）であるといい，$k_s>\delta_v$ の壁面を水理学的に粗（**粗面**）であるという．k_s の値は，実際の管では一定でないので実験により平均的な k_s の値を定めるが，これを**相当粗度**と呼んでいる．δ_v の値は U_* の大きさによって変化し，ニクラーゼの実験によれば次式で与えられる．

$$\delta_v = 1.16\frac{\nu}{U_*} \qquad ①$$

なお，市販の管の k_s の値については水理公式集などに示されている．例えば，鋼：0.0046cm，鋳鉄：0.026cm，木：0.018〜0.092cm，コンクリート：0.030〜0.30cmであるとされる．ところで，実際の管の δ_v の値は条件にもよるが，せいぜい紙程度の厚さであり，きわめて薄いものである．

ポイント 6.10　円管流が乱流の場合の流速分布と平均流速

円管中の流れが層流の場合の流速分布については本文中で取り扱った．ここでは，壁面の粗滑で異なる乱流の流速分布と平均流速について述べる．

(a) 滑面円管内の流速分布 u と平均流速 u_m

粘性底層内の流れは層流状態である．このとき，粘性低層内の流れに作用する剪断応力 τ は粘性底層はきわめて薄いので $\tau \cong \tau_0$（壁面剪断応力）と近似して次式が成立する．

$$\tau \cong \tau_0 = \mu \frac{du}{dy} \quad \rightarrow \quad \frac{du}{dy} = \frac{\tau_0}{\rho\nu} \qquad ②$$

流速分布は式②を $y=0$ で $u=0$ の境界条件の下で積分して（図6-17参照）

$$\frac{u}{U_*} = \frac{U_* y}{\nu} \qquad ③$$

同式より粘性底層内の流速分布は直線分布で与えられ，レイノルズ数に無関係であることがわかる．これを**プラントルの壁法則**という．

粘性底層より離れると流れは乱流となり，$\tau \sim \tau_t$ となるが，壁面の比較的近傍では，やはり $\tau_t \sim \tau_0$ と近似できるので（式(6-5)で $\ell=ky$ とおく），

$$\tau \cong \tau_t \cong \tau_0 = \rho \ell^2 \left(\frac{du}{dy}\right)^2 = \rho k^2 y^2 \left(\frac{du}{dy}\right)^2 \qquad ④$$

これより du/dy は，

$$\frac{du}{dy} = \frac{1}{ky}\sqrt{\frac{\tau_0}{\rho}} = \frac{1}{ky} U_* \qquad ⑤$$

同式を $y=a$（円管の中心）で $u=U$（$=u_{\max}$：最大流速）の境界条件の下に積分すると，

$$\frac{U-u}{U_*} = 5.75 \log_{10} \frac{a}{y} \qquad ⑥$$

式⑥は次式のように変形できる．

$$\frac{u}{U_*} = 5.75 \log_{10} \frac{U_* y}{\nu} + A \qquad ⑦$$

ここに，$A=5.50$（ニクラーゼの実験結果）である．よって，u_m/U_* は，

$$\frac{u_m}{U_*} = \frac{1}{U_*}\left(\frac{1}{\pi a^2}\int_0^a u 2\pi r dr\right) = 5.75 \log_{10} \frac{U_* a}{\nu} + 1.75 \qquad ⑧$$

以上をまとめると，滑面円管内の乱流の流速分布 u は下図に示すとおりとなる．同図に示すように流速分布は，直線で近似できる壁面近傍の粘性底層，壁面より離れ流速分布が log 則（式⑦）で表される乱流領域，およびそれらの中間の遷移領域（バッファー領域）から構成されることがわかる．

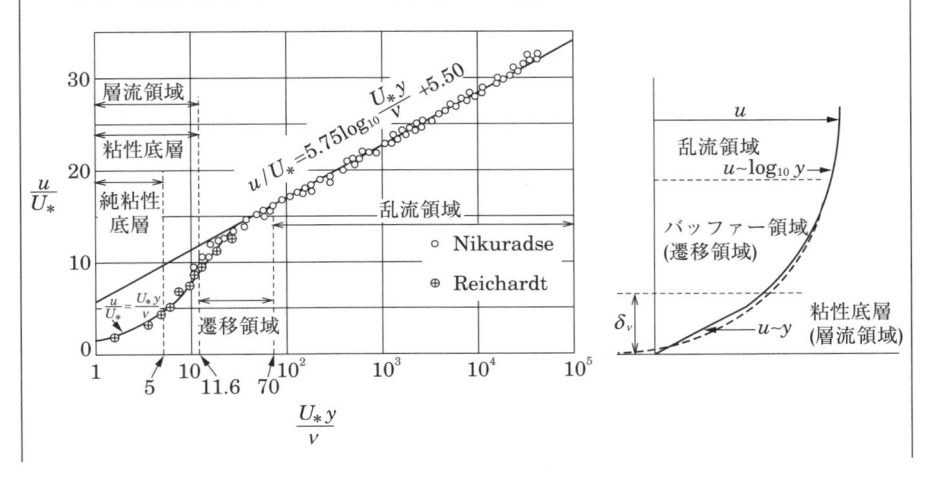

6.4 円管流の摩擦抵抗　**113**

(b) 粗面円管内の流速分布 u と平均流速 u_m

粗面円管の場合は相当粗度 k_s の影響を受けると考えるのが自然であるから，流速分布は式⑦を相対粗度 k_s を含む形に変形して，

$$\frac{u}{U_*} = 5.75\log_{10}\left(\frac{y}{k_s}\cdot\frac{U_* k_s}{\nu}\right) + A = 5.75\log_{10}\frac{y}{k_s} + A_r \quad ⑨$$

ここに，$A=5.50$ より A_r の値は，

$$A_r = 5.50 + 5.75\log_{10}\left(\frac{U_* k_s}{\nu}\right) \quad ⑩$$

下図は A_r の値の実験結果と式⑩を比較したものである．式⑩は滑面に対して導かれたものであるから同式と実験結果が一致する領域が滑面の領域である．また，粗面の領域（$U_* k_s/\nu$ が大きい領域）では $A_r=8.48$ の一定値となることがわかる．なお，滑面の領域と粗面の領域の中間領域は遷移領域であり，粗滑遷移面と呼ばれる．

よって，粗面管路における u_m/U_* は $A_r=8.48$ として，

$$\frac{u_m}{U_*} = \frac{1}{U_*}\left(\frac{1}{\pi a^2}\int_0^a 2\pi r u\, dr\right) = 5.75\log_{10}\frac{d}{2k_s} + 4.75 \quad ⑪$$

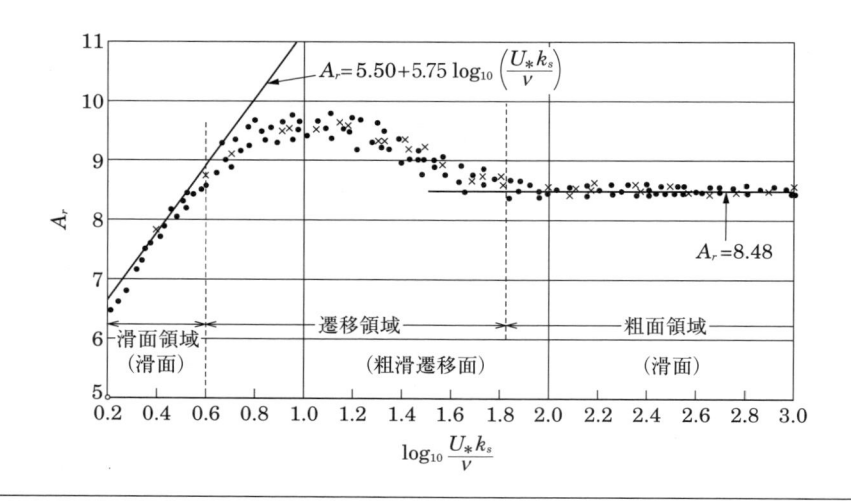

> **ポイント 6.11** 壁面の粗滑と流速分布

下図に壁面の粗滑，つまり，滑面（$k_s < \delta_v$），粗滑遷移面（$k_s \sim \delta_v$），粗面（$k_s > \delta_v$）の壁面近傍の流速分布の特徴を示す．同図に示すように壁面が粗であるほど，流速分布が直線分布となる粘性底層は相対的に小さいものとなる．

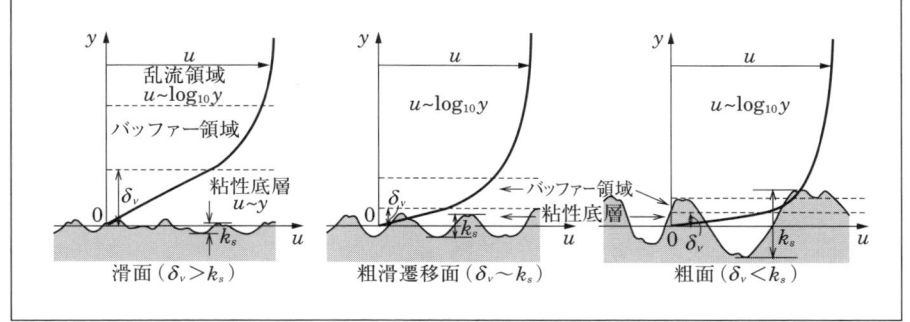

（図：滑面（$\delta_v > k_s$），粗滑遷移面（$\delta_v \sim k_s$），粗面（$\delta_v < k_s$）の流速分布）

(3) 摩擦損失係数の整理

円管路流れの**摩擦損失係数** f について，実験結果と理論的検討結果を整理して図 6-19 に示す．$Re \leq 2\,000$ の**層流域**では，$f = 24/Re$（式(6-27)）の理論式と実験

（図 6-19：ムーディ線図）

$$\frac{1}{\sqrt{f}} = 2.03 \log_{10} \frac{d}{2k_s} + 1.68 \quad \text{(粗面乱流)}$$

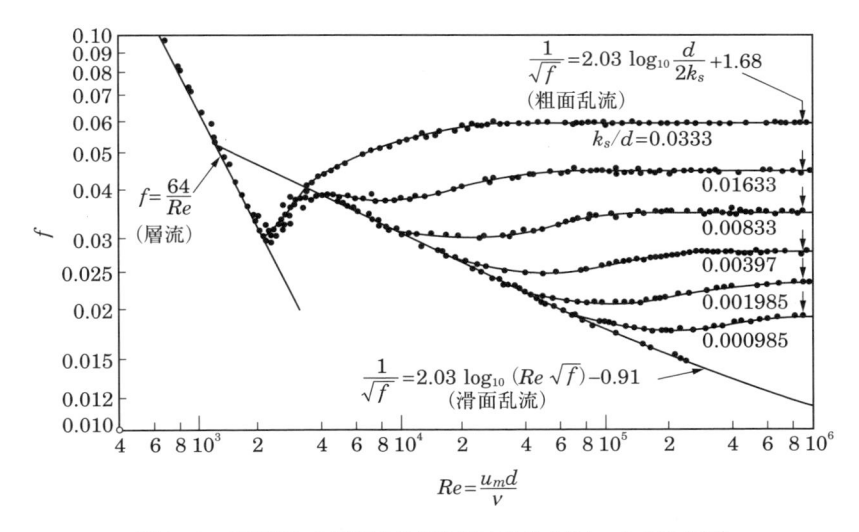

$$f = \frac{64}{Re} \quad \text{(層流)}$$

$$\frac{1}{\sqrt{f}} = 2.03 \log_{10}(Re\sqrt{f}) - 0.91 \quad \text{(滑面乱流)}$$

$k_s/d = 0.0333, 0.01633, 0.00833, 0.00397, 0.001985, 0.000985$

$Re = \dfrac{u_m d}{\nu}$

図 6-19 管路流れの摩擦損失係数（『水理公式集』，土木学会編）

結果がよく一致している．一方，$Re > 4\,000$ の**乱流の領域**における f の値は**滑面**では式 (6-32) に，また，Re が十分に大きく壁面が**粗面**の場合は式 (6-33) に一致する．

第6章　演習問題

❶ 管径 $d = 30.0$〔cm〕の円管内の水を層流状態で流しうる最大流量 Q_{max} を求めよ．ただし，限界レイノルズ数 $Rec = 2\,000$，水の動粘性係数 ν は $\nu = 0.010$〔cm²/s〕とする．

❷ 流速 $U = 5$〔m/s〕の一様流の水中に平行に置かれた長さ $\ell = 2.0$〔m〕，幅 $B = 10.0$〔m〕の薄い平板に作用する全抵抗 F_D を求めよ．ただし，流体の動粘性係数 ν を $\nu = 0.01$〔cm²/s〕，密度 ρ を $\rho = 1.0$〔g/cm³〕とする．

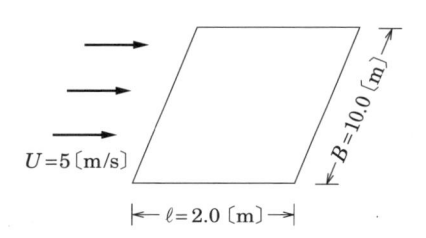

❸ 流速 $U = 0.2$〔m/s〕の一様流中に直径 $d = 5.0$〔cm〕，長さ $L = 100$〔cm〕の円柱が置かれている．この円柱の抵抗係数 C_D と円柱に作用する全抵抗 F_D を求めよ．ただし，流体の密度 ρ を $\rho = 1.0$〔g/cm³〕，動粘性係数 ν を $\nu = 0.010$（cm²/s）とする．

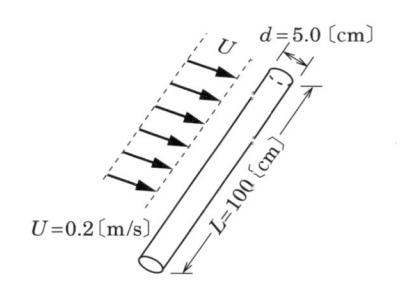

❹ 直径 $d = 5$〔cm〕の円管内を流量 $Q = 50$〔cm³/s〕で水が流れている．このとき，管壁に作用する剪断応力 τ_0 を求めよ．ただし，水の密度 ρ を $\rho = 1.0$〔g/cm³〕，動粘性係数 ν を $\nu = 0.01$〔cm²/s〕とする．

❺ 管径 $d = 0.5$〔m〕の円管を断面平均流速 $u_m = 5.0$〔m/s〕で水が流れている．また，管路の 50.0〔m〕離れた2点間の摩擦損失水頭 $h_f = 5.0$〔m〕，円管の壁面の相当粗度 $k_s = 0.2$〔mm〕，水の動粘性係数 $\nu = 0.012$（cm²/s）とする．このときの摩擦損失係数 f を求め，また，円管の粗滑を判定せよ．

第7章 管水路の流れ

　　管水路は配水や導水などに幅広く利用されている．本章ではさまざまな損失水頭を考慮した管水路の設計法について学ぶ．なお，本章で扱う管水路はすべて定常流れとする．

7.1 基礎方程式

管路内の流れに沿って立てられるエネルギー損失を無視したベルヌーイの式は管内流速を u として，$p/\rho g + z + u^2/2g = H'$ （=一定，式(4-6)）となる．本式を管路の断面内（断面積 A）で平均すると，

$$\frac{1}{A}\int \frac{p}{\rho g}dA + \frac{1}{A}\int z\, dA + \frac{1}{A}\int \frac{u^2}{2g}dA = \frac{1}{A}\int H'dA = H$$

$$\rightarrow \quad \frac{p}{\rho g} + z + \alpha \frac{u_m^{\,2}}{2g} = 一定値 (=H) \tag{7-1}$$

ここに，u_m は管内平均流速である．また，α は管内流速が一様でないことを補正するための**エネルギー係数**と呼ばれる係数であり，$\alpha = (1/A)\int_A (u/u_m)^2 dA$ で定義される．一般には $\alpha = 1.1$ とするが，実用上は簡単化のために $\alpha = 1.0$ が使用されることも多い．

管路流では粘性によってエネルギー損失が生ずる．エネルギー損失としては第6章で取り上げた壁面剪断力による摩擦損失水頭 h_f の他に，後述する管路の形状変化に基づいて生ずる形状損失水頭 h_ℓ がある．これらの**摩擦損失水頭** h_f と**形状損失水頭** h_ℓ を式(7-1)に付加すると（$H + h_f + h_\ell =$ 一定値），

$$\underbrace{\underbrace{\frac{p}{\rho g}}_{\text{圧力水頭}} + \underbrace{z}_{\text{位置水頭}}}_{\text{ピエゾ水頭}} + \underbrace{\alpha \frac{u_m^2}{2g}}_{\text{速度水頭}} + \underbrace{h_f}_{\text{摩擦損失水頭}} + \underbrace{h_\ell}_{\text{形状損失水頭}} = C\,(\text{一定値})$$

$$\underbrace{\phantom{\frac{p}{\rho g} + z + \alpha \frac{u_m^2}{2g}}}_{\text{全エネルギー水頭}}$$

(7-2)

ここで，**図7-1**のように管径dの一様断面円管路の距離ℓだけ離れた①-②断面間の流れを考える．このとき，管中心からマノメータの水位までの高さ$p/\rho g$を**圧力水頭**，基準高（任意の高さを選択してよい）より管路中心線までの高さzを位置水頭，それらの合計$E_p = p/\rho g + z$を**ピエゾ水頭**と呼んでいる．また，**全エネルギー水頭**Hは，ピエゾ水頭に速度水頭$\alpha u_m^2/2g$を加えた$H = p/\rho g + z + \alpha u_m^2/2g$で与えられる（4-1節の(1)項参照，水平方向に$x$軸をとる（図7-1））．

なお，流下方向にピエゾ水頭E_pの高さを連ねた線を**動水勾配線**，その勾配を**動水勾配**$I\,(=-dE_p/dx)$，また，全エネルギー水頭Hの高さを連ねた線を**エネルギー線**，その勾配を**エネルギー勾配**$I_e\,(=-dH/dx)$と呼んでいる．図7-1では一様断面管路を考えているので管路中で生ずる水頭損失は摩擦損失水頭h_fのみである．また，流下方向距離ℓ（管路の傾きが小さい場合には水平距離Lとして$\ell \sim L$）だけ離れた①-②断面間で速度水頭$\alpha u_m^2/2g$は一定であるから断面②のE_pとHは断面①のそれぞれの値よりh_fだけ小さくなる．つまり，動水勾配線とエネルギー線は平行であり，それぞれの勾配は等しくなる（$I = I_e = h_f/\ell \sim h_f/L$）．

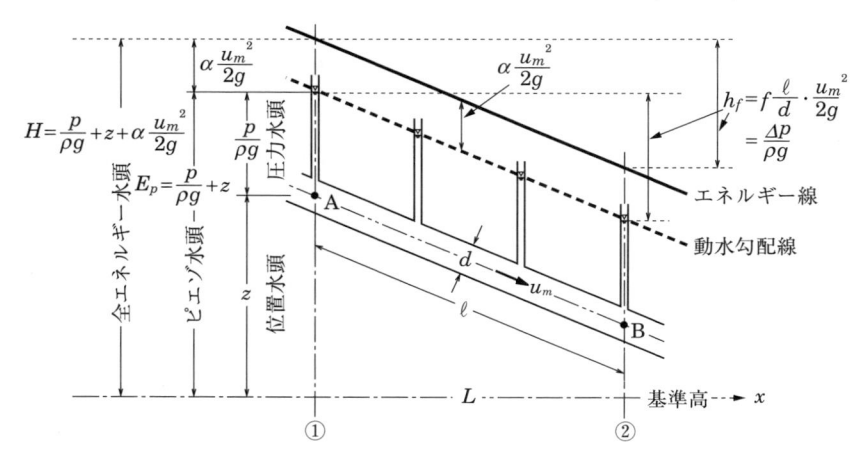

図7-1 摩擦損失を伴う管路の流れ

> **ポイント 7.1　管水路で使用される用語（$\ell \sim L$ の場合）**
>
> 圧力水頭：$p/\rho g$，位置水頭：z，速度水頭：$\alpha u_m^2/2g$
> 全エネルギー水頭 H：$H = p/\rho g + z + \alpha u_m^2/2g$，エネルギー線：$H$ を連ねた線
> 　エネルギー勾配 I_e：$I_e = -dH/dx$
> ピエゾ水頭 E_p：$E_p = p/\rho g + z$，　動水勾配線：E_p を連ねた線
> 　動水勾配 I：$I = -dE_p/dx$
> エネルギー補正係数 α：$\alpha = 1.1$ もしくは 1.0（一般に 1.0 とすることが多い）
> 〔注〕$\ell \sim L$ の場合（図 7-1 参照）は，$I = I_e = h_f/\ell \sim h_f/L$，つまり，①–②断面間の全エネルギー損失と両断面間のピエゾ水頭の差は一致する．

7.2　摩擦損失水頭

(1) 円管の摩擦損失係数の整理

円管の摩擦損失水頭 h_f と摩擦損失係数 f については第6章に既述した．ここではそれらを整理して再記する．まず，h_f を見積もるための**ダルシー・ワイズバッハの式**（式(6-20)）は，

$$h_f = f \frac{\ell}{d} \frac{u_m^2}{2g} \tag{7-3}$$

ここに，d は円管の内径，ℓ は考える区間長，u_m は管内平均流速，h_f は ℓ 区間における摩擦損失水頭である．f については円管流が**層流**（$Re = u_m d/\nu$（レイノルズ数）$\leq 2\,000$）と**乱流**（$Re > 4\,000$）に分け，また，乱流の場合については壁面が**滑面**と**粗面**に分けてそれぞれ次式に示すような理論解が得られている．

$$f = \frac{64}{Re} \qquad\qquad\qquad : 層流 (Re \leq 2\,000) \tag{7-4a}$$

$$\frac{1}{\sqrt{f}} = 2.03 \log_{10}\left(Re\sqrt{f}\right) - 0.8 \quad : 乱流（滑面，$Re \geq 4\,000$） \tag{7-4b}$$

$$\frac{1}{\sqrt{f}} = 2.03 \log_{10} \frac{d}{2k_s} + 1.74 \quad : 乱流（粗面，Re が十分に大きい） \tag{7-4c}$$

上式中の乱流・滑面の式（7-4b）には両辺に f が含まれているので，f の値を

定めるためには繰り返し計算が必要となる．この煩雑さを避けるため，$3\times10^3 < Re < 2\times10^5$ の範囲では次式の**ブラジウスの式**がよく使用される．

$$f = 0.3164 Re^{-1/4} \tag{7-5}$$

ところで，工学的計算のためには f の値を詳細な実験結果より描いた**ムーディ図**と呼ばれる推定図表（**図 7-2** 参照）が準備されている．同図表のように $Re \leq 2\,000$ の**層流領域**での f の値は $f = 64/Re$ である．一方，Re の大きい**乱流領域**の破線より右側は f が k_s/d のみの関数となる**粗面領域**であり，式 (7-4c) の適用範囲である．また，破線の左側は Re と相当粗度 k_s/d の関数となる**粗滑遷移領域**である．さらに，同領域で k_s/d が十分小さく滑面と見なせる場合は式 (7-4b) の**滑面式**が適用できる．なお，ムーディ図を使用するためには Re と k_s/d の値が必要である．この k_s/d の評価のために使用する市販円管の**相当粗度** k_s の値の概略値を**表 7-1** に示す．

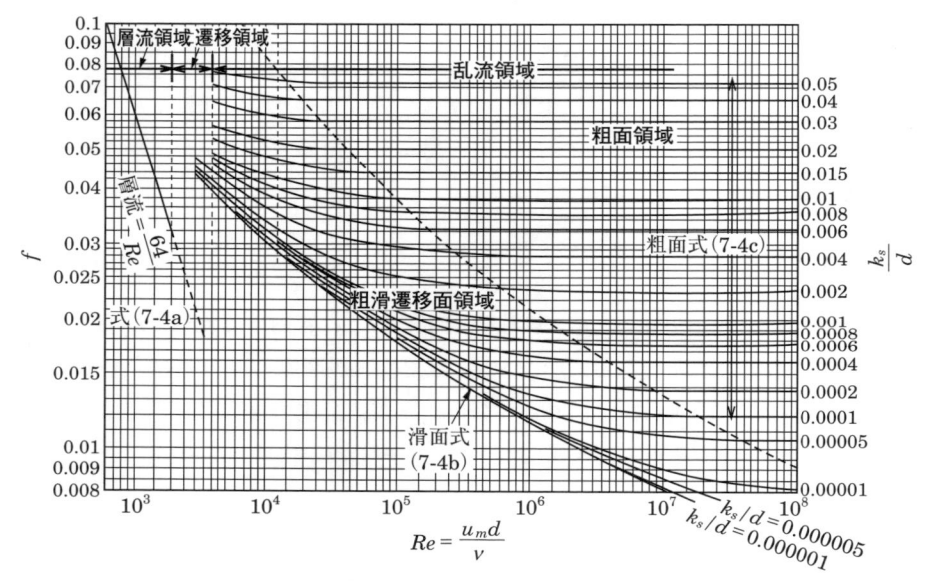

図 7-2 ムーディ図（『水理公式集』，土木学会編）

表7-1 市販円管の相当粗度 k_s

管壁の材料	k_s [cm]
鋼	0.0046
アスファルト塗鋳鉄	0.012
亜鉛引き鉄	0.015
鋳鉄	0.026
木	0.018〜0.092
コンクリート	0.030〜0.30
リベット継ぎの鋼	0.091〜0.91

ポイント 7.2　ムーディ図の使用法

ムーディ図の使用にあたっては，まず，与えられた条件より $Re = u_m d/\nu$ と k_s/d を計算する．次に，この k_s/d に対応する曲線上で与えられた Re における f の値を読みとり f を決定する（図参照）．

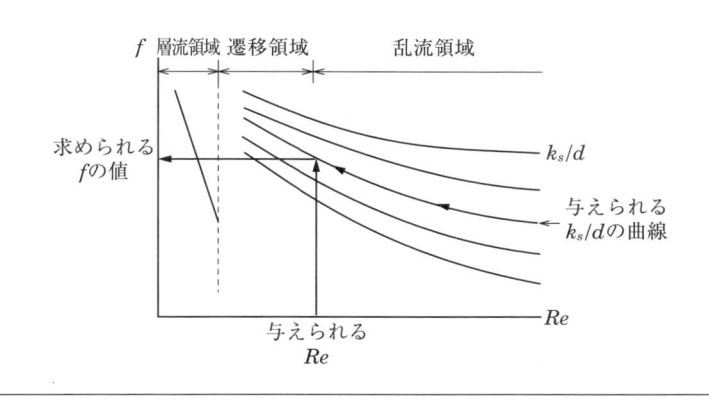

(2) 潤辺と径深の概念の導入と摩擦損失水頭

本項では円管のみではなく任意の断面形状を含めて取り扱うために**潤辺**と**径深**の概念を導入する．ここで，水と管が接する部分の長さの合計を S（**潤辺**という）とすると，摩擦損失水頭 h_f は流水断面積 A の単位面積当たりの潤辺の長さ S/A に比例すると考えるのは自然である．よって，$R = A/S$（**径深**もしくは**動水半径**ともいう）を導入すると h_f は $1/R$ に比例すると考えてよい．これより，式(7-3)を

任意の断面形状の場合について書き直すためにdをR,fをf'と置くと,

$$h_f = f' \frac{\ell}{R} \frac{u_m^2}{2g} \tag{7-6}$$

ここで,fとf'の関係は,円管のRの値は$R=A/S=(\pi d^2/4)/(\pi d)=d/4$であるから,$f'=f/4$と得られる.よって,任意の断面形状の場合の摩擦損失係数f'を評価するためには,まず,円管における$Re=u_m d/\nu$,k_s/dの代わりに$Re=4u_m R/\nu$,$k_s/(4R)$を求めたうえで図7-2よりfの値を定める.次に$f'=f/4$としてf'を求めればよい.またh_fはf'を使用して,式(7-6)より求める.なお,図7-3に水理学でよく使用される各種の断面形状の面積A,潤辺S,径深Rをまとめて示す.

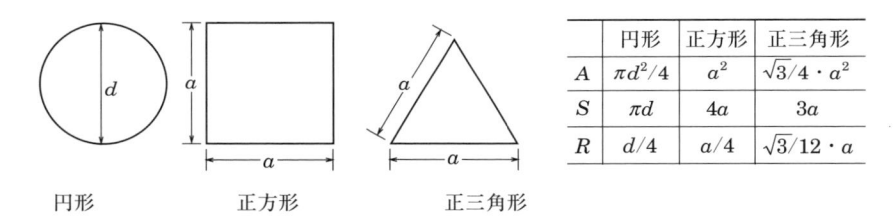

	円形	正方形	正三角形
A	$\pi d^2/4$	a^2	$\sqrt{3}/4 \cdot a^2$
S	πd	$4a$	$3a$
R	$d/4$	$a/4$	$\sqrt{3}/12 \cdot a$

円形　　正方形　　正三角形

図7-3　各種の断面形状の断面積A,潤辺S,径深R

(3) マニングの粗度係数nとf,f'の関係

一般には現場の管路流れはRe数が十分大きく,fがReの影響を受けない領域(**乱流の粗面領域**,図7-2で式(7-4c)が成立する領域)を取り扱うことが多い.同領域の一様断面の管水路の平均流速u_mの算定には実用式である次式の**マニングの平均流速公式**がよく使用される.

$$u_m = \frac{1}{n} R^{2/3} I^{1/2} \quad \text{〔m·s単位系〕} \tag{7-7}$$

同式で,nはマニングの粗度係数,Iは動水勾配である.

式(7-6)より$I=h_f/\ell=(f'/R)(u_m^2/2g)$であり,これと式(7-7)より$I$を求め,等値すると$f'$と$n$の関係は,

$$I = \frac{f'}{R}\frac{u_m^2}{2g} = \frac{n^2 u_m^2}{R^{4/3}} \quad \Rightarrow \quad f' = \frac{2gn^2}{R^{1/3}} \tag{7-8}$$

同式を円管の場合（$R=d/4$）について書き直して $f=4f'$ を求めると，

$$f = 4f' = \frac{12.7gn^2}{d^{1/3}} \quad \text{[m·s 単位]} \tag{7-9}$$

代表的な円管の n の値を**表7-2**に示す．なお，マニングの流速公式では，長さの単位は[m]を，流速の単位は[m/s]を使用する必要がある．よって，重力の加速度 g は $g=9.8$ [m/s^2] とする．また，n の次元は $[L^{-1/3}T]$ であり，単位は $[\text{m}^{-1/3}\text{s}]$ であるが，一般には単位なしで表記される．

表 7-2　大型円管路のマニング粗度係数 n の値 [m$^{-1/3}$·s]

	鋼管，鋳鉄管		コンクリート管		木管	
	新	普通	滑らか	粗	滑らか	粗
n の範囲	0.011〜0.012	0.013〜0.015	0.012〜0.013	0.014〜0.016	0.010〜0.012	0.013〜0.015

なお，一般の工学的な計算では式(7-9)に n を与えて f，もしくは f' を算出することが多い．つまり，ムーディ図を使用することは少ない．

> **ポイント 7.3**　マニングの公式とシェジーの公式の比較
>
> マニングの公式は実験・実測結果の整理によって得られた実用式（経験式）である．実用式として多くの式が提案されているが，シェジーの平均流速公式 $u_m = C\sqrt{RI}$（C は係数）もよく使用される．シェジーの式の係数 C とマニングの粗度係数の関係は $C=R^{1/6}/n$ で与えられる．

7.3　円管の形状損失水頭

円管路の断面形状が変化するときには，管内には境界層の剥離による渦が生ずる．また，管路の曲がり部の断面内には縦渦と呼ばれる渦が生ずる．これらの渦は流れのエネルギーを逸散させ，管路流れのエネルギーの損失をもたらす（渦のエネルギーは最終的に熱になって逸散する）．これを形状損失と呼び，またそれを水頭の形で表したものを**形状損失水頭** h_ℓ という．h_ℓ は f_ℓ を**形状損失係数**，u_m

を管内平均流速（代表流速）として次式で定義される．

$$h_\ell = f_\ell \frac{u_m^2}{2g} \tag{7-10}$$

形状損失水頭 h_ℓ を知ることは摩擦損失水頭 h_f と同様に管路設計上重要であり，以下に代表的なものを取り上げる．

(1) 急拡・急縮による損失水頭

▶ a．急拡による損失水頭 h_{se}

図 7-4 のように円管路の断面が急拡するとき，流れは直ちには追従できず（粘性の効果），急拡部に渦が形成される．この渦によるエネルギー損失水頭を急拡損失水頭 h_{se} という．急拡前後の①-②間で h_{se} を考慮してベルヌーイの式を立て，また，$z_1 = z_2$（管路中心部の高さは等しい）と置くと h_{se} は（式（7-1）参照），

$$\frac{p_1}{\rho g} + z_1 + \frac{\alpha u_{m1}^2}{2g} = \frac{p_2}{\rho g} + z_2 + \frac{\alpha u_{m2}^2}{2g} + h_{se}$$

$$\Rightarrow \quad h_{se} = \alpha \frac{u_{m1}^2 - u_{m2}^2}{2g} + \frac{p_1 - p_2}{\rho g} \tag{7-11}$$

以下に**急拡損失水頭** h_{se} を求めるが，説明文中で使用する添字 1，2，3 はそれぞれ断面①，②，③の値であることを表す．

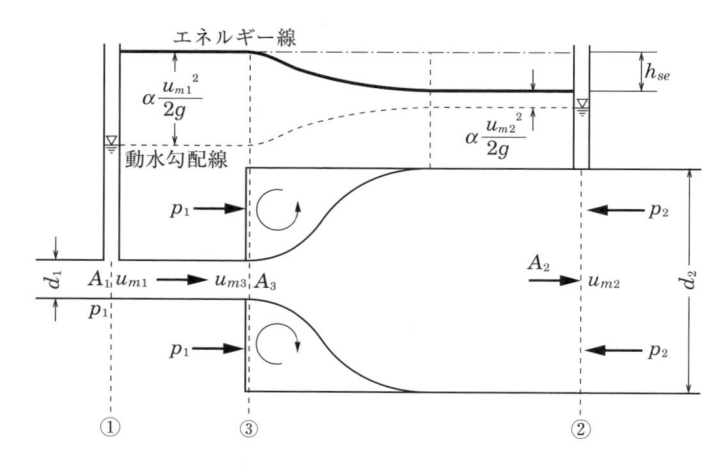

図 7-4　管路の急拡部の流れ

式(7-11)の第2項(圧力水頭差)を知るために,急拡直後の断面③と急拡後の断面②の間で運動量の保存則を適用すると次式を得る(式(5-3)で外力項 $F=0$ と置く.また,壁面剪断力 τ_0 を無視する).

$$\rho Q(u_{m2} - u_{m3}) = p_3 A_3 - p_2 A_2 \tag{7-12}$$

式(7-12)で, $p_3 \sim p_1, u_{m3} \sim u_{m1}$ と近似し, $A_3 = A_2, Q = u_{m1}A_1$ の関係を代入すると,

$$\rho u_{m1} A_1 (u_{m2} - u_{m1}) = A_2 (p_1 - p_2) \tag{7-13}$$

ここで, $Q = A_1 u_{m1} = A_2 u_{m2}$ (流量の連続の条件)を考慮すると式(7-13)は,

$$\frac{p_1 - p_2}{\rho g} = \frac{A_1}{A_2} \frac{u_{m1}}{g}(u_{m2} - u_{m1}) = \frac{u_{m2}(u_{m2} - u_{m1})}{g} \tag{7-14}$$

式(7-14)を式(7-11)に代入して $\alpha = 1.0$ と置くと h_{se} は,

$$h_{se} = \frac{(u_{m1} - u_{m2})^2}{2g} = \left(1 - \frac{A_1}{A_2}\right)^2 \frac{u_{m1}^2}{2g} = \left\{1 - \left(\frac{d_1}{d_2}\right)^2\right\}^2 \frac{u_{m1}^2}{2g} = f_{se} \frac{u_{m1}^2}{2g} \tag{7-15}$$

ここに, f_{se} は**急拡損失係数**と呼ばれ,上式より,

$$f_{se} = \left(1 - \frac{A_1}{A_2}\right)^2 = \left\{1 - \left(\frac{d_1}{d_2}\right)^2\right\}^2 \tag{7-16}$$

なお,**表7-3**は式(7-16)より計算される f_{se} の値を示す.ここに, $d_1/d_2 = 0$ の場合は後述の出口損失にあたり $f_{se} = \alpha = 1.0$,また, $d_1/d_2 = 1.0$ は管路の断面が変化しない場合にあたるので形状損失は発生せず $f_{se} = 0$ となる.

表 7-3 急拡部損失係数 f_{se} (『水理公式集』,土木学会編)

d_1/d_2	0	0.1	0.2	0.3	0.4	0.5	0.6	0.7	0.8	0.9	(1.0)
f_{se}	1.00	0.98	0.92	0.82	0.70	0.56	0.41	0.26	0.13	0.04	(0)

▶ **b. 急縮による損失水頭 h_{sc}**

図7-5のように,円管路の断面が急縮小するとき生ずる形状損失水頭を**急縮損失水頭 h_{sc}** という.流れが急縮するとき,いったん,断面③で縮小した後に断面②で再び拡大する.このとき,管の急縮の直上流の角部(断面の大きな管の最下流端角部に形成される渦は小さく弱いので,それによるエネルギー損失は無視できる.

また，管径の小さな部分に流入した流れの断面は縮小するが（流れの断面は管径より小さくなり，流速は早くなる），この縮流で生ずるエネルギー損失も小さく無視できる．この結果，急縮管路のエネルギー損失の大部分は，流れの断面積の小さい断面③から断面②の流れの急拡部分で生ずる．よって，急縮損失水頭 h_{sc} は断面③－②間の流れの急拡部分にベルヌーイの式を立てることによって求められる．つまり，断面②の流速と断面積を u_{m2}, A_2，断面③の縮流部の流速と断面積を u'_{m3}, A'_3 とすると，h_{sc} と**急縮損失係数** f_{sc} は式(7-15)を参照して，

$$h_{sc} = \frac{(u'_{m3} - u_{m2})^2}{2g} = \left(\frac{u'_{m3}}{u_{m2}} - 1\right)^2 \frac{u_{m2}^2}{2g} = \left(\frac{A_2}{A'_3} - 1\right)^2 \frac{u_{m2}^2}{2g} = \left(\frac{1}{C_c} - 1\right)^2 \frac{u_{m2}^2}{2g}$$

$$f_{sc} = \left(\frac{1}{C_c} - 1\right)^2 \tag{7-17}$$

ここに，$C_c(=A'_3/A_2)$ は**縮流係数**と呼ばれるが，この値は理論的には定まらず実験的に求める必要がある．なお表7-4にワイズバッハが実験的に得た C_c の値を使用して求めた f_{sc} の値の概略値を示す．

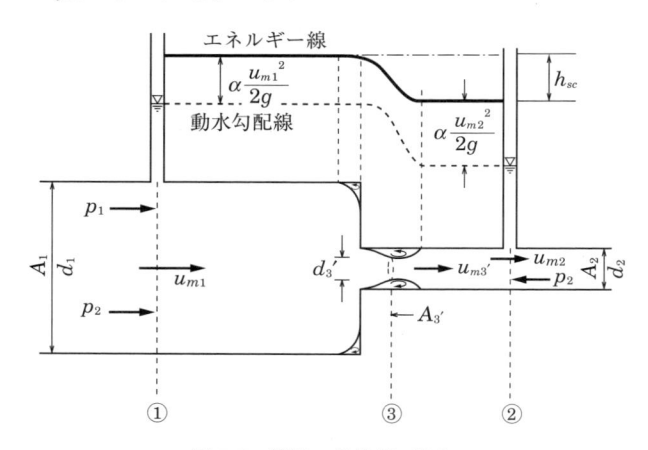

図 7-5 管路の急縮部の流れ

表 7-4 急縮部損失係数 f_{sc}（『水理公式集』，土木学会編）

d_2/d_1	0	0.1	0.2	0.3	0.4	0.5	0.6	0.7	0.8	0.9	(1.0)
f_{sc}	0.50	0.50	0.49	0.49	0.46	0.43	0.38	0.29	0.18	0.07	(0)

(2) 入口・出口による損失水頭

▶ **a. 入口損失水頭 h_e**

貯水池などの容積の大きな水域から円管内へ水が流入するときに生ずる形状損失水頭は**入口損失水頭** h_e と呼ばれ，次式で定義される．

$$h_e = f_e \frac{u_m^2}{2g} \tag{7-18}$$

ここに，f_e は**入口損失係数**と呼ばれる．f_e は入口形状によって異なり，その形状と f_e の関係を**図7-6**に整理して示す．同図のベルマウスとは流れが剥離や渦を伴うことなくスムーズに管路に流入するような入口形状であり f_e の値はきわめて小さい．また，角端のケースは $d_2/d_1=0$ とした場合の急縮損失係数 f_{sc} と一致する（$f_e=0.5$，**表7-4**参照）．

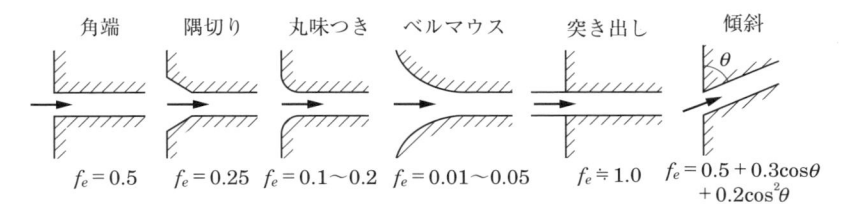

角端	隅切り	丸味つき	ベルマウス	突き出し	傾斜
$f_e=0.5$	$f_e=0.25$	$f_e=0.1\sim0.2$	$f_e=0.01\sim0.05$	$f_e\approx1.0$	$f_e=0.5+0.3\cos\theta$ $+0.2\cos^2\theta$

図 7-6　入口損失係数

▶ **b. 出口損失水頭 h_o**

円管路から容積が大きな水域に放流するとき**出口損失水頭** h_o が生じ，次式で定義される．

$$h_o = f_o \frac{u_m^2}{2g} \quad \left(= \alpha \frac{u_m^2}{2g} \right) \tag{7-19}$$

ここに，f_o は**出口損失係数**と呼ばれる．なお，出口損失水頭は式(7-19)に示すように，水域に放流される管路内の速度水頭 $\alpha u_m^2/2g$ のすべてが水域内に形成される渦によって消費される結果として生ずる．よって，$f_o=\alpha=1.1$（あるいは1.0とする）となる．また，f_o は $d_1/d_2=0$ とした場合の急拡損失係数 f_{se} と一致する（**表7-3**参照，同表では $\alpha=1.0$）．

ポイント 7.4　入口損失水頭と出口損失水頭の特徴

入口損失水頭 $h_e = f_e \dfrac{u_m^2}{2g}$
($f_e = 0.5$：角端)

出口損失水頭 $h_o = f_o \dfrac{u_m^2}{2g}$ ：
($f_o = \alpha = 1.1$ もしくは 1.0（1.0 を使用することが多い））

速度水頭 $\alpha u_m^2/2g$ のすべてが水槽内で逸散

エネルギー逸散

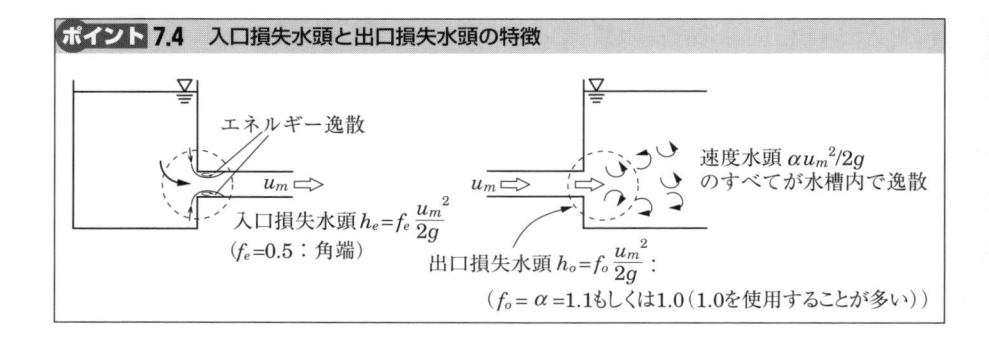

(3) 漸拡・漸縮による損失水頭

▶ a. 漸拡損失水頭 h_{ge}

漸拡する円管路では拡がり角度 θ が $8°\sim 10°$ 以上では，流れが壁面から剥離して渦を作り損失水頭が急増する．この漸拡による形状損失水頭を**漸拡損失水頭** h_{ge} という（図 7-7 参照）．なお，h_{ge} は式 (7-15) の h_{se} の表現式と類似に取り扱うことができる．よって急拡損失係数 f_{se} は $f_{se} = (1-A_1/A_2)^2$ であるから h_{ge} は，

$$h_{ge} = f_{ge}\dfrac{(u_{m1}-u_{m2})^2}{2g} = f_{ge}\left(1-\dfrac{A_1}{A_2}\right)^2\dfrac{u_{m1}^2}{2g} = f_{ge}f_{se}\dfrac{u_{m1}^2}{2g} \qquad (7\text{-}20)$$

ここに，f_{ge} は**漸拡損失係数**と呼ばれる．同式に示すように，漸拡による損失を表すための係数は，$\theta = 180°$ の場合の急拡損失係数 f_{se}（式 7-16）に任意の θ にお

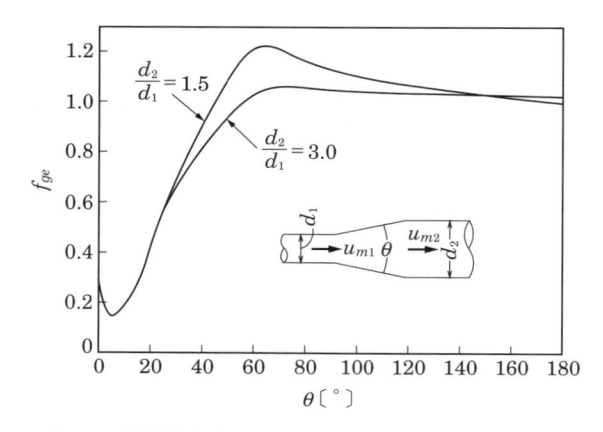

図 7-7　漸拡損失係数 f_{ge}（『水理公式集』，土木学会編）

ける f_{se} に対する補正係数 f_{ge} (漸拡損失係数) を掛けたものである ($f_{ge} f_{se}$). なお, 図7-7はギブソンによって実験的に得られている f_{ge} の値を示している.

▶ **b. 漸縮損失水頭 h_{gc}**

円管路の断面が漸縮する場合の水頭損失を**漸縮損失水頭** h_{gc} という. 漸縮時に管内に発生する渦はきわめて小さく, また弱いので通常 h_{gc} は無視してよい.

(4) 曲がり・屈折による損失水頭

▶ **a. 曲がり損失水頭 h_b**

曲がりを持つ円管路では縦渦が発生する. このとき生ずる損失水頭を**曲がり損失水頭 h_b** という. h_b は次式で定義される.

$$h_b = f_b \frac{u_m^2}{2g} = f_{b1} f_{b2} \frac{u_m^2}{2g} \tag{7-21}$$

ここに, $f_b = f_{b1} f_{b2}$ は**曲がり損失係数**と呼ばれる. なお, f_{b1} は曲がりの中心角 θ が $\theta = 90°$ の場合の損失係数であり, 曲がりの曲率半径 r_c と管径 d の比によって定まる値である. また, f_{b2} は任意の中心角 θ の曲がり管路の f_{b1} ($\theta = 90°$ に対する値) の補正係数である. f_{b1} と f_{b2} の概略値を図7-8に示す. 同図に示すように f_{b1} の値は r_c/d が大きいほど (管の曲がりの程度が小さい), 小さくなる. 一方, f_{b2} の値は θ が大きいほど, 大きくなることがわかる. なお, 同図中には次式に示す実験式とともにAnderson-Straubによって得られている値も示している.

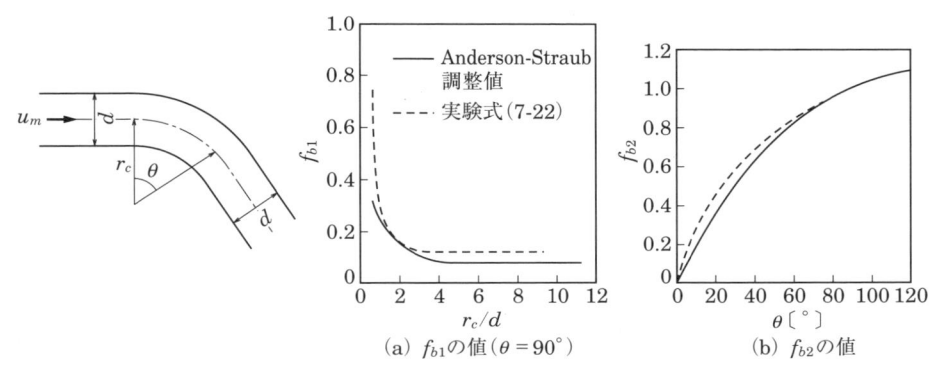

(a) f_{b1} の値 ($\theta = 90°$)

(b) f_{b2} の値

図7-8 曲がりの損失係数 f_{b1}, f_{b2} (『水理公式集』, 土木学会編)

$$f_{b1} = 0.131 + 0.1632\left(\frac{d}{r_c}\right)^{7/2}, \quad f_{b2} = \left(\frac{\theta°}{90°}\right)^{1/2} \qquad (7\text{-}22)$$

▶ **b. 屈折損失水頭 h_b'**

円管が屈折している部分を**エルボ**と呼ぶ(**図7-9**参照).屈折部では剥離渦や縦渦が発生する.このとき生ずる損失水頭を**屈折損失水頭 h_b'** という.h_b' は次式で定義される.

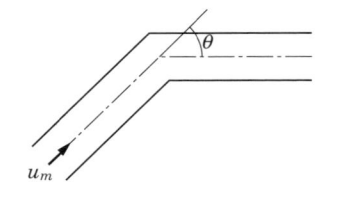

$$h_b' = f_b' \frac{u_m^2}{2g} \qquad (7\text{-}23)$$

図 7-9 屈折管路

ここに,f_b' は**屈折損失係数**と呼ばれ,その概略値を**表7-5**に示す.

表 7-5 屈折損失係数 f_b'(『水理公式集』,土木学会編)

$\theta[°]$	15	30	45	60	90	120
f_b'	0.022	0.073	0.183	0.365	0.99	1.86

(5) その他の形状損失水頭

管路中では既述の形状損失のほかに弁によるものなど,さまざまな形状損失が生ずる.それらについては水理公式集などを参照されたい.

ポイント 7.5　形状損失水頭と代表流速

形状損失水頭 $h_\ell = f_\ell(u_m^2/2g)$ において,管水路の断面が変化する場合の管内平均流速(代表流速)u_m には管径が小さく,流速が速い方の値を用いる.これは,出口損失水頭や入口損失水頭の計算において u_m を遅いほうの流速とすると $u_m = 0$ となり,不合理が生ずるためである.なお,出口損失係数 f_o は $f_o = \alpha = 1.1$ であるが $\alpha = 1.0$ が採用されることも多い.

7.4 単線管水路の水理計算法

ここでは各種の水頭損失を考慮した円管水路の水理計算法について学ぶ．

❶ 単線管水路の損失水頭と水理諸量

図7-10のように大きな2つの水槽を管径dの一様断面の1本の円管路（**単線管水路**と呼ぶ）で結ぶ場合について考える．ここで，水槽Ⅰ，Ⅱのそれぞれの水表面の点A－点G間で各種の損失水頭を考慮してベルヌーイの式を立てると，

$$\underbrace{\frac{p_A}{\rho g}}_{\sim 0} + z_A + \underbrace{\alpha \frac{u_{mA}^2}{2g}}_{\sim 0} = \underbrace{\frac{p_G}{\rho g}}_{\sim 0} + z_G + \underbrace{\alpha \frac{u_{mG}^2}{2g}}_{\sim 0} + h_f + h_\ell \quad (7\text{-}24)$$

水槽Ⅰ　　　　　　水槽Ⅱ

ここに，h_fは**摩擦損失水頭**，h_ℓは**形状損失水頭**である．また，添字A，Gは水槽Ⅰ，Ⅱの値であることを表す．

式(7-24)において両水槽の流速u_{mA}，u_{mG}は小さい（$u_{mA}=u_{mG}\sim 0$），$p_A=p_G=0$（大気に接する），水位差H（総落差という）$=z_A-z_G$，ℓを管路の全長とすると各種

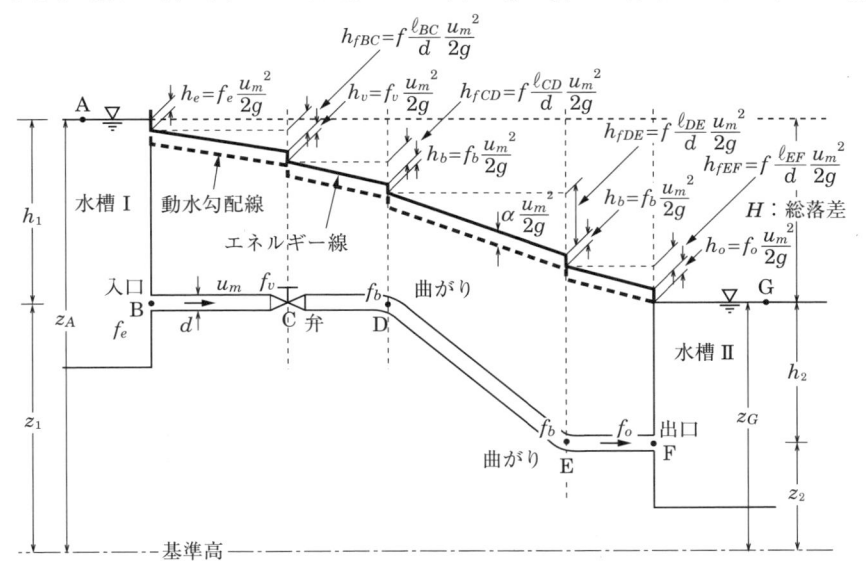

図7-10 単線管水路

の損失水頭を考慮して次式が成立する．

$$H = h_f + h_\ell = h_f + \left(h_e + h_v + \sum h_b + h_o\right)$$
総落差　摩擦損失水頭　形状損失水頭　　摩擦損失水頭　　　　形状損失水頭
(7-25)

$$= f\frac{\ell}{d}\frac{u_m^2}{2g} + f_e\frac{u_m^2}{2g} + f_v\frac{u_m^2}{2g} + \sum f_b\frac{u_m^2}{2g} + f_o\frac{u_m^2}{2g}$$
　　　　摩擦損失　　　入口損失　　弁による損失　　曲がりの損失　　出口損失

式（7-25）より管内平均流速 u_m は，

$$u_m = \sqrt{\frac{2gH}{f(\ell/d)+f_e+f_v+\sum f_b+f_o}} \qquad (7\text{-}26)$$

また，管内流量 Q は u_m より，

$$Q = u_m \frac{\pi d^2}{4} = \frac{\pi d^2}{4}\sqrt{\frac{2gH}{f(\ell/d)+f_e+f_v+\sum f_b+f_o}} \qquad (7\text{-}27)$$

さらに，式（7-27）から総落差 H で流量 Q を流すための管径 d は，

$$d = \left[\frac{8}{\pi^2 g}\{f\ell+(f_e+f_v+\sum f_b+f_o)d\}\frac{Q^2}{H}\right]^{1/5} \qquad (7\text{-}28)$$

式（7-26），（7-27）より摩擦損失係数 f と各種の形状損失係数 f_ℓ が与えられれば u_m, Q を求めることができる．しかし，f をムーディ図（図7-2）より定める必要がある場合は，f が Re の関数であるので u_m, Q は一義的には定まらない．このとき，u_m, Q を求めるためには繰り返し計算が必要になる．なお，一般に現場の管路流れは十分に Re が大きく，乱流でかつ粗面領域の流れであることが多い．そのような条件では，式（7-4c）より求められる f を使用して u_m と Q を一意的に定めることができる．また，式（7-28）より d を求める場合も，右辺にも d が含まれているので（$Q=u_m(\pi d^2/4)$），やはり繰り返し計算が必要となる．

以下でも同様であるが設問中にマニングの粗度係数 n が与えられている場合は流れの Re が十分大きなものであることを前提としている．その場合は n を使用して f もしくは f' を式（7-9）より求めればよい．また，この f より式（7-26），式（7-27）を使用して u_m, Q を一意的に定めることができる．

ところで，図7-10中に管路中の**エネルギー線**（実線）と**動水勾配線**（破線）を示している．これらは管路系設計において重要な知識を与えるものであり，次項

にその計算法について述べる．

> **ポイント 7.6**　下流端が自由開放端の場合の注意事項
>
> 　図7-10の管水路の下流端が自由開放端（水槽IIがなく空気中に管路から直接放流する）となっている場合を考える．この場合，A-F間で立てられるベルヌーイの式は，式(7-25)中の出口損失水頭 $f_o(u_m^2/2g)$ の項がない代わりに，速度水頭 $\alpha(u_m^2/2g)$ が加わる．$f_o \sim \alpha$ であるから，式(7-26)～式(7-28)と式形が一致する．ただし，総落差 H が h_2 だけ大きくなるので自由開放端の場合の管内流量の方が大きくなる．

(2) 一様断面単線管水路の水頭表の作成法とエネルギー線・動水勾配線の作図

　図7-11に示す単線管水路の水頭表を作表し，また，**エネルギー線**と**動水勾配線**の作図法ついて述べる．ただし，管路のマニングの粗度係数を $n=0.015$ とする．なお，管路長，管径，各種損失係数などについては同図中に示している．

　本問のようにマニングの粗度係数 n が与えられている場合は，式(7-9)より f を求めればよい．$n=0.015$ より f は，

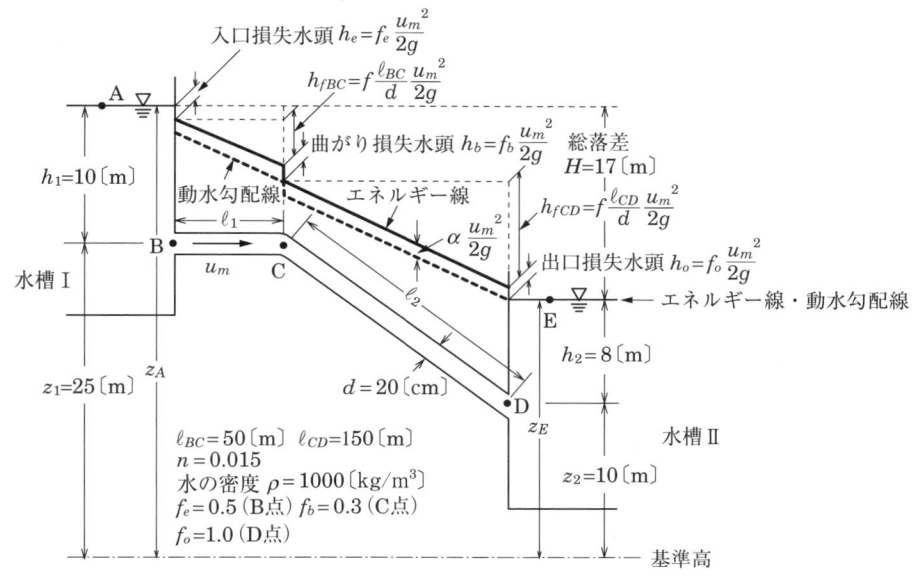

図7-11　単線管水路

$$f = \frac{12.7gn^2}{d^{1/3}} = \frac{12.7 \times 9.8 \times 0.015^2}{0.2^{1/3}} = 0.048 \tag{7-29}$$

上流側の水槽Ⅰの水表面の点Aと下流側の水槽Ⅱの水表面の点E間にベルヌーイの式を適用すると,管路の全長を$\ell(=\ell_{BC}+\ell_{CD})$として**総落差**$H$は,

$$H = h_f + h_\ell = f\frac{\ell}{d}\frac{u_m^2}{2g} + f_e\frac{u_m^2}{2g} + f_b\frac{u_m^2}{2g} + f_o\frac{u_m^2}{2g} \tag{7-30}$$

よって,管内平均流速u_mは,

$$u_m = \sqrt{\frac{2gH}{f(\ell/d)+f_e+f_b+f_o}} = \sqrt{\frac{2\times 9.8 \times 17}{0.048(200/0.2)+0.5+0.3+1.0}}$$
$$= 2.59\,[\mathrm{m/s}] \tag{7-31}$$

これより,**流量**Qと**速度水頭**$u_m^2/2g$は,

$$Q = \frac{1}{4}\pi d^2 u_m = \frac{1}{4} \times \pi \times 0.2^2 \times 2.59 = 0.0814\,[\mathrm{m^3/s}]$$

$$\frac{u_m^2}{2g} = \frac{2.59^2}{2\times 9.8} = 0.342\,[\mathrm{m/s}] \tag{7-32}$$

▶ a. 水頭表の作成法

以上の準備の基に**表7-6**に示す水頭表の作成方法を以下に箇条書にして示す.なお,以下の説明文中で$*1, *2, \cdots$は同表の該当箇所を示している.

(Ⅰ) 各点間の水頭損失の分類が可能なように,A,B^+,C^-,C^+,D^+,Eの計算点を定めて1行目に記す.ここで,記号に付した$-$,$+$はそれぞれ点の直前,直後を表している.

(Ⅱ) 1列目に①**損失水頭**(式),②**損失水頭**(数値),③**全エネルギー水頭** $H=p/\rho g+z+\alpha u_m^2/2g$,④**速度水頭**$u_m^2/2g$,⑤**ピエゾ水頭**$E_p=p/\rho g+z$,⑥**位置水頭**$z$,⑦**圧力水頭**$p/\rho g$と記入する.ただし,題意によっては他の項目を加えたり,一部省略してよい.

(Ⅲ) 2行目にそれぞれの地点もしくは対象区間で生ずる損失水頭を式形で記入する.例えば,$A-B^+$間では点B^+で入口損失が生ずるので,点B^+の列に$f_e u_m^2/2g$,B^+-C^-間では摩擦による水頭損失が生ずるのでC^-の列に$f(\ell_{BC}/d)u_m^2/2g$と記入する.その他も同様である.ただし,$A-B^-$間では損失が生じないので点Aの列に―を記入している.

(Ⅳ) 3行目に損失水頭式の計算結果を記入する．
(Ⅴ) 全エネルギー水頭Hの計算結果を4行目に記入する．まず，点AのHの値は$p/\rho g=0$，$u_m=0$であるので，基準高さよりの水表面の高さとなる（*0，$H=35$〔m〕）．次に，点B^+のHの値は点Aの値から点B^+の損失水頭の値（*1）を引いて求められ，*2中に記入する．以下同様に各地点のHの値を左から右に順次計算して表中に記入する．
(Ⅵ) 速度水頭の行に$\alpha u_m^2/2g$の値を記入する（ただし，$\alpha=1.0$とする．以下同じ）．一様管水路中では$u_m^2/2g$は一定値となり，また，水槽中の点A，D^+，Eでは$u_m^2/2g=0$となる．
(Ⅶ) $H-u_m^2/2g$を計算してピエゾ水頭E_pの行に記入する．例えば点Aでは*0から*7を引いて*8に，B^+点では*2から*9を引いて*10に記入する．
(Ⅷ) 位置水頭zの行には題意により与えられている値を記入する．

表7-6 水頭表の作成

(Ⅰ)→	(Ⅱ)↓	A	B^+	C^-	C^+	D^-	D^+	E
(Ⅲ)→	① 損失水頭(式)	——	$f_e \dfrac{u_m^2}{2g}$	$f\dfrac{\ell_{BC}}{d}\cdot\dfrac{u_m^2}{2g}$	$f_b \dfrac{u_m^2}{2g}$	$f\dfrac{\ell_{CD}}{d}\cdot\dfrac{u_m^2}{2g}$	$f_o \dfrac{u_m^2}{2g}$	——
(Ⅳ)→	② 損失水頭 数値〔m〕	0.000	0.171 *1	4.104 *3	0.103 *5	12.312	0.342	0.000
(Ⅴ)→	③ $H=\dfrac{p}{\rho g}+z+\dfrac{u_m^2}{2g}$ 全エネルギー水頭〔m〕	35.000 *0	34.829 *2	30.725 *4	30.622 *6	18.310	17.968	17.968 注1)
(Ⅵ)→	④ $\dfrac{u_m^2}{2g}$ 速度水頭〔m〕 注4)	0.000 *7	0.342 *9	0.342 *11	0.342 *13	0.342	0.000	0.000
(Ⅶ)→	⑤ $E_p=\dfrac{p}{\rho g}+z$ ピエゾ水頭〔m〕	35.000 *8	34.487 *10	30.383 *12	30.280 *14	17.968	17.968	17.968 注2)
(Ⅷ)→	⑥ z 位置水頭〔m〕	35.000 *15	25.000 *17	25.000 *19	25.000 *21	10.000	10.000	18.000
(Ⅸ)→	⑦ $\dfrac{p}{\rho g}$ 圧力水頭〔m〕	0.000 *16	9.487 *18	5.383 *20	5.280 *22	7.968	7.968	−0.032 注3)
	(対象区間)			($B^+\sim C^-$)		($C^+\sim D^-$)		

注1），注2）厳密には18.000〔m〕，注3）厳密には0.000〔m〕，よって，水頭誤差$|e|=0.032$〔m〕である．
注4）本来$\alpha u_m^2/2g$であるが$\alpha=1.0$とおいている（以下同じ）．

(Ⅸ) 圧力水頭 $p/\rho g$ の欄にピエゾ水頭 E_p の欄の値から位置水頭 z を引いた値を記入する．例えば，＊8－＊15＝＊16，＊10－＊17＝＊18とする．

> **ポイント 7.7　水頭表作成法の整理**
>
> 水頭表における計算手順は，（Ⅰ）前の点のエネルギー水頭－損失水頭＝考える点の全エネルギー水頭：①　⇒　（Ⅱ）①－速度水頭②＝ピエゾ水頭：③　⇒　（Ⅲ）ピエゾ水頭：③－位置水頭：④＝圧力水頭：⑤，である．

> **ポイント 7.8　計算誤差と有効数字**
>
> 水頭表では右側ほど誤差は大きくなる．例えば，表7-6の(注3)の数値は厳密には0.000であり，3.2cmの計算誤差が生じている．より精度を上げるためには有効数字の桁数を大きくするとよい．ただし，現地規模の管水路計算では各種損失水頭の値そのものも誤差をもっているので，この程度の誤差は無視してよい．

> **ポイント 7.9　水頭表の計算項目**
>
> 表7-6の水頭表は題意に合わせて不必要な部分は省略してよい．逆に題意よりエネルギー勾配 I_e や動水勾配 I の行を追加して作表する必要も生ずる．なお，表7-6中の点 B^+ のように，混乱のない場合は添字を省略して単にBと表されることや，点 D^+ と点Eを1つの列として表すなど（表中の1行目に $D^+(E)$ と記して点 D^+ の値を記入する，表7-9参照），簡略化することも多い．

▶ **b. エネルギー線・動水勾配線の作図法**

表7-6に示す水頭表の計算結果より，各点の全エネルギー水頭 $H=p/\rho g+z+\alpha u_m^2/2g$ の値を直線で結んだものがエネルギー線であり，各点のピエゾ水頭 $E_p=p/\rho g+z$ の値を直線で結んだものが動水勾配線である（図7-11中に挿入）．また，水頭表より各地点の水圧を簡単に求めることができる．例えば，点Cの曲がりの前後の圧力 p_{c-}，p_{c+} は，それぞれの水頭表における圧力水頭 $p/\rho g$ を使用して次式で与えられる．ただし，水の密度 ρ は $\rho=1\,000$〔kg/m³〕とする．

$$\frac{p_{c-}}{\rho g} = 5.383 \,[\text{m}] \rightarrow p_{c-} = 5.383 \rho g = 5.28 \times 10^4 \,[\text{N/m}^2]$$
$$\frac{p_{c+}}{\rho g} = 5.280 \,[\text{m}] \rightarrow p_{c+} = 5.280 \rho g = 5.17 \times 10^4 \,[\text{N/m}^2]$$
(7-33)

> **ポイント 7.10　圧力を直接計算で求める方法**
>
> 式(7-33)では水頭表から水圧を求めたが，直接計算することもできる．例えば，$p_{c-}/\rho g$，$p_{c+}/\rho g$ は A－C⁻ 間，A－C⁺ でベルヌーイの式を立ててそれぞれ，
>
> $$\frac{p_{c-}}{\rho g} = h_1 - \alpha \frac{u_m^2}{2g} \underbrace{- f_e \frac{u_m^2}{2g}}_{\text{入口損失水頭}} \underbrace{- f \frac{\ell_{BC}}{d} \frac{u_m^2}{2g}}_{\text{摩擦損失水頭}}$$
>
> $$\frac{p_{c+}}{\rho g} = h_1 - \alpha \frac{u_m^2}{2g} \underbrace{- f_e \frac{u_m^2}{2g}}_{\text{入口損失水頭}} \underbrace{- f_b \frac{u_m^2}{2g}}_{\text{曲がり損失水頭}} \underbrace{- f \frac{\ell_{BC}}{d} \frac{u_m^2}{2g}}_{\text{摩擦損失水頭}}$$

(3) 断面が変化する単線管水路の水頭表の作成法とエネルギー線・動水勾配線の作図

図 7-12 のように，管径が変化する円管水路を流量 $Q = 0.132 \,[\text{m}^3/\text{s}]$ で水が流れる場合について水頭表を作表し，エネルギー線・動水勾配線を描く．また各区間の動水勾配を求める．なお，管路長，管径，各種損失係数等については図中に示している．まず，各区間の摩擦損失係数 f は $n = 0.013$ より（式(7-9)），

$$f_{BC} = f_{DE} = f_{EF} = \frac{12.7 g n^2}{d_{BC}^{1/3}} = \frac{12.7 \times 9.8 \times 0.013^2}{0.2^{1/3}} = 0.036$$
$$f_{CD} = \frac{12.7 g n^2}{d_{CD}^{1/3}} = \frac{12.7 \times 9.8 \times 0.013^2}{0.5^{1/3}} = 0.027$$
(7-34)

各区間の管内平均流速 u_m と速度水頭 $u_m^2/2g$ は $Q = 0.132 \,[\text{m}^3/\text{s}]$ より，

$$u_{mBC} = u_{mDE} = u_{mEF} = \frac{Q}{(\pi/4) d_{BC}^2} = \frac{0.132}{(\pi/4) \times 0.2^2} = 4.20 \,[\text{m/s}]$$
$$\Rightarrow \frac{u_{mBC}^2}{2g} = \frac{u_{mDE}^2}{2g} = \frac{u_{mEF}^2}{2g} = \frac{4.20^2}{2 \times 9.8} = 0.900 \,[\text{m}]$$

$$u_{mCD} = \frac{Q}{(\pi/4)d_{CD}^2} = \frac{0.132}{(\pi/4)\times 0.5^2} = 0.672\,[\text{m/s}]$$

$$\Rightarrow \frac{u_{mCD}^2}{2g} = \frac{0.672^2}{2\times 9.8} = 0.023\,[\text{m}] \tag{7-35}$$

以上より水頭表を作表すると**表7-7**を得る.

表7-7より描かれるエネルギー線と動水勾配線は**図7-12**中に示されている.この場合は管径によって速度水頭が変化し,急拡部分で動水勾配線が不連続的に上昇する.ただし,エネルギー線は流下とともに常に減少する.

表7-7 断面が変化する単線管水路の水頭表

	A	B⁺	C⁻	C⁺	D⁻	D⁺	E⁻	E⁺	F
損失水頭(式)	———	$f_e\dfrac{u_m^2}{2g}$	$f_{BC}\dfrac{\ell_{BC}}{d_{BC}}\cdot\dfrac{u_m^2}{2g}$	$f_{se}\dfrac{u_m^2}{2g}$	$f_{CD}\dfrac{\ell_{CD}}{d_{CD}}\cdot\dfrac{u_m^2}{2g}$	$f_{sc}\dfrac{u_m^2}{2g}$	$f_{DE}\dfrac{\ell_{DE}}{d_{DE}}\cdot\dfrac{u_m^2}{2g}$	$f_b\dfrac{u_m^2}{2g}$	$f_{EF}\dfrac{\ell_{EF}}{d_{EF}}\cdot\dfrac{u_m^2}{2g}$
損失水頭 数値[m]	0.000	0.450	1.620	注2) 0.180	0.025	0.225	3.240	0.180	3.240
$H=\dfrac{p}{\rho g}+z+\dfrac{u_m^2}{2g}$ 全エネルギー水頭[m]	11.000	10.550	8.930	8.750	8.725	8.500	5.260	5.080	1.840
$\dfrac{u_m^2}{2g}$ 速度水頭[m]	0.000	0.900	0.900	0.023	0.023	0.900	0.900	0.900	0.900
$E_p=\dfrac{p}{\rho g}+z$ ピエゾ水頭[m]	11.000	9.650	8.030	8.727	8.702	7.600	4.360	4.180	注1) 0.940
$I=-\dfrac{dE_p}{dx}$ 動水勾配	/	/	0.162	/	1.25×10^{-3}	/	0.162	/	0.162
(対象区間)			(B⁺〜C⁻)		(C⁺〜D⁻)		(D⁺〜E⁻)		(E⁺〜F)

注1)厳密には1.000[m].よって,水頭誤差$|e|=0.06$[m]である.
注2)C⁺の水頭損失の計算には細い管の$u_m^2/2g=0.900$の値を使用し,$f_{se}u_m^2/2g=0.2\times 0.900=0.180$となることに注意すること.

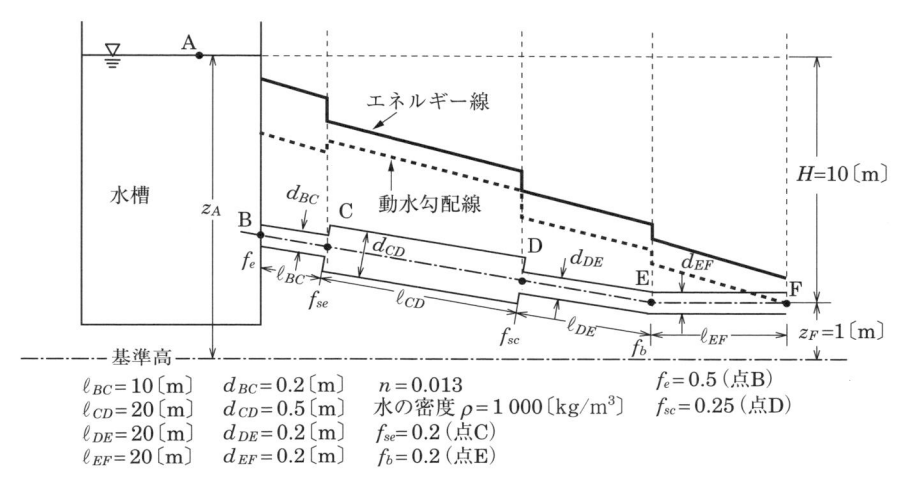

図 7-12 断面が変化する単線管水路

$\ell_{BC}=10$ [m]	$d_{BC}=0.2$ [m]	$n=0.013$	$f_e=0.5$（点B）
$\ell_{CD}=20$ [m]	$d_{CD}=0.5$ [m]	水の密度 $\rho=1\,000$ [kg/m³]	$f_{sc}=0.25$（点D）
$\ell_{DE}=20$ [m]	$d_{DE}=0.2$ [m]	$f_{se}=0.2$（点C）	
$\ell_{EF}=20$ [m]	$d_{EF}=0.2$ [m]	$f_b=0.2$（点E）	

ポイント 7.11　エネルギー線・動水勾配線作図上の留意点

① 管水路の一様断面区間のエネルギー線と動水勾配線は直線で，かつ摩擦損失により単調に下降するとともに平行である．また，動水勾配線はエネルギー線より速度水頭 $\alpha u_m^2/2g$ 分低い．ただし，一般に $\alpha=1.0$ とする．

② 一様断面の管水路では形状損失を伴う地点でエネルギー線と動水勾配線は不連続的に低下する．一方，管路断面が急拡するとき，速度水頭が小さくなるので動水勾配線が上昇することがある（図 7-12 参照）．

③ 管水路の下流端が大きな水槽に接続している場合，下流端の動水勾配線は水槽水面に一致する（図 7-11 参照）．一方，自由開放出端の管路の下流端の動水勾配線は管の中心の高さに一致する（圧力 $p=0$ より，図 7-12 参照）．また，大きな水槽部分のエネルギー線と動水勾配線はともに水表面に一致する．

7.4　単線管水路の水理計算法

7.5 サイフォン

(1) サイフォンの原理

図7-13のように，水槽Ⅰから動水勾配線より高い点Cへ（圧力$p/\rho g$は負圧），管径dの一様断面管水路で水をいったん上昇させた後に，低い位置にある水槽Ⅱへ水を導くことを考える．このような管水路は**サイフォン**と呼ばれる．以下にサイフォンの原理について述べる．

水槽Ⅰの水表面のA地点～管路の点C^+～水槽Ⅱの水表面のE地点の間で成立するベルヌーイの式は，サイフォン管内の平均流速をu_m，$p_A = p_E = 0$（大気に接する），$v_A = v_E \sim 0$（両水槽が大きい）として，

$$z_A = z_c + \frac{p_{c+}}{\rho g} + \alpha \frac{u_m^2}{2g} + \left(f_e + f_b + f \frac{\ell_{BC}}{d}\right) \frac{u_m^2}{2g}$$

水槽Ⅰ：A地点　　　　　　　C^+地点

$$= z_E + \left(f_e + f_b + f_o + f \frac{\ell_{BC} + \ell_{CD}}{d}\right) \frac{u_m^2}{2g} \tag{7-36}$$

水槽Ⅱ：E地点

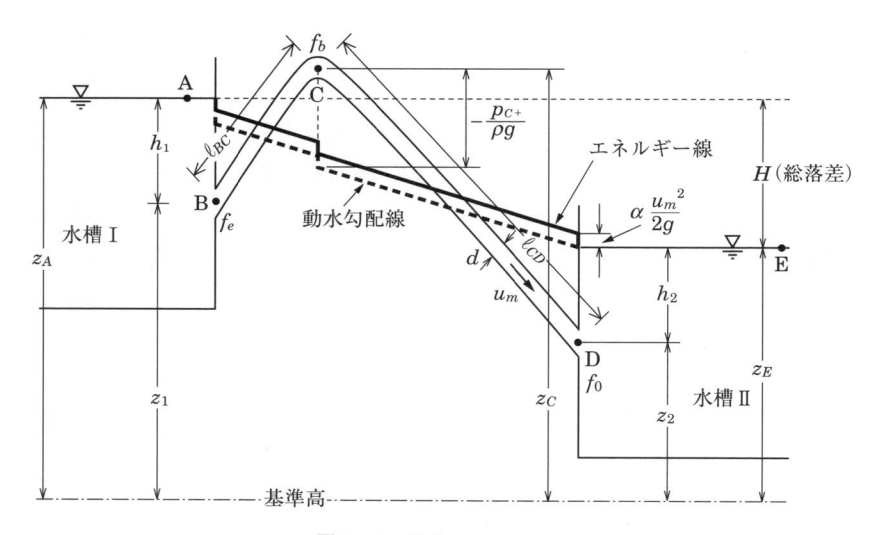

図 7-13　サイフォン

式(7-36)に両水槽の水位差(**総落差**という)：$H = z_A - z_E$ を代入すると，点 A − 点 E 間で成立するベルヌーイの式より，

$$H = z_A - z_E = \left(f_e + f_b + f_o + f\frac{\ell_{BC} + \ell_{CD}}{d}\right)\frac{u_m^2}{2g} \tag{7-37}$$

よって u_m, $u_m^2/2g$, Q は，

$$u_m = \sqrt{\frac{2gH}{f_e + f_b + f_o + f(\ell_{BC} + \ell_{CD})/d}}$$

$$\frac{u_m^2}{2g} = \frac{H}{f_e + f_b + f_o + f(\ell_{BC} + \ell_{CD})/d} \tag{7-38}$$

$$Q = \frac{1}{4}\pi d^2 u_m = \frac{1}{4}\pi d^2 \sqrt{\frac{2gH}{f_e + f_b + f_o + f(\ell_{BC} + \ell_{CD})/d}}$$

同様に点 A − 点 C^+ 間で成立するベルヌーイの式より $p_{c+}/\rho g$ は，

$$\frac{p_{c+}}{\rho g} = z_A - z_c - \left(\alpha + f_e + f_b + f\frac{\ell_{BC}}{d}\right)\frac{u_m^2}{2g} \tag{7-39}$$

式(7-39)に式(7-38)の速度水頭 $u_m^2/2g$ の式を代入すると $p_{c+}/\rho g$ は，

$$\frac{p_{c+}}{\rho g} = z_A - z_c - \frac{\alpha + f_e + f_b + f(\ell_{BC}/d)}{f_e + f_b + f_o + f(\ell_{BC} + \ell_{CD})/d} H \tag{7-40}$$

理論的には考えるサイフォンが機能して管内を水が流れるためには，最も高い位置で，かつ，曲がり直後の管路中で最も圧力が低くなる点 C^+（管路と動水勾配線の高低差が最大となる点）での圧力，$p_{c+}/\rho g$ が絶対圧で 0（$p_{c+}/\rho g = -10.33$m）より高くなる必要がある（ポイント 7.12 参照）．つまり，$p_{c+}/\rho g = -10.33$m では管内に空洞が生じて流れが遮断され，サイフォンは機能しなくなる．しかし，現実にはさまざまな要因によってそれより高い圧力（限界圧力：$p_{cr}/\rho g$）で流れが遮断される．つまり，$p_{c+}/\rho g \geqq p_{cr}/\rho g$ でサイフォンは機能し，$p_{c+}/\rho g < p_{cr}/\rho g$ でサイフォンは機能しないことになる．なお，$p_{cr}/\rho g$ は一般に $p_{cr}/\rho g = -7 \sim -8$m とされる．

ところで，両水槽の水位差 H（総落差）が大きくなると，式(7-40)よりわかるように $p_{c+}/\rho g$ は低下する．よって，サイフォンが機能する H の最大値 $H_{\max}$ は，式(7-40)の p_{c+} に p_{cr} を，H に $H_{\max}$ を代入して，

$$H_{\max} = \frac{f_e + f_b + f_o + f(\ell_{BC} + \ell_{CD})/d}{\alpha + f_e + f_b + f(\ell_{BC}/d)}\left(-\frac{p_{cr}}{\rho g} + z_A - z_c\right) \tag{7-41}$$

ポイント 7.12　絶対圧 $p_T=0$ の物理的意味

絶対圧 $p_T=0$ とは真空における圧力であり，水柱にして $p/\rho g = -10.33 [\mathrm{m}]$ である．よって，水中に立てた管の上部の空気を真空ポンプで抜き，真空にした場合の水柱の上昇高の理論上の限界値は $10.33 [\mathrm{m}]$ である（トリチェリーの実験，ただし，実際には管中の水の蒸発によりこれより低くなる）．

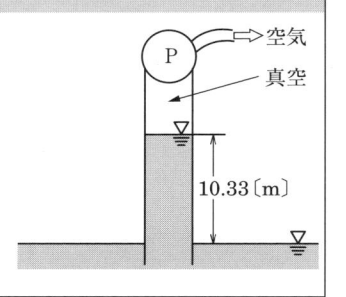

ポイント 7.13　逆サイフォン

通常のサイフォンとは逆に，いったん低い場所に水を導いた後に再び高い位置に導く管を**逆サイフォン**と呼んでいる．逆サイフォンは谷や窪地を横切って管水路で水を導くときなどに使用される．

(2) 一様断面単線管水路からなるサイフォンの計算の具体例

図 7-13 に示すサイフォンが機能するかどうかを調べたうえでエネルギー線と動水勾配線を描く．ただし，$z_A=15[\mathrm{m}]$，$z_E=5[\mathrm{m}]$，$z_C=17[\mathrm{m}]$，マニングの粗度係数 $n=0.015$，管径 $d=0.5[\mathrm{m}]$，管長 $\ell_{BC}=50[\mathrm{m}]$，管長 $\ell_{CD}=100[\mathrm{m}]$，入口損失係数 $f_e=0.5$，曲がり損失係数 $f_b=0.15$，出口損失係数 $f_o=1.0$，$p_{cr}/\rho g = -8[\mathrm{m}]$，水の密度 $\rho=1\,000 [\mathrm{kg/m^3}]$ とする．

まず，摩擦損失水頭 f は $n=0.015$ より，

$$f = \frac{12.7gn^2}{d^{1/3}} = \frac{12.7 \times 9.8 \times 0.015^2}{0.5^{1/3}} = 0.035 \tag{7-42}$$

また，$p_{c+}/\rho g$ を式 (7-40) より算出して $p_{cr}/\rho g$ と比較すると，$H=z_A-z_E=10[\mathrm{m}]$ より，

$$\frac{p_{c+}}{\rho g} = z_A - z_c - \frac{\alpha + f_e + f_b + f(\ell_{BC}/d)}{f_e + f_b + f_o + f(\ell_{BC}+\ell_{CD})/d} H$$

$$= 15 - 17 - \frac{1.0 + 0.5 + 0.15 + 0.035(50/0.5)}{0.15 + 1.0 + 0.5 + 0.035 \times (150/0.5)} \times 10$$

$$= -6.24\mathrm{m} > \frac{p_{cr}}{\rho g} = -8\mathrm{m} \tag{7-43}$$

これより，このサイフォンは機能することがわかる（サイフォンが機能しない場合はこれ以上の計算はできない）．よって，以下に管水路の水理計算を実施する．

式(7-38)より，u_m，$u_m^2/2g$，Q はそれぞれ，

$$u_m = \sqrt{\frac{2gH}{f_e + f_b + f_o + f(\ell_{BC} + \ell_{CD})/d}} = \sqrt{\frac{2 \times 9.8 \times 10}{0.5 + 0.15 + 1.0 + 0.035(150/0.5)}}$$
$$= 4.02 \,[\text{m/s}]$$

$$\frac{u_m^2}{2g} = \frac{4.02^2}{2 \times 9.8} = 0.825 \,[\text{m}] \tag{7-44}$$

$$Q = u_m \frac{1}{4}\pi d^2 = 4.02 \times \frac{1}{4}\pi \times 0.5^2 = 0.789 \,[\text{m}^3/\text{s}]$$

以上より水頭表を作表すると**表 7-8**を得る．

表 7-8 の水頭表からも $p_{c+}/\rho g = -6.250 \,[\text{m}] > p_{cr}/\rho g = -8.000 \,[\text{m}]$ であり，このサイフォンは機能することがわかる．なお，同水頭表より描かれるエネルギー線と

表 7-8 水頭表

項目	A	B^+	C^-	C^+	D^-	D^+	E
損失水頭〔式〕	—	$f_e \dfrac{u_m^2}{2g}$	$f \dfrac{\ell_{BC}}{d}\dfrac{u_m^2}{2g}$	$f_b \dfrac{u_m^2}{2g}$	$f \dfrac{\ell_{CD}}{d}\dfrac{u_m^2}{2g}$	$f_o \dfrac{u_m^2}{2g}$	
損失水頭 数値〔m〕	0.000	0.413	2.888	0.124	5.775	0.825	0.000
$H = \dfrac{p}{\rho g} + z + \dfrac{u_m^2}{2g}$ 全エネルギー水頭〔m〕	15.000	14.587	11.699	11.575	5.800	4.975 注1)	4.975
$\dfrac{u_m^2}{2g}$ 速度水頭〔m〕	0.000	0.825	0.825	0.825	0.825	0.000	0.000
$E_p = \dfrac{p}{\rho g} + z$ ピエゾ水頭〔m〕	15.000	13.762	10.874	10.750	4.975	4.975 注2)	4.975
z 位置水頭〔m〕	15.000	/注4)	17.000	17.000	/注4)	/注4)	5.000
$\dfrac{p}{\rho g}$ 圧力水頭〔m〕	0.000	/注4)	-6.126	-6.250	/注4)	-0.025 注3)	/注4)

注1) 厳密には5.000〔m〕，注2) 厳密には5.000〔m〕，
注3) 厳密には0.000〔m〕，よって，水頭誤差 $|e| = -0.025$〔m〕．
注4) 点 B，D の高さが与えられていないので求まらない．

動水勾配線を図7-13中に示す．

次に水槽Ⅱの水位z_Eを降下させて総落差Hを変化させることを考える．このとき，サイフォンが機能しうる両水槽の水位差の最大値H_{max}を求める（ただし，z_E（もしくはH）以外の諸量は変化しないものとする）．式(7-41)に与えられた数値を代入するとH_{max}は$p_{cr}/\rho g = -8.00$〔m〕として次式のように求められる．

$$H_{max} = \frac{f_e + f_b + f_o + f(\ell_{BC} + \ell_{CD})/d}{\alpha + f_e + f_b + f(\ell_{BC}/d)}\left(-\frac{p_{cr}}{\rho g} + z_A - z_c\right)$$

$$= \frac{0.5 + 0.15 + 1.0 + 0.035 \times (50 + 100)/0.5}{1.0 + 0.5 + 0.15 + 0.035 \times (50/0.5)} \times (8.00 + 15.0 - 17.0)$$

$$= 14.16 \text{〔m〕} \tag{7-45}$$

> **ポイント7.14** サイフォンが機能するか否かの判定
>
> 管路内の圧力分布$p/\rho g$は動水勾配線$p/\rho g + z$と管路中心線zの差で与えられる（図7-13）．なお，図7-13中の点C^+は管路中心線が動水勾配線より上にあるが，これは同点の圧力が負圧$p_{c+}/\rho g < 0$であることを示している．また，管路で，最大負圧の生ずる点は管路高が最も高く，かつ，その地点での形状損失を受けた直後である．よって，図7-13のサイフォンが機能するか否かの判定には，点C^+の圧力$p_{c+}/\rho g$の値を使用すればよい．

7.6 水車を含む単線管水路

(1) 水車を利用した発電の水理計算

図7-14のように，貯水池Ⅰから貯水池Ⅱに管水路で水を導き，その途中に設置した**水車**に発電機を設置して発電することを考える．ここで，貯水池Ⅰ，Ⅱ間の水位差をH（**総落差**という）とすると，水車を回転させるために使用される落差H_e（**有効落差**という）は，Hから管路中で生ずるエネルギー損失を差し引いて次式のように求められる．

$$\underset{\text{有効落差}}{H_e} = \underset{\text{総落差}}{H} - (\underset{\text{摩擦損失水頭}}{h_f} + \underset{\text{形状抵抗水頭}}{h_\ell}) \tag{7-46}$$

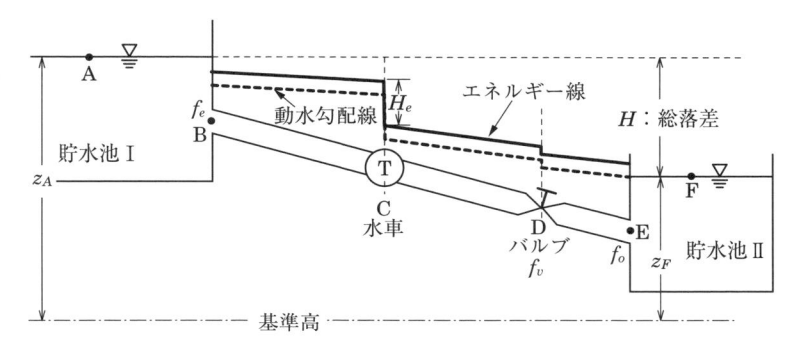

図 7-14　水車を含む単線管水路

これより，水車の理論上の出力 P（**理論出力**という）は，**有効落差 H_e** に対応する単位時間当たりの位置エネルギーの損失であるから管内流量を Q とすると，

$$P = \rho g Q H_e \,[\mathrm{Nm/s = J/s = W}] = 9.8 Q H_e \,[\mathrm{kW}] \tag{7-47}$$

なお，実際の水車の出力 P_e は**水車の効率**（水車を回転させるときに生ずるエネルギー損失を考慮）を η_e として次式で与えられる．

$$P_e = \rho g \eta_e Q H_e \,[\mathrm{Nm/s = J/s = W}] = 9.8 \eta_e Q H_e \,[\mathrm{kW}] \tag{7-48}$$

また，水車に発電機を設置する場合は，**発電機の効率** η_G として，水車による発電量 P_G は，

$$P_G = \eta_G P_e = \rho g \eta_e \eta_G Q H_e = 9.8 \eta Q H_e \,[\mathrm{kW}] \tag{7-49}$$

ここに，η は $\eta = \eta_e \eta_G$ であり単に**効率**と呼ばれる．

ポイント 7.15　水車の理論出力

管路の有効落差 H_e を流下する流体は，単位時間当たりに $\rho g Q H_e$ の位置エネルギーを失うが，これが水車の理論出力 P となる．なお，式(7-47)～式(7-49)中の9.8は，$\rho g = 1\,000\,[\mathrm{kg/m^3}] \times 9.8\,[\mathrm{m/s^2}] = 9\,800\,[\mathrm{N/m^3}] = 9.8\,[\mathrm{kN/m^3}]$ より得られる値である．よって，これらの式の最右辺の計算を行うときには，Q, H_e の単位をそれぞれ $[\mathrm{m^3/s}]$，$[\mathrm{m}]$ とする必要がある．

なお，1 [N] は質量 1 [kg] の物体に加速度 1 [m/s²] を与えるための力，1 [J] は物体を 1 [N] の力で 1 [m] 移動させる場合の仕事である（1 [Nm] = 1 [J：ジ

ュール〕），また，単位時間1〔s〕に1〔J〕の仕事をする場合の仕事率は1〔W〕（ワット）=1〔J/s〕=1/9.8〔kgf·m/s〕である．

(2) 水車を含む単線管水路の水理計算の具体例

図7-14のような水車を含む単線管水路の具体的な水理計算を行い，水車の理論出力Pを求める．また，水頭表を作表して動水勾配線とエネルギー線を描く．ただし，送水流量$Q=20$〔m³/s〕，$z_A=200$〔m〕，$z_F=100$〔m〕，マニングの粗度係数$n=0.015$，管径$d=2.0$〔m〕，管長$\ell_{BC}=400$〔m〕，管長$\ell_{CD}=200$〔m〕，管長$\ell_{DE}=200$〔m〕，入口損失係数$f_e=0.5$，バルブの損失係数$f_v=0.5$，出口損失係数$f_o=1.0$，水の密度$\rho=1000$〔kg/m³〕とする．

まず，摩擦損失係数fは$n=0.015$より，

$$f = \frac{12.7gn^2}{d^{1/3}} = \frac{12.7 \times 9.8 \times 0.015^2}{2.0^{1/3}} = 0.022 \tag{7-50}$$

また，管内平均流速u_mと速度水頭$u_m^2/2g$は，

$$u_m = \frac{Q}{(\pi/4)d^2} = \frac{20}{(\pi/4) \times 2.0^2} = 6.37 \text{〔m/s〕}$$

$$\frac{u_m^2}{2g} = \frac{6.37^2}{2 \times 9.8} = 2.070 \text{〔m〕} \tag{7-51}$$

これより，有効落差H_eは式(7-46)より，

$$H_e = H - (h_f + h_\ell) = (z_A - z_F) - \left(f_e + f_v + f_o + f\frac{\ell_{BC} + \ell_{CD} + \ell_{DE}}{d}\right)\frac{u_m^2}{2g}$$

$$= 100 - \left(0.5 + 0.5 + 1.0 + 0.022 \times \frac{400 + 200 + 200}{2.0}\right) \times 2.070 = 77.644 \text{〔m〕} \tag{7-52}$$

したがって，水車の理論出力Pは式(7-47)より，

$$P = \rho g Q H_e = 9.8 \times 20 \times 77.644 = 1.52 \times 10^4 \text{〔kW〕} \tag{7-53}$$

水頭表を作表すると**表7-9**に示すとおりとなる．ここで，水頭表の計算においては水車の効率を水車地点C^+で有効落差H_e分の損失水頭が生ずるとして取り扱う．なお，同表より得られるエネルギー線と動水勾配線を図7-14中に示す．

表 7-9 水頭表

	A	B⁺	C⁻	C⁺	D⁻	D⁺	E⁻	E⁺(F)
損失水頭（式）	───	$f_e \dfrac{u_m^2}{2g}$	$f \dfrac{\ell_{BC}}{d}\cdot\dfrac{u_m^2}{2g}$	H_e	$f \dfrac{\ell_{CD}}{d}\cdot\dfrac{u_m^2}{2g}$	$f_v \dfrac{u_m^2}{2g}$	$f \dfrac{\ell_{DE}}{d}\cdot\dfrac{u_m^2}{2g}$	$f_o \dfrac{u_m^2}{2g}$
損失水頭 数値〔m〕	0.000	1.035	9.108	77.644 注3)	4.554	1.035	4.554	2.070
$H = \dfrac{p}{\rho g} + z + \dfrac{u_m^2}{2g}$ 全エネルギー水頭〔m〕	200.000	198.965	189.857	112.213	107.659	106.624	102.070	100.000 注1)
$\dfrac{u_m^2}{2g}$ 速度水頭〔m〕	0.000	2.070	2.070	2.070	2.070	2.070	2.070	0.000
$E_p = \dfrac{p}{\rho g} + z$ ピエゾ水頭〔m〕	200.000	196.895	187.787	110.143	105.589	104.554	100.000	100.000 注2)

注1), 注2) 厳密には100.000〔m〕. よって, 水頭誤差 $|e| = 0.000$〔m〕である.
注3) 水車によって消費され, 損失水頭となるのは77.644〔m〕である.

> **ポイント 7.16　水車を含む管水路の水頭表作成上の注意点**
>
> 水車によってH_eのエネルギーが消費されるので，そこでH_eの水頭損失が生じ，エネルギー線および動水勾配線は大きく低下する（図7-14参照）．

7.7　ポンプを含む単線管水路

(1) ポンプを利用した揚水の水理計算

図7-15のように管水路の途中に**ポンプ**を設置しての貯水池Ⅰから貯水池Ⅱに流量Qで水を揚水することを考える．このとき，ポンプで水を上昇させる高さを**実揚程**H（両貯水池の水位差），また，実際にポンプに要求される揚程を**全揚程**H_pと呼んでいる．全揚程H_pは水頭損失を考慮して次式のように求められる．

$$H_p \;=\; H \;+\; h_f \;+\; h_\ell$$
全揚程　　実揚程　　摩擦損失水頭　形状損失水頭　　　　(7-54)
　　　　（現実の揚程）

この全揚程H_pを得るためにポンプに要求される理論上の水力S（**理論水力**という）は，単位時間当たりにポンプが流れに与える位置エネルギーであるから，管

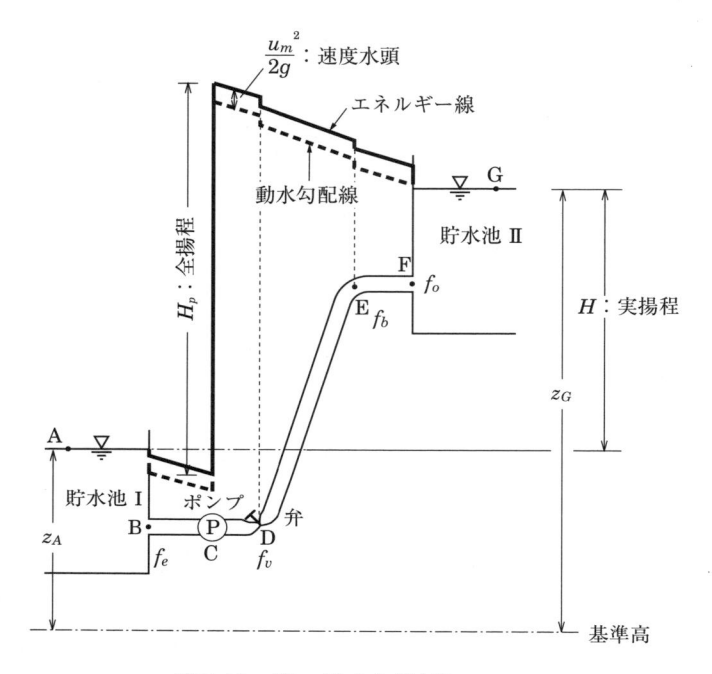

図 7-15 ポンプを含む管水路

内流量を Q，水の密度を $\rho=1.0\times10^3$〔kg/m³〕とすると，

$$S = \rho g Q H_p \text{〔Nm/s=J/s=W〕} = 9.8 Q H_p \text{〔kW〕} \tag{7-55}$$

ただし，実際にポンプに求められる**水力** S_e はポンプの**効率** η_p として，

$$S_e = \frac{S}{\eta_p} = \frac{\rho g Q H_p}{\eta_p} \text{〔Nm/s=J/s=W〕} = \frac{9.8 Q H_p}{\eta_p} \text{〔kW〕} \tag{7-56}$$

ここに，η_p の値はポンプの種類や口径などによって変化する（水理公式集など参照）．

(2) ポンプを含む単線管水路の水理計算の具体例

図7-15のようなポンプを含む単線管水路の具体的な水理計算を行い，ポンプに要求される理論水力 S と実際にポンプに求められる水力 S_e を求める．また，水頭表を作成して動水勾配線とエネルギー線を描く．ただし，実揚程 $H=100$〔m〕，ポンプの効率 $\eta_p=0.7$，送水流量 $Q=2.0$〔m³/s〕，管径 $d=1.0$〔m〕，$z_A=100$〔m〕，

$z_G=200$〔m〕, $\ell_{BC}=150$〔m〕, $\ell_{CD}=150$〔m〕, $\ell_{DE}=600$〔m〕, $\ell_{EF}=300$〔m〕, マニングの粗度係数 $n=0.015$, 入口損失水頭 $f_e=0.5$, バルブの損失係数 $f_v=0.5$（点Dのバルブ部分の曲がりを含んだ損失係数である), 曲がり損失係数 $f_b=0.3$, 出口損失係数 $f_o=1.0$, 水の密度 $\rho=1\,000$〔kg/m³〕とする．

まず, 摩擦損失係数 f は,

$$f = \frac{12.7gn^2}{d^{1/3}} = \frac{12.7 \times 9.8 \times 0.015^2}{1.0^{1/3}} = 0.028 \qquad (7\text{-}57)$$

また，管内の平均流速 u_m と速度水頭 $u_m^2/2g$ は,

$$u_m = \frac{Q}{(\pi/4)d^2} = \frac{2.0}{(\pi/4) \times 1.0^2} = 2.55 \text{〔m/s〕}$$

$$\frac{u_m^2}{2g} = \frac{2.55^2}{2 \times 9.8} = 0.332 \text{〔m〕} \qquad (7\text{-}58)$$

これより，ポンプに要求される全揚程 H_p（式(7-54))は,

$$\begin{aligned}
H_p &= H + h_f + h_\ell \\
&= (z_G - z_A) + \left(f_e + f_v + f_b + f_o + f\frac{\ell_{BC} + \ell_{CD} + \ell_{DE} + \ell_{EF}}{d}\right)\frac{u_m^2}{2g} \\
&= 100 + \left(0.5 + 0.5 + 0.3 + 1.0 + 0.028 \times \frac{150+150+600+300}{1.0}\right) \times 0.332 \\
&= 111.919 \text{〔m〕}
\end{aligned}$$

$$(7\text{-}59)$$

したがって，ポンプに要求される理論水力 S と実際にポンプに要められる水力 S_e は,

$$S = \rho g Q H_p = 9.8 \times 2.0 \times 111.919 = 2.19 \times 10^3 \text{〔kW〕}$$

$$S_e = \frac{S}{\eta_p} = \frac{2.19 \times 10^3}{0.7} = 3.13 \times 10^3 \text{〔kW〕} \qquad (7\text{-}60)$$

水頭表を作表すると**表7-10**に示すとおりとなる．ここで，水頭表の計算においてはポンプ地点でポンプの全揚程分 H_p のエネルギーが供給されることから $-H_p$ の損失水頭が生ずるものとして取り扱う．なお，また，同表より描かれるエネルギー線と動水勾配線を図7-15中に示す．

表 7-10　水頭表

	A	B	C$^-$	C$^+$	D$^-$	D$^+$	E$^-$	E$^+$	F	F$^+$(G)
損失水頭(式)	——	$f_e \dfrac{u_m^2}{2g}$	$f \dfrac{\ell_{BC}}{d} \dfrac{u_m^2}{2g}$	$-H_p$	$f \dfrac{\ell_{CD}}{d} \dfrac{u_m^2}{2g}$	$f_v \dfrac{u_m^2}{2g}$	$f \dfrac{\ell_{DE}}{d} \dfrac{u_m^2}{2g}$	$f_b \dfrac{u_m^2}{2g}$	$f \dfrac{\ell_{EF}}{d} \dfrac{u_m^2}{2g}$	$f_o \dfrac{u_m^2}{2g}$
損失水頭 数値〔m〕	0.000	0.166	1.394	-111.919	1.394	0.166	5.578	0.100	2.789	0.332
$H = \dfrac{p}{\rho g} + z + \dfrac{u_m^2}{2g}$ 全エネルギー水頭〔m〕	100.000	99.834	98.440	210.359	208.965	208.799	203.221	203.121	200.332	200.000 注1)
$\dfrac{u_m^2}{2g}$ 速度水頭〔m〕	0	0.332	0.332	0.332	0.332	0.332	0.332	0.332	0.332	0.000
$E_p = \dfrac{p}{\rho g} + z$ ピエゾ水頭〔m〕	100.000	99.502	98.108	210.027	208.633	208.467	202.889	202.789	200.000	200.000 注2)

注1) 厳密には200.000〔m〕，注2) 厳密には200.000〔m〕．よって，水頭誤差 $|e| = 0.000$〔m〕．

> **ポイント 7.17**　ポンプを含む管水路の水頭表作成上の注意点
>
> ポンプによって H_p のエネルギー（水頭）が与えられるが，水頭損失の観点からは，そこで $-H_p$ の水頭損失が生じると考える．また，エネルギー線および動水勾配線はポンプ地点で不連続的に大きく上昇する（図7-15参照）．
>
> 式(7-55)，式(7-56)の最右辺の計算を行うときには，水車の計算と同様に Q，H_e の単位をそれぞれ〔m³/s〕，〔m〕とする必要がある．

7.8　分岐・合流管路

(1) 分岐・合流管路の基礎原理

図7-16のように，3つの貯水池Ⅰ，Ⅱ，Ⅲが3本の管水路1，2，3によって結ばれている．このとき，貯水池ⅠからⅡ，Ⅲへ分岐して流れる場合を**分岐管路**，貯水池Ⅰ，Ⅱの水が合流してⅢへ流れる場合を**合流管路**と呼んでいる．同図では分岐管路のエネルギー線と流向を実線で，合流管路の場合については破線で示し

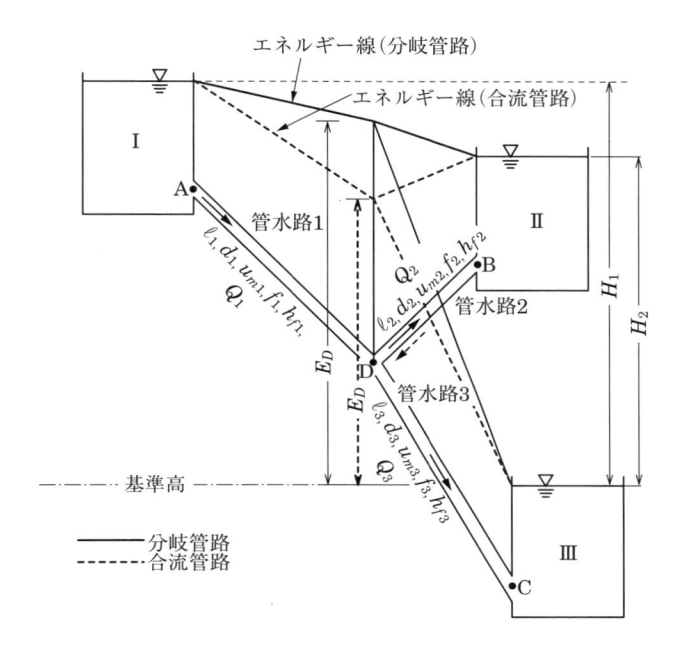

図 7-16 分岐・合流管路（摩擦損失以外のエネルギー損失は無視）

ている．ここで，貯水池ⅠとⅢの水位差を H_1，ⅡとⅢの水位差を H_2，分岐点もしくは合流点（点D）のエネルギー線の高さを E_D（基準高さは貯水池Ⅲの水面）として各管水路に流れる流量の配分について考える．ただし，管内流量を Q，管水路長を ℓ，管径を d，摩擦損失係数を f，摩擦損失水頭 h_f，管内平均流速を u_m とし，また，それぞれの管路の諸量に添字1，2，3を付して表す．なお，摩擦損失以外のエネルギー損失はすべて無視できるものとする．

まず，分岐管路について考える．貯水池Ⅲの水面を基準高として点A−D，点B−D，点D−C間で管路の形状損失を無視して（摩擦損失のみを考える）ベルヌーイの式を立てると次式を得る．

$$H_1 = E_D + h_{f1} = E_D + f_1 \frac{\ell_1}{d_1} \frac{u_{m1}^2}{2g} \quad : \text{点A−D間} \tag{7-61a}$$

$$E_D = H_2 + h_{f2} = H_2 + f_2 \frac{\ell_2}{d_2} \frac{u_{m2}^2}{2g} \quad : \text{点B−D間} \tag{7-61b}$$

$$E_D = h_{f3} = f_3 \frac{\ell_3}{d_3} \frac{u_{m3}^2}{2g} \qquad :点 D-C 間 \qquad (7\text{-}61c)$$

式 (7-61a), 式 (7-61b) に式 (7-61c) を代入すると H_1, H_2 は,

式 (7-61a) → $\quad H_1 = f_3 \dfrac{\ell_3}{d_3} \dfrac{u_{m3}^2}{2g} + f_1 \dfrac{\ell_1}{d_1} \dfrac{u_{m1}^2}{2g} \qquad (7\text{-}62a)$

式 (7-61b) → $\quad H_2 = E_D - f_2 \dfrac{\ell_2}{d_2} \dfrac{u_{m2}^2}{2g} = f_3 \dfrac{\ell_3}{d_3} \dfrac{u_{m3}^2}{2g} - f_2 \dfrac{\ell_2}{d_2} \dfrac{u_{m2}^2}{2g} \qquad (7\text{-}62b)$

各管の流量 Q_1, Q_2, Q_3 より u_{m1}, u_{m2}, u_{m3} は,

$$u_{m1} = \frac{4Q_1}{\pi d_1^2}, \quad u_{m2} = \frac{4Q_2}{\pi d_2^2}, \quad u_{m3} = \frac{4Q_3}{\pi d_3^2} \qquad (7\text{-}63)$$

式 (7-63) を式 (7-62) に代入すると, H_1, H_2 はそれぞれ,

$$H_1 = \frac{8}{\pi^2 g} \frac{f_3 \ell_3}{d_3^5} Q_3^2 + \frac{8}{\pi^2 g} \frac{f_1 \ell_1}{d_1^5} Q_1^2 = k_3 Q_3^2 + k_1 Q_1^2 \qquad (7\text{-}64)$$

$$H_2 = \frac{8}{\pi^2 g} \frac{f_3 \ell_3}{d_3^5} Q_3^2 - \frac{8}{\pi^2 g} \frac{f_2 \ell_2}{d_2^5} Q_2^2 = k_3 Q_3^2 - k_2 Q_2^2 \qquad (7\text{-}65)$$

ここに, k_1, k_2, k_3 はそれぞれ次式で与えられる定数である.

$$k_1 = \frac{8}{\pi^2 g} \frac{f_1 \ell_1}{d_1^5}, \quad k_2 = \frac{8}{\pi^2 g} \frac{f_2 \ell_2}{d_2^5}, \quad k_3 = \frac{8}{\pi^2 g} \frac{f_3 \ell_3}{d_3^5} \qquad (7\text{-}66)$$

また, 流量の連続の条件は,

$$Q_1 = Q_2 + Q_3 \qquad (7\text{-}67)$$

以上では分岐管路の場合を念頭に置いたが, 合流管路の場合もあわせて取り扱うと, 分岐・合流管路の基礎式として次式を得る.

$$H_1 = k_1 Q_1^2 + k_3 Q_3^2 \qquad (7\text{-}68a)$$

$$H_2 = \pm k_2 Q_2^2 + k_3 Q_3^2 \qquad (7\text{-}68b)$$

$$Q_3 = Q_1 \pm Q_2 \qquad (7\text{-}68c)$$

ここで, $-$ は分岐管路を, $+$ は合流管路を表している. また, 式 (7-68) の 3 式より各管の流量 Q_1, Q_2, Q_3 を求めることができるが, 以下に具体的な計算例を示す. なお, 分岐・合流管路の判定条件は, 分岐管路で $Q_1/Q_3 > 1$, 合流管路で $Q_1/Q_3 < 1$ である.

(2) 分岐・合流管路の水理計算の具体例

図7-16に示す管路で、マニングの粗度係数nが$n_1=n_2=n_3=0.015$，管径dが$d_1=d_2=d_3=0.5$〔m〕，また，$H_1=20$〔m〕，$H_2=5$〔m〕，$\ell_1=500$〔m〕，$\ell_2=150$〔m〕，$\ell_3=500$〔m〕とするときの各管の流量と流向を求める．

まず，摩擦損失係数f_1，f_2，f_3は$n=0.015$より，

$$f_1 = \frac{12.7gn_1^2}{d_1^{1/3}} = \frac{12.7 \times 9.8 \times 0.015^2}{0.5^{1/3}} = 0.035 = f_2 = f_3 \tag{7-69}$$

また，k_1，k_2，k_3の値はそれぞれ，

$$k_1 = \frac{8}{\pi^2 g}\frac{f_1 \ell_1}{d_1^5} = \frac{8}{\pi^2 \times 9.8} \times \frac{0.035 \times 500}{0.5^5} = 46.32 = k_3$$

$$k_2 = \frac{8}{\pi^2 g}\frac{f_2 \ell_2}{d_2^5} = \frac{8}{\pi^2 \times 9.8} \times \frac{0.035 \times 150}{0.5^5} = 13.90 \tag{7-70}$$

これらの数値を式(7-68)に代入すると，

$$H_1 = k_1 Q_1^2 + k_3 Q_3^2 \rightarrow 20 = 46.32 Q_1^2 + 46.32 Q_3^2 \tag{7-71a}$$

$$H_2 = \pm k_2 Q_2^2 + k_3 Q_3^2 \rightarrow 5 = \pm 13.90 Q_2^2 + 46.32 Q_3^2 \tag{7-71b}$$

$$Q_3 = Q_1 \pm Q_2 \rightarrow \pm Q_2 = Q_3 - Q_1 \tag{7-71c}$$

式(7-71b)を4倍して式(7-71a)より引くと，

$$-46.32 Q_1^2 \pm 55.60 Q_2^2 + 138.96 = 0 \tag{7-72}$$

式(7-72)に連続の条件式(式(7-71c))を代入し，55.60で割ると，

$$-0.83 Q_1^2 \pm (Q_3 - Q_1)^2 + 2.50 Q_3^2 = 0 \tag{7-73}$$

ここで分岐・合流のいずれの管路系となっているかを判定する．まず，合流管路であると仮定する．合流管路の場合は式(7-73)の符号は+であるから，

$$-0.83 Q_1^2 + (Q_3 - Q_1)^2 + 2.50 Q_3^2 = 0 \tag{7-74}$$

同式をQ_3^2で割ると，Q_1/Q_3に関する次の二次方程式を得る．

$$0.17\left(\frac{Q_1}{Q_3}\right)^2 - 2\left(\frac{Q_1}{Q_3}\right) + 3.50 = 0 \tag{7-75}$$

式(7-75)の解は，

$$\left(\frac{Q_1}{Q_3}\right) = 9.626, \quad 2.139 \tag{7-76}$$

この解は合流管路の条件($Q_1/Q_3<1$)を満足していないので，設問の管路は分

岐管路であることがわかる．これより，本例題では分岐管路と仮定しての再計算が必要である．分岐管路では式(7-73)中の符号は－であるから，

$$-0.83Q_1^2 - (Q_3 - Q_1)^2 + 2.50Q_3^2 = 0 \tag{7-77}$$

同式より，次の Q_1/Q_3 に関する二次方程式が得られる．

$$1.83\left(\frac{Q_1}{Q_3}\right)^2 - 2\left(\frac{Q_1}{Q_3}\right) - 1.50 = 0 \tag{7-78}$$

その解は，

$$\left(\frac{Q_1}{Q_3}\right) = 1.604, \quad -0.511 \tag{7-79}$$

このうち，分岐管路の条件 ($Q_1/Q_3 > 1$) を満足する解は $Q_1/Q_3 = 1.604$ である．($Q_1/Q_3 = -0.511$ は物理的に意味のない解である)．これを分岐管路の連続の条件 $Q_1 = Q_2 + Q_3$ (式(7-71c)) に代入すれば，Q_2/Q_3 の値は，

$$\left(\frac{Q_2}{Q_3}\right) = 0.604 \tag{7-80}$$

結局，$Q_1/Q_3 = 1.604$，$Q_2/Q_3 = 0.604$ と式(7-71a)，式(7-71b)より，各管の流量が次式のように求められる．

$$
\begin{array}{lll}
\text{流量〔m}^3\text{/s〕} & \text{向き} & \\
Q_1 = 0.558 & A \to D & \\
Q_2 = 0.210 & D \to B & \\
Q_3 = 0.348 & D \to C &
\end{array} \tag{7-81}
$$

> **ポイント 7.18　分岐・合流管路の判定**
>
> 図7-16において $E_D > H_2$ で分岐管路，$E_D < H_2$ で合流管路である．また，$Q_1/Q_3 > 1$ で分岐管路，$Q_1/Q_3 < 1$ で合流管路と判定する．

7.9 管路網

(1) 管路網計算の基礎原理(ハーディ・クロス法)

上水道や下水道は網状に管路が設置されている．この網状管路中での水の配分や流れる方向を調べる計算を**管路網計算**と呼んでいる．ここでは，さまざまな管路網計算の手法のなかで比較的簡単な**ハーディ・クロス法**の概略について説明する．

図7-17に示すような管径 d の最も簡単な管路網において，水がA点から流入し，点B, C, Dより流出する場合を考える．ここで，点A, B, C, Dの全エネルギー水頭を H_A, H_B, H_C, H_D, それぞれの地点の流入・流出流量を Q_A, Q_B, Q_C, Q_D と表す．また，管路長を ℓ，流量を Q，摩擦損失係数を h_f とする．なお，以下の取扱いでは水が時計回りに流れるときの流量および損失水頭の符号を正とする．ただし，摩擦損失水頭以外の損失水頭（形状損失水頭）は生じないものとする．

ここで，点Aより時計回りに考えると H_C は，

$$H_C = H_A - h_{fAB} - h_{fBC} \tag{7-82}$$

同様に，点Aより反時計回りに考えると H_C は，

$$H_C = H_A + h_{fCD} + h_{fDA} \tag{7-83}$$

式(7-82)と(7-83)を等値すれば，

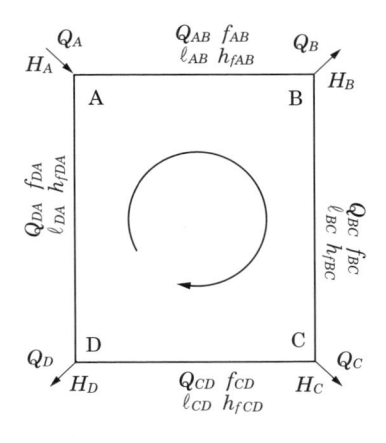

図7-17 管路網

$$h_{fAB} + h_{fBC} + h_{fCD} + h_{fDA} = 0 \tag{7-84}$$

つまり，管網の1つの回路において次式が成立する．

$$\sum h_{fi} = 0 \tag{7-85}$$

ここで，各区間の摩擦損失 h_{fi} は $k_i = \{8/(\pi^2 g)\} f_i \ell_i / d_i^5$ と置くと（式(7-66)参照），

$$h_{fi} = k_i Q_i^2 \tag{7-86}$$

管路網の計算では，まず，管路の各区間の流量を仮定して式(7-86)より摩擦損失水頭の計算を実施する．その結果，式(7-85)が成立するとき，仮定された流量が正しいと判定される．一方，$\sum h_{fi} \neq 0$ となる場合は，各管の流量を補正して再度計算を実施する（補正計算）．なお，次項に管路網計算の具体例を示す．

> **ポイント 7.19　管路網計算の留意点**
>
> 管路網計算では，時計回りに流れるときの流量と摩擦損失係数を正，反時計回りのそれを負と定める．なお，図7-17の節点で流出・流入がある場合でも全エネルギー水頭は保全される．例えば，点Bにおいて流出があれば，B−C間の速度水頭 $u_m^2/2g$ は低下するが，その分圧力水頭 $p/\rho g$ が上昇する．

(2) 管路網の水理計算の具体例（ハーディ・クロス法）

図7-17のような管径 $d=0.5$ 〔m〕の管網において点Aから $Q_A=1$ 〔m^3/s〕の水が流入し，点B，C，Dからそれぞれ $Q_B=0.2$ 〔m^3/s〕，$Q_C=0.5$ 〔m^3/s〕，$Q_D=0.3$ 〔m^3/s〕の水が流出する場合を考える．このときの各管を流れる水の流量と流向を求める．ただし，$n=0.015$，$\ell_{AB}=300$ 〔m〕，$\ell_{BC}=400$ 〔m〕，$\ell_{CD}=300$ 〔m〕，$\ell_{DA}=400$ 〔m〕とする．なお，水頭損失は摩擦損失のみによってもたらされると考える．

まず，f の値は，各管の直径が等しいので，

$$f_{AB} = f_{BC} = f_{CD} = f_{DA} = \frac{12.7 g n^2}{d^{1/3}} = \frac{12.7 \times 9.8 \times 0.015^2}{0.5^{1/3}} = 0.035 \tag{7-87}$$

また，k_i の値は，

$$\begin{aligned} k_{AB} &= \frac{8}{\pi^2 g} \frac{f_{AB} \ell_{AB}}{d_{AB}^5} = \frac{8 \times 0.035 \times 300}{3.14^2 \times 9.8 \times 0.5^5} = 27.82 = k_{CD} \\ k_{BC} &= \frac{8}{\pi^2 g} \frac{f_{BC} \ell_{BC}}{d_{BC}^5} = \frac{8 \times 0.035 \times 400}{3.14^2 \times 9.8 \times 0.5^5} = 37.09 = k_{DA} \end{aligned} \tag{7-88}$$

ここで，各管の流量・流向を図7-18(a)のように仮定する．表7-11(a)はこれに対する計算結果を示している．同表に仮定された条件では $\sum h_{fi} = 9.737 \neq 0$ となり，補正計算が必要であることがわかる．仮定した流量を補正するための流量 ΔQ（補正流量という）は次式で与える（他書参照）．

$$\Delta Q = -\frac{\sum k_i Q_i^2}{\sum |2k_i Q_i|} = -\frac{9.737}{2 \times 49.15} = -0.099 \, [\text{m}^3/\text{s}] \quad (7\text{-}89)$$

つまり，最初に仮定した各区間の流量 Q_i に補正流量 $\Delta Q = -0.099 \, [\text{m}^3/\text{s}]$ を加えた流量を使用して，第一次補正計算を実施する．補正計算の結果を表7-11bに示す．同表に示す計算結果より，$\sum h_{fi} = 0.006 \fallingdotseq 0$ である．よって，本例題では第一次補正計算で十分であることがわかり，これを図7-18(b)に図示する．

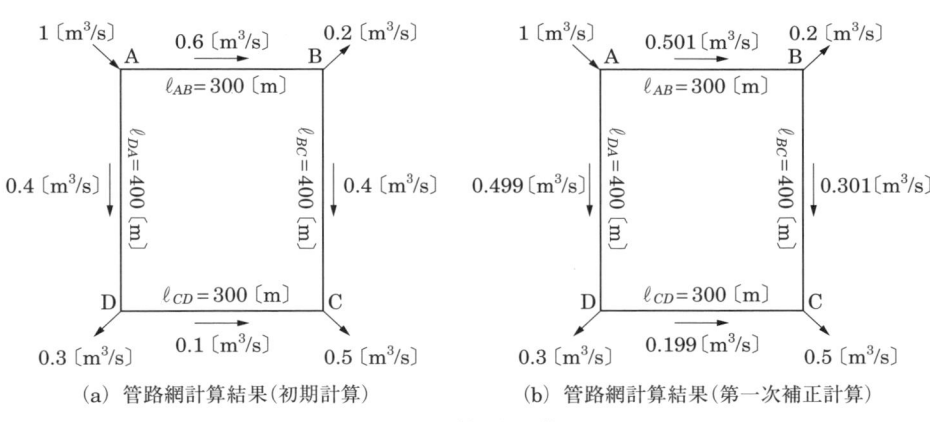

(a) 管路網計算結果(初期計算)　　　(b) 管路網計算結果(第一次補正計算)

図 7-18　管路網計算

表 7-11　管路網計算

(a) 各管の流量・流行向の計算値

管路	k_i	仮定流量Q_i [m³/s]	$|k_i Q_i|$	$h_{fi} = k_i Q_i^2$
A−B	27.82	0.6	16.69	10.015
B−C	37.09	0.4	14.84	5.934
C−D	27.82	−0.1	2.78	−0.278
D−A	37.09	−0.4	14.84	−5.934
Σ	—	—	49.15	9.737

(b) 第一次補正計算結果

管路	k_i	仮定流量Q_i [m³/s]	$|k_i Q_i|$	$h_{fi} = k_i Q_i^2$
A−B	27.82	0.501	13.94	6.983
B−C	37.09	0.301	11.16	3.360
C−D	27.82	−0.199	5.54	−1.102
D−A	37.09	−0.499	18.51	−9.235
Σ	—	—	49.15	0.006

なお，第一次補正計算によって $\sum h_{fi} \fallingdotseq 0$ とならない場合は再度 ΔQ を計算し，第二次補正計算を実施することとなる．

本例題では単一の回路をもつ管路網を取り上げたが，実際の管路網は多くの回路の組合せよりなる複雑なケースが多い．そのような場合でも，同様な取扱いを拡張して各管の流量・流向を決定できる．

第7章　演習問題

❶ 直径 d の円管内を平均流速 u_m で水が流れている．ただし，管路長 $\ell=100$ 〔m〕，水の動粘性係数 $\nu=0.01$ 〔cm²/s〕とする．このとき，以下の条件で摩擦損失水頭 h_f を求めよ．① $d=1$ 〔cm〕，$u_m=5.0$ 〔cm/s〕の場合，② $d=0.5$ 〔m〕，$u_m=4.0$ 〔m/s〕で(a)滑面，および(b)相当粗度 $k_s=0.5$ 〔mm〕の粗面．

❷ 図の円管水路の点A，点Bの形状損失水頭 $h_{\ell A}$ と $h_{\ell B}$ を求めよ．

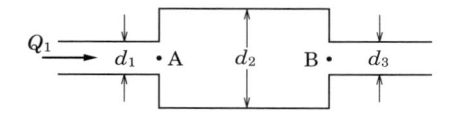

$Q_1=0.1$ 〔m³/s〕，$d_1=0.1$ 〔m〕，$d_2=0.5$ 〔m〕，$d_3=0.1$ 〔m〕

❸ 図のような水深一定の十分大きな貯水槽に接続した管径20〔cm〕，総落差 $H=12$ 〔m〕の管水路を考える．この管水路の点C, Dの屈折後の圧力水頭 $p_{C+}/\rho g$，$p_{D+}/\rho g$ を求めよ．また，エネルギー線と動水勾配線を描け．ただし，$f=0.02$，$f_e=0.5$，$f_b=0.1$，水の密度 $\rho=1000$ 〔kg/m³〕とする．

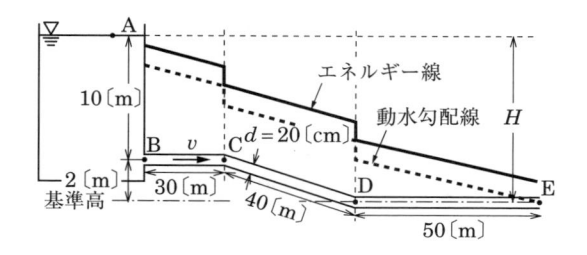

❹ 図のようなサイフォンが機能する z_C の最大値を求めよ．ただし，z_C の変化による管水路の長さの変化は無視し，また，$p_{cr}/\rho g = -8$ 〔m〕とする．なお，マニングの粗度係数 $n=0.02$, $f_e=0.6$, $f_b=0.1$, $f_o=1.0$, 水の密度 $\rho=1000$ 〔kg/m³〕とする．

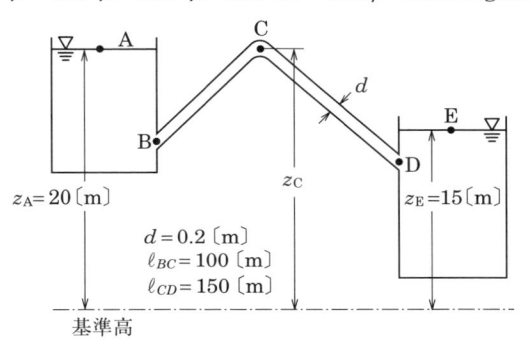

$z_A = 20$ 〔m〕
$z_E = 15$ 〔m〕
$d = 0.2$ 〔m〕
$\ell_{BC} = 100$ 〔m〕
$\ell_{CD} = 150$ 〔m〕

基準高

❺ 総落差 $H=100$ 〔m〕の2つの貯水池を結ぶ管水路の途中に水車を設置して発電するとき，水車の理論出力 P を求めよ．ただし，送水流量 $Q=20$ 〔m³/s〕，管径 $d=2.0$ 〔m〕，マニングの粗度係数 $n=0.015$, $f_e=0.6$, $f_b=0.2$, $f_o=1.0$, 水の密度 $\rho=1000$ 〔kg/m³〕とする．

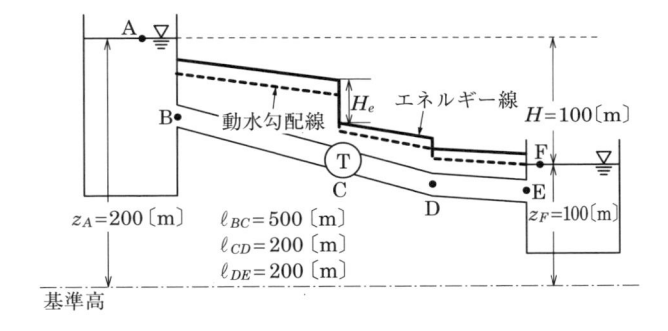

エネルギー線
動水勾配線
H_e
$H = 100$ 〔m〕
$z_A = 200$ 〔m〕
$z_F = 100$ 〔m〕
$\ell_{BC} = 500$ 〔m〕
$\ell_{CD} = 200$ 〔m〕
$\ell_{DE} = 200$ 〔m〕

基準高

❻ 下の貯水池の水を管水路に設置したポンプを使用して，管径 $d=0.5$ [m] の管水路により，送水流量 $Q=0.3$ [m³/s] で上の貯水池に揚水する．このとき，ポンプに要求される理論水力 S を求めよ．ただし，$f=0.03$，$f_e=0.5$，$f_b=0.15$，$f_v=0.06$（バルブ点 F），$f_o=1.0$，水の密度 $\rho=1000$ [kg/m³] とする．

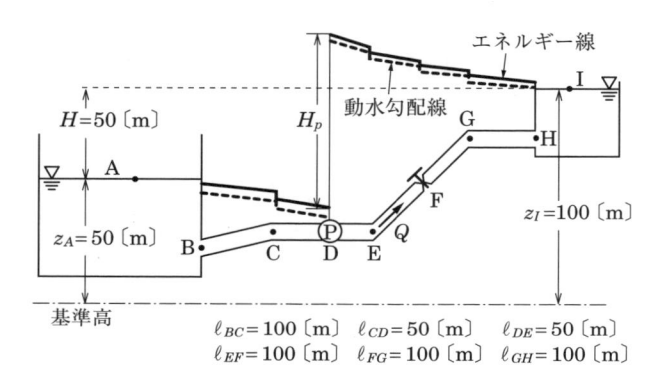

$\ell_{BC}=100$ [m]　$\ell_{CD}=50$ [m]　$\ell_{DE}=50$ [m]
$\ell_{EF}=100$ [m]　$\ell_{FG}=100$ [m]　$\ell_{GH}=100$ [m]

第8章 開水路の流れ

開水路の流れの特徴は水表面が大気に接している点にあり，自然河川や用水路など広く見られる．本章では開水路流れの基礎的概念と特性について述べる．また，水面形状を支配する基礎方程式を導き，開水路流れに表れるさまざまな水面形について論ずる．

8.1 開水路の流れの分類

開水路の流れは次のような特性を持っている．
① 水面が大気と接している．
② 水面の高さ（水位）が流量や水路の断面形状などにより上下する．
③ 流れの方向は重力が定め，水は高いほうから低いほうへ流れる．

開水路流れの水面は条件に応じて自由に上昇・下降できるので**自由表面**と呼ばれる．ただし，管路の流れの場合でも水位が下がって管上部が空気で満たされる場合は**開水路流れ**である．

開水路流れのなかで，水路中の水深と流速が時間的に変化しない流れを**定常流**（**図8-1**(a)，**定流**ともいう），時間的に変化する流れを**非定常流**（図8-1(b)）と呼んでいる．例えば，自然河川の平水時のように一定の流量で流れている場合は定常流，洪水時のように時間的に流量が変化する場合は非定常流となる．定常流のうち，水路内で場所的に水深，流速が変化しない流れを**等流**（図8-1(c)），変化する流れを**不等流**（図8-1(d)）という（図8-1参照）．一方，洪水の流れは時間的のみならず場所的にも流速と水深が変化するが，このような流れは非定常流のなかで特に**不定流**と呼ばれている．

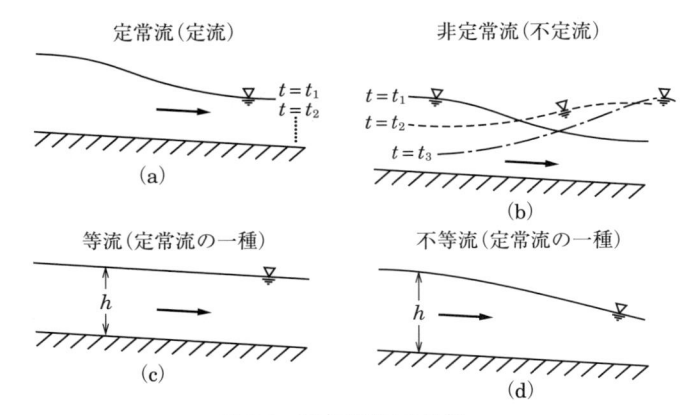

図 8-1 開水路流れの分類

　実際の河川流は場所的に水深と流速が変化するので長い区間にわたって等流となることはまれであるが，川幅や河床勾配が一定の比較的短い区間に限定すれば等流として扱うことが可能なケースも多い．なお，**図 8-2** のように水路途中で河床勾配が変化する地点の近傍では水深も変化する不等流が表れる．

　以上の開水路流れの分類を**表 8-1** にまとめて示す．

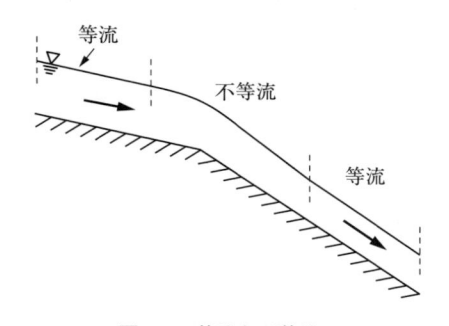

図 8-2　等流と不等流

表 8-1　開水路流れの分類

時間的変化		場所的変化	
なし	定常流	なし	等　流
		あり	不等流
あり	非定時流	あり	不定流

第8章　開水路の流れ

8.2 開水路流れの基礎(矩形断面,エネルギー損失なし)

現実の開水路流れでは水路底面に剪断力が働き,エネルギー損失が生ずる.しかし,ここでは,いったん,流れに伴うエネルギー損失を無視して開水路流れを取り扱う.

(1) 開水路流れの基礎方程式

図 8-3 のように矩形断面の開水路を水が流れている場合を考える.ここで,水路底面の基準高からの高さを z_0 とすると,底面からの高さ z_e ($z=z_0+z_e$) を通る流管に沿って立てられる**ベルヌーイの式**は h を水深として,

$$\frac{p}{\rho g} + z + \frac{v^2}{2g} = \frac{p}{\rho g} + (z_0 + z_e) + \frac{v^2}{2g} = H \quad (\text{全エネルギー水頭} = \text{一定})$$
(8-1)

考える流管上の水圧は $p/\rho g = h - z_e$ であるから,式 (8-1) は,

$$H = (h - z_e) + (z_0 + z_e) + \frac{v^2}{2g} = h + z_0 + \frac{v^2}{2g}$$
(8-2)

式 (8-2) より H の表現式には z_e が含まれないことがわかる.これは流れのなかのどの水深においても流れのもつ全エネルギー水頭 H は一定であることを示している.ここで次式の**比エネルギー E** を導入する.

$$E = H - z_0 = \frac{v^2}{2g} + h$$
(8-3)

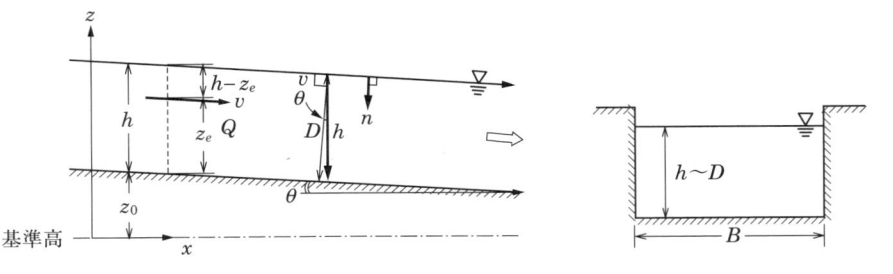

図 8-3 開水路の等流流れ

つまり，比エネルギーEとは水路床を基準にとったエネルギー水頭である．水路幅Bの**矩形断面水路**を考えると，流量$Q=vBh$であるから式(8-3)は，

$$E = \frac{Q^2}{2gB^2h^2} + h \quad (\text{矩形断面水路}) \tag{8-4}$$

ポイント 8.1　基礎方程式取扱いの留意点

水路の底面勾配iは$i=-dz_0/dx$と定義される．ただし，$-$の符号はiを$i=1/1000$のように正の値で表すために付している．なお，本文の取扱いは，iが小さい場合（$i \leq 1/20$）に成立する．iが大きい場合（$i>1/20$）は高さDが水深hと一致せず（$D=h\cos\theta$, θは底面とx軸のなす角度），また，$p/\rho g = n\cos\theta$となる（図8-3参照）ので，本文とは異なる結果を得る．一般の河川では山間部の急流部分を除いては$i \leq 1/20$の条件を満足しているので本文の取扱いでよい．

(2) 水深と比エネルギーの関係（流量一定の場合）

式(8-4)を流量$Q=$一定の条件で作図して**図8-4**に示す．同図は水深hと比エネルギーEの関係を表す曲線であり**比エネルギー曲線**と呼ばれている．

同図において$Q=Q_1$（=一定）の比エネルギー曲線より，$E=E_0=$一定に対して2つの水深h_1, h_2が対応することがわかる．また，$Q=$一定に対してEの最小値

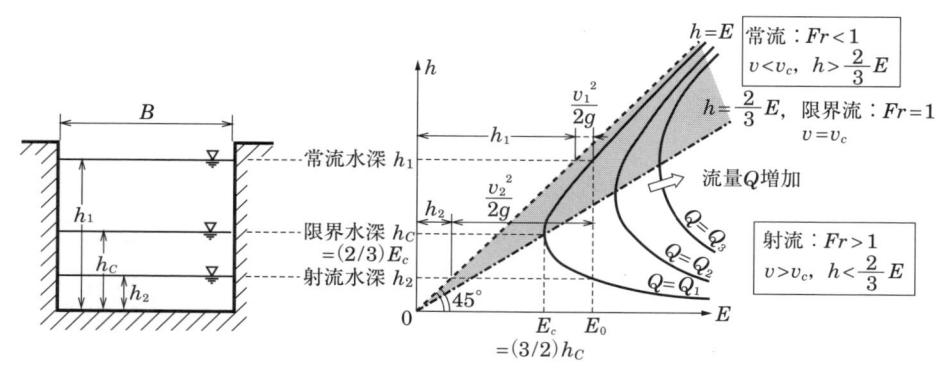

図8-4　水深と比エネルギーの関係（比エネルギー曲線）

E_c を与える h の値 h_C は，$dE/dh=0$ の条件より次式となる（Fr については後述）．

$$\frac{dE}{dh} = -\frac{Q^2}{gB^2h^3} + 1 = -Fr^2 + 1 = 0 \quad \Rightarrow \quad h_C = \sqrt[3]{\frac{Q^2}{gB^2}} \quad (Q=一定)$$

(8-5)

ここで，h_C は**限界水深**と呼ばれ，水路勾配 i とは無関係であり，流量 Q で定まることがわかる．また，水深 h_C をとる流れを**限界流**と呼び，そのときの速度水頭は式(8-5)を変形して $v^2/2g = Q^2/(2gB^2h^2) = h_C/2$ となる．この関係を式(8-4)に代入すると，限界流の水深 h_C とそれに対応する比エネルギー E_c の関係は，

$$E_c = \frac{3}{2}h_C \quad もしくは \quad h_C = \frac{2}{3}E_c$$

(8-6)

つまり，E_c は与えられる流量 Q を流すために必要な最小の比エネルギーを与え，そのときの水深が限界水深 h_C である．これは，$E<E_c$ では与えられる流量 Q の水を流すことはできないことを意味している．また，図8-4より，E が大きくなると，大きい方の水深 h_1 の値は $h=E$ に，小さいほうの水深 h_2 の値は $h=0$ に漸近することがわかる．さらに，与えられる流量 Q が大きくなると $h_C \to$ 大となることがわかる．

ここで，**フルード数** $Fr = v/\sqrt{gh} = Q/\sqrt{gB^2h^3}$ の定義を思い出そう（ポイント5.5参照）．Fr は開水路流れを扱ううえで重要な指標であり，$Fr<1$ の流れは**常流**，$Fr=1$ の流れは**限界流**，$Fr>1$ の流れは**射流**と呼ばれることは既述した．また，式(8-5)より $h=h_C$（限界水深）では $Fr=1$ の限界流となること，それに対応する流速 v_c（**限界流速**と呼ばれる）は $v_c = \sqrt{gh_C}$ となることがわかる．なお，フルード数 Fr の定義より，$h=h_1>h_C=(2/3)E_c$ の流れは常流（$Fr<1$）であることから，h_1 を常流水深，$h=h_2<h_C$ の流れは射流（$Fr>1$）であることから，h_2 を**射流水深**と呼んでいる．なお，常流では $v<v_c$ であり，射流では $v>v_c$ である（ポイント8.2参照）．よって，図8-4の右図の $h=(2/3)E$ の直線上の流れは限界流（$Fr=1$，$h=h_C$，$v=v_c=\sqrt{gh_C}$），$h>(2/3)E$ の領域の流れは常流（$Fr<1$，$h=h_1>h_C$，$v<\sqrt{gh}$），$h<(2/3)E$ の領域の流れは射流（$Fr>1$，$h=h_2<h_C$，$v>\sqrt{gh}$）を表している．

ポイント 8.2　フルード数 F_r の物理的意味

フルード数 Fr は流れの流速 v と長波の波速 $C=\sqrt{gh}$（ポイント5.8参照）との比（$Fr=v/C$）である（ポイント5.5および5.8参照）．よって，常流（$Fr<1$），射流（$Fr>1$）を判定には水面に長波を起こしてみるとよい．波がその発生地点の下流のみならず上流側にも進行する場合の流れは常流であり，下流側にのみ進行する場合の流れは射流である．

（常流：波の発生地点から上流・下流両方向へ波が進行する図／射流：波の発生地点から下流方向のみへ波が進行する図）

ポイント 8.3　E の h に関する増減表

式(8-4)，式(8-5)より作成した E–h の増減表を下表に示す．

h	$+0$		$h_C=\sqrt[3]{Q^2/gB^2}$		∞
E	$Q^2/(2gB^2h^2)$	↘	極小	↗	h
$\dfrac{dE}{dh}$	$-$		0		$+$
Fr	$Fr>1$		1		$Fr<1$
流速	$v>v_c$		$v=v_c=\sqrt{gh_C}$		$v<v_c$
流況	射流		限界流		常流

(3) 水深と流量の関係（比エネルギー E：一定）

式(8-4)を書き直して，

$$Q^2 = 2gB^2h^2(E-h) = Z \quad (E=\text{一定}) \tag{8-7}$$

同式で比エネルギー E を一定としたうえで $Z=Q^2$ と置くと dQ/dh は，

$$\frac{dQ}{dh} = \frac{dZ^{1/2}}{dZ} \cdot \frac{dZ}{dh} = \frac{(2E-3h)gB}{\sqrt{2g(E-h)}} \tag{8-8}$$

式(8-8)より $h<2E/3$ で $dQ/dh>0$，$h>2E/3$ で $dQ/dh<0$，$h=2E/3$ で $dQ/dh=0$ となるので，最大流量 $Q=Q_{\max}$ を与える水深は $h=2E/3$ であることがわかる．この水深は前項で得られた，流量 Q を流しうる最小の比エネルギーを与

える水深 $h = h_C = 2E_c/3 = \sqrt[3]{Q^2/(gB^2)}$（限界水深，式(8-5)，式(8-6)参照）と一致する結果である．この結果よりも限界水深 h_C は与えられた比エネルギー E に対して，最大流量 Q_{max} を与える水深であることがわかる．なお，限界水深 h_C における流速は限界流速 $v_c = \sqrt{gh_C}$（そのときの流量を**限界流量 Q_c** という）であるから，Q_{max} は，

$$Q_{max} = v_c h_C B = \sqrt{gh_C}\, h_C B = \sqrt{gB^2 h_C^3} = \frac{2}{3}\sqrt{\frac{2}{3}g}\, BE_c^{3/2} \qquad (8\text{-}9)$$

要するに，比エネルギー E が一定の場合には，水深が限界水深 h_C となるときに最大流量 $Q_{max} = (2/3)\sqrt{(2/3)g}\,BE^{3/2}$ が流せることがわかる．

ポイント 8.4　水深 h と流量 Q の関係図

式(8-7)の h と Q の関係を $E = E_0 =$ 一定として図示する．同図のように最大流量 Q_{max} を与える水深は $h = (2/3)E_0 = h_C$ である．また，同図より $E = E_0$ で流量 Q_0 を流すための水深は常流水深 h_1 と射流水深 h_2 の2つの水深があることがわかる．

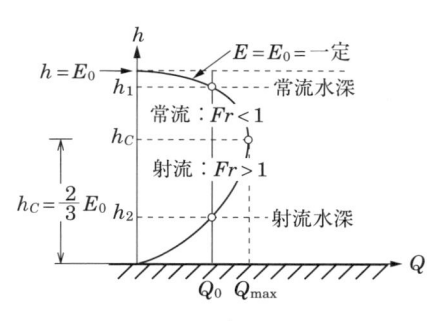

(4) 限界流の出現を利用した流量測定法

図8-5のようにダムの天端を越流する流れを考える．この場合には，流速が遅く流れの状態が常流である上流の流れから，流速が速い射流である下流流れに遷移する．この常流から射流への遷移はダムの天端地点で生じ，そこには**限界流**が表れる．ここで，ダムの天端の高さを H_d，貯水池内の流速が無視しうる十分上流の水表面の点Aの水深を H_0 とする．このとき，点Aとダムの天端上の水表面

8.2 開水路流れの基礎（矩形断面，エネルギー損失なし）

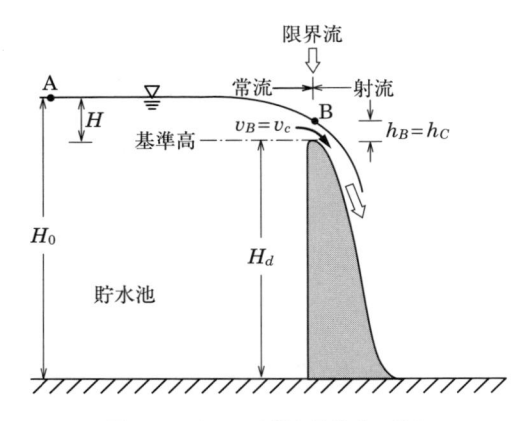

図 8-5 ダムの天端を越流する流れ

の点B間で立てられるベルヌーイの式はダム天端を基準高として，

$$\frac{v_A^2}{2g} + \frac{p_A}{\rho g} + z_A = \frac{v_B^2}{2g} + \frac{p_B}{\rho g} + z_B \tag{8-10}$$
$$\sim 0 \quad \sim 0 \quad \sim H \qquad \sim 0 \quad \sim h_B$$

ここで，$v_A \sim 0$，$p_A = p_B = 0$（大気に接する），$z_A = H = H_0 - H_d$，$z_B = h_B$ として，

$$H = \frac{v_B^2}{2g} + h_B = E_B \tag{8-11}$$
点A　　　点B

同式より，点Aの全エネルギー水頭は点Bの比エネルギー E_B に等しいことがわかる（式(8-3)参照）．

ここで，点Bの流れは限界流より，$h_B = h_C$（限界水深）であるから（式(8-6)参照），h_B は式(8-11)を考慮して，

$$h_B = h_C = \frac{2}{3} E_B = \frac{2}{3} H \tag{8-12}$$

また，B点の流速は $v_B = v_c$（限界流速 $= \sqrt{gh_C}$）であるから式(8.12)より，

$$v_B = v_c = \sqrt{gh_C} = \sqrt{\frac{2}{3} gE_B} = \sqrt{\frac{2}{3} gH} \tag{8-13}$$

よって，ダムからの越流量 Q はダムの幅を B とすると，

$$Q = v_B h_B B = v_c h_C B$$

$$= \sqrt{\frac{2}{3}gH}\,\frac{2}{3}HB = \frac{2}{3}\sqrt{\frac{2}{3}g}\,BH^{3/2} \tag{8-14}$$

なお，式(8-14)の結果は式(8-9)より直接導くこともできる．このようにダムの天端や越流堰の越流部等のように限界流が表れる問題では，**限界流量Q_c**を求める問題として**流量**を**比エネルギーの値**を使用して簡単に求めることができる．

ポイント 8.5　諸パラメータの整理

矩形断面水路に表れる諸パラメータを整理して示す．ただし，単位幅流量qは水路幅B，流量Qとして$q = Q/B$である．

比エネルギーE : $E = \dfrac{v^2}{2g} + h = \dfrac{Q^2}{2gB^2h^2} + h = \dfrac{q^2}{2gh^2} + h$

限界水深h_C : $h_C = \sqrt[3]{\dfrac{Q^2}{gB^2}} = \sqrt[3]{\dfrac{q^2}{g}} = \dfrac{2}{3}E$

限界流速v_c : $v_c = \sqrt{gh_c} = \sqrt{\dfrac{2}{3}gE}$

限界流量Q_c : $Q_c = v_c h_C B = \sqrt{gh_c}\,h_C B = \sqrt{g}\,h_C^{3/2} B = \dfrac{2}{3}\sqrt{\dfrac{2}{3}g}\,BE^{3/2}$

8.3　水面形の方程式（矩形断面水路・エネルギー損失なし）

短形断面のエネルギー損失を無視したベルヌーイの式(式(8-2))を再記すると，

$$H = h + z_0 + \frac{v^2}{2g} = h + z_0 + \frac{Q^2}{2gB^2h^2} = \text{一定} \tag{8-15}$$

式(8-15)を$Q=$一定の条件で流下方向（x方向，図8-3参照）に微分すると，

$$\frac{dH}{dx} = \frac{dh}{dx} + \frac{dz_0}{dx} + \frac{1}{2g}\frac{d}{dx}\left(\frac{Q}{Bh}\right)^2 = 0 \tag{8-16}$$

第3項は$Q, B = $一定より$-Q^2/(gB^2h^3)\cdot dh/dx$であるから$dh/dx$は，

$$\frac{dh}{dx} = \frac{\dfrac{dH}{dx} - \dfrac{dz_0}{dx}}{1 - \dfrac{Q^2}{gB^2 h^3}} \tag{8-17}$$

ここで，$dH/dx = 0$（$H =$ 一定より），底面勾配 $i = -dz_0/dx$，式(8-5)より $h_C = \sqrt[3]{Q^2/(gB^2)}$，フルード数 $Fr = v/\sqrt{gh} = Q/\sqrt{gB^2 h^3}$ と置くと dh/dx は，

$$\frac{dh}{dx} = \frac{i}{1 - \dfrac{Q^2}{gB^2 h^3}} = \frac{i}{1 - Fr^2} = \frac{i}{1 - \left(\dfrac{h_C}{h}\right)^3} \tag{8-18}$$

同式より，$Fr = 1$（$h = h_C$）では分母 $= 0$ となるので，$dh/dx = \pm\infty$ となり値が定まらない．また，<u>常流（$Fr < 1$）では $dh/dx > 0$ となるので下流に向かって水深が増加し（速度水頭は減少）</u>，<u>射流（$Fr > 1$）では $dh/dx < 0$ となるので，下流に向かって水深が減少（速度水頭は増大）</u>することがわかる．

> **ポイント 8.6** エネルギー損失を無視した水面形の方程式の適用条件
>
> 式(8-18)は流れのエネルギー損失が無視できる場合，つまり，流れの短い区間の水面形の考察に使用可能である．一方，長い流れの区間を考えるときにはエネルギー損失が無視できない．そのときの水面形は式(8-18)とはまったく異なるものとなるが，詳細は第8-4節以降に取り上げる．

ここで，図8-6に示すような突起物を越える流れの水面形を考える．同図のように基準高からの突起物の高さを s，水深を h とする．よって，基準高から水表面までの高さは $H_s = h + s$（水位）である．また，底面勾配を $i = -ds/dx$ と置くと，式(8-18)より dH_s/dx は，

$$\frac{dh}{dx} = \frac{i}{1 - Fr^2} \tag{8-19a}$$

$$\Rightarrow \frac{d(H_s - s)}{dx} = \frac{dH_s}{dx} - \frac{ds}{dx} = \frac{i}{1 - Fr^2}$$

$$\Rightarrow \frac{dH_s}{dx} = \frac{ds}{dx} + \frac{i}{1 - Fr^2} = -i + \frac{i}{1 - Fr^2} = \frac{iFr^2}{1 - Fr^2} \tag{8-19b}$$

ここでは流れが，(a) 全領域で常流（$Fr<1$），(b) 全領域で射流（$Fr>1$），(c) 突起物の頂点（点3）で常流から射流に遷移する場合に分けて考察する．**表8-2**は(a)，(b)，(c) のケースの流れの各区間（**図8-6**参照）での各パラメータの符号を示している．また，同表より得られる水面形の模式図を**図8-6**に示す．

　表8-2より(a)の条件では突起物上で水面が低下，(b)の条件では突起物上で水面が上昇する．また，(c) の条件では点3で限界流となるが水面形は全区間で $dh/dx<0$ となり滑らかに遷移することがわかる（図8-6参照）．

表8-2　領域分割とパラメータの符号

		区間	1-2	2-3	3	3-4	4-5
		i	0	−	0	+	0
(a) 全領域で流れは常流 $Fr<1$	$\dfrac{dh}{dx}$		0	−	0	+	0
	$\dfrac{dH_s}{dx}$		0	−	0	+	0
(b) 全領域で流れは射流 $Fr>1$	$\dfrac{dh}{dx}$		0	+	0	−	0
	$\dfrac{dH_s}{dx}$		0	+	0	−	0
(c) 常流から射流への遷移 $Fr<1\Rightarrow Fr>1$	$\dfrac{dh}{dx}$		0	−	−*	−	0
	$\dfrac{dH_s}{dx}$		0	−	−*	−	0

〔注〕*は式(8-19)において0/0となるが実際には(−)の有限値をとる．

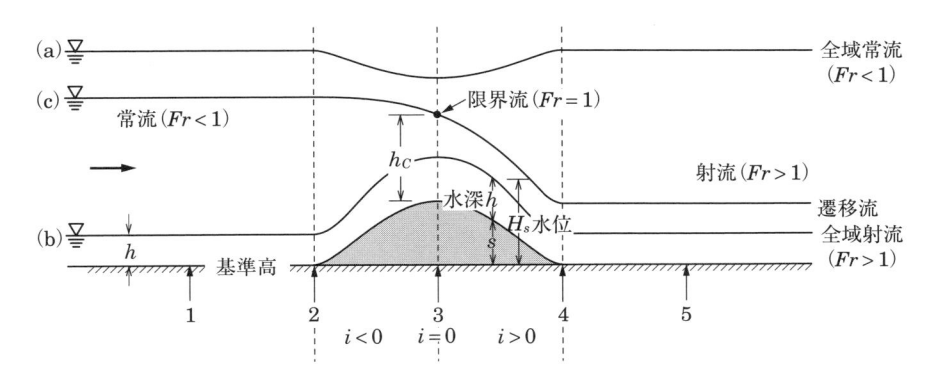

図8-6　突起物を越える流れの水面形

8.3　水面形の方程式（矩形断面水路・エネルギー損失なし）

ポイント 8.7　常流→射流，射流→常流へ遷移する流れ

限界流（$Fr=1$, $h=h_c$）の流れでは，$dh/dx=\pm\infty$ となるので水面形は理論的には不連続となる（式(8-18)）．しかし，現実には常流（$Fr<1$）から射流（$Fr>1$）の遷移に表れる限界流では，図8-6の(c)のように水面形は滑らかに遷移する．一方，射流から常流への遷移に表れる限界流では水面形は滑らかに遷移せず，水深が急激に大きくなる跳水を伴う（跳水については5.5節参照）．

ポイント 8.8　河床の凹凸と水面形状

川の流れは山頂近くの渓流などを除けば常流である．常流流れの河川の水面は河床の高い部分で低下し，低い部分で隆起する．

ポイント 8.9　水面形状を求める式

式(8-19a)は水深の，式(8-19b)は水位の流れ方向の変化を表す式である．流れを正しく理解するためには両式が必要である．例えば，図8-6の(a)の全域常流（$Fr<1$）の場合は式(8-19a)より区間2-3で水深hが減少することがわかるが，水位H_sの増減はわからない．水位H_sは式(8-19b)より減少することがわかる．

8.4　水面形の方程式（エネルギー損失あり）

前節までに流れに伴うエネルギー損失を無視して開水路流れを取り扱った．しかし，現実には開水路流れでも管水路流れと同様にエネルギー損失を伴う．エネルギー損失としては管路の流れで述べたように（第7章参照），形状損失と摩擦損失があるが，以下では水路床に作用する剪断力（底面剪断力）に基づくエネルギー損失，つまり摩擦損失水頭h_fを考慮した開水路流れの挙動について考察する．

なお，開水路流れが形状損失を伴う場合は管水路流れの取扱いと同様に基礎式中に形状損失水頭を考慮する必要がある．ただし，開水路中の形状損失は極めて多様なため，その取扱いについてはここでは割愛する（他書参照）．

(1) 潤辺・流水断面積（流積）・径心・広幅長方形断面の概念の導入

本節では，まず 8-2 節，8-3 節の取扱いを，矩形断面以外のさまざまな断面形をもつ水路に拡張することを考える．そのために，管路と同様に流れの**流水断面積** A，**潤辺** S，**径深** $R = A/S$（**動水半径**ともいう）のパラメータを導入する（7.2 節の (2) 項参照）．なお，図 8-7，表 8-3 に開水路の水理学で一般に使用される，矩形・台形・円形の開水路断面の A，S，R などの諸量を整理して示す．

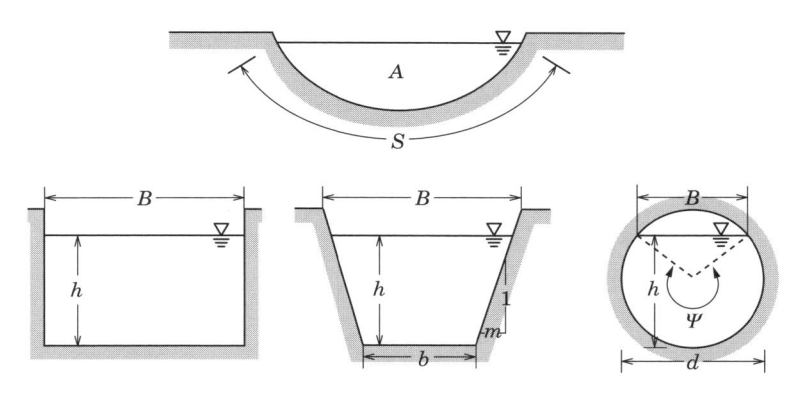

図 8-7　代表的な開水路断面

表 8-3　各種断面の諸パラメータ

水路の形	長方形断面	台形断面	円形断面
水深 h	h	h	$d\{1 - \cos(\psi/2)\}/2$
水面幅 B	B	$b + 2mh$	$d \sin \psi$
流水断面積 A	Bh	$h(b + mh)$	$d^2/8\,(\psi - \sin \psi)$
潤辺 S	$B + 2h$	$b + 2h\sqrt{1 + m^2}$	$d\psi/2$
径深 $R = A/S$	$Bh/(B + 2h)$	$h(b + mh)\big/\left(b + 2h\sqrt{1 + m^2}\right)$	$d(1 - \sin\psi/\psi)/4$

8.4　水面形の方程式（エネルギー損失あり）

ところで，図8-8のように現実の河川の横断面形状は水深hに比較して川幅Bが十分に大きく（$B \gg h$），また，矩形断面で近似できることが多い．このような断面を**広幅長方形断面**と呼んでいる．広幅長方形断面の**径深** $R = A/S = Bh/(B+2h)$ は次式のように$R \sim h$と近似できる．

$$R = \frac{A}{S} = \underbrace{\frac{Bh}{B+2h}}_{\text{矩形断面}} = \underbrace{\lim_{h/B \to 0} \frac{h}{1+\frac{2h}{B}} \sim h}_{\text{広幅長方形断面}} \tag{8-20}$$

なお，広幅長方形断面の開水路では，側壁に作用する剪断力に比較して底面剪断力の影響が卓越するので側壁の影響は無視して取り扱う．

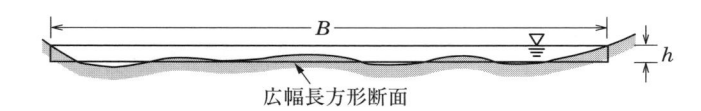

図8-8 一般河川の断面の例と理想化した広幅長方形断面

(2) 摩擦損失水頭の表現式

開水路流れでは底面に作用する剪断力（底面剪断力）による**エネルギー損失**つまり，摩擦損失水頭h_fが生ずる．h_fの評価には管路で使用された**ダルシー・ワイズバッハの式**（式(7-6)）が準用され次式のように表現される．

$$h_f = f' \frac{\ell}{R} \frac{v^2}{2g} = f' \frac{\ell}{R} \left(\frac{Q}{A}\right)^2 \frac{1}{2g} \sim \underbrace{f'\ell \frac{B+2h}{Bh} \frac{Q^2}{2gB^2h^2}}_{\text{矩形断面水路}} = \underbrace{f'\ell \frac{Q^2}{2gB^2h^3}}_{\text{広幅長方形断面水路}}$$

(8-21)

ここに，f'は水路底面の**摩擦損失係数**，vは開水路の流速，Qは流量，ℓはh_fの水頭損失が生ずる区間長である．

(3) 水面形の方程式（矩形断面水路・エネルギー損失（摩擦損失）あり）

ここでは**矩形断面水路**を考え，式(8-15)のベルヌーイの式に底面に作用する剪

断力による摩擦損失水頭h_fを付加すると,

$$C = h + z_0 + \frac{v^2}{2g} + h_f = h + z_0 + \frac{Q^2}{2gB^2h^2} + h_f = 一定 \quad (8\text{-}22)$$

ここに,Cは$C = H + h_f$である.つまり,エネルギー損失を伴う流れの考える2点間では全エネルギー水頭Hに摩擦損失水頭h_fを付加したものが一定値($C =$ 一定)となる.

式(8-22)を$Q =$ 一定の条件でx方向(図8-3参照)に微分すると,

$$\frac{dC}{dx} = \frac{dh}{dx} + \frac{dz_0}{dx} + \frac{1}{2g}\frac{d}{dx}\left(\frac{Q}{Bh}\right)^2 + \frac{dh_f}{dx} = 0 \quad (8\text{-}23)$$

式(8-23)を式(8-17)と同様に取り扱いdh/dxを求めると,

$$\frac{dh}{dx} = \frac{\dfrac{dC}{dx} - \dfrac{dz_0}{dx} - \dfrac{dh_f}{dx}}{1 - \dfrac{Q^2}{gB^2h^3}} \quad (8\text{-}24)$$

ここで,$dC/dx = 0$($C =$ 一定),$i = -dz_0/dx$,$h_c = \sqrt[3]{Q^2/(gB^2)}$,$Fr = Q/\sqrt{gB^2h^3}$より$dh/dx$は,

$$\frac{dh}{dx} = \frac{i - \dfrac{dh_f}{dx}}{1 - \dfrac{Q^2}{gB^2h^3}} = \frac{i - \dfrac{dh_f}{dx}}{1 - Fr^2} = \frac{i - \dfrac{dh_f}{dx}}{1 - \left(\dfrac{h_c}{h}\right)^3} \quad (8\text{-}25)$$

同式中のdh_f/dxは式(8-21)より$dh_f/dx = h_f/\ell$として,

$$\frac{dh_f}{dx} \sim \frac{h_f}{\ell} = \frac{f'}{R}\frac{v^2}{2g} = \frac{f'}{R}\frac{Q^2}{2gA^2} = f'\frac{(B+2h)}{Bh}\frac{Q^2}{2gB^2h^2} \quad (8\text{-}26)$$

式(8-26)を式(8-25)に代入してdh/dxは,

$$\frac{dh}{dx} = \frac{i - \dfrac{dh_f}{dx}}{1 - Fr^2} = \frac{i - f'\dfrac{Q^2}{2gRA^2}}{1 - \left(\dfrac{h_c}{h}\right)^3} = \frac{i - f'\dfrac{(B+2h)}{Bh}\dfrac{Q^2}{2gB^2h^2}}{1 - \left(\dfrac{h_c}{h}\right)^3} \quad (8\text{-}27)$$

ここで,式(8-27)の分子が0($i = dh_f/dx$)となり,流下方向に水深hが変化しない($dh/dx = 0$,水面の高さは水路底と平行,図8-9参照)流れを考える.この流れでは全エネルギー水頭Hが流下に伴って水路底の低下分だけ小さくなる(エネルギー線と水面の高さおよび水路床が平行,$i = I$(動水勾配)$= I_e$(エネルギー勾配)

8.4 水面形の方程式(エネルギー損失あり)

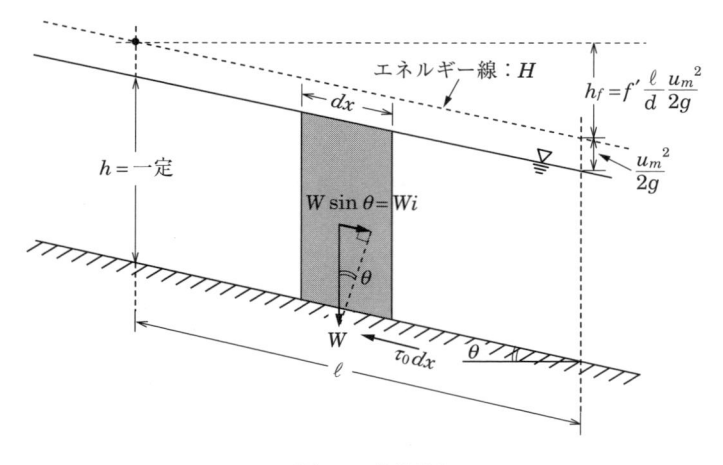

図8-9 等流流れ

図8-9参照)．このような流れを**等流**と呼び，それに対応する水深を等流水深h_0と呼んでいる．図8-9のように鉛直二次元の等流流れを考えると，dx区間の流体塊（水深h）に作用する重力Wの流下方向成分$W\sin\theta \sim Wi$（iは水路床勾配）と水路底面に作用する剪断力$\tau_0 \cdot dx$（τ_0は単位長さ当たりの剪断力）が釣り合っている．これより，h_0はiが大きいほど小さくなる傾向となることが分かる（$Wi = \rho g h_0 dx i = \tau_0 dx \rightarrow h_0 = \tau_0/(\rho g i)$ より推察する．ただし少々大雑把な考察であり，より正確には式(8-32)，式(8-41)参照)．

ところで，式(8-27)より$h = h_C$ ($Fr = 1$) では$dh/dx = \pm\infty$となることはエネルギー損失を考えない場合（式(8-18)）と同様である．ただし，エネルギー損失を考慮すると，分子がiだけではなく$i - dh_f/dx$となるために水面形はまったく異なる様相を示すことに注意が必要である．つまり，$i > dh_f/dx$ではエネルギー損失がない場合（式(8-18)と同様に，分子が正となるので，常流 ($Fr<1$) では$dh/dx > 0$，射流 ($Fr>1$) では$dh/dx < 0$となる．一方，$i < dh_f/dx$の場合は分子が負となるので，エネルギー損失がない場合とは逆に，常流 ($Fr<1$) では$dh/dx < 0$，射流 ($Fr>1$) では$dh/dx > 0$となる．なお，エネルギー損失を考慮する場合の詳しい水面形の挙動については次項で述べる．

(4) 広幅長方形断面水路の水面形の方程式と各種勾配水路の概念

▶ **a. 広幅長方形断面水路の水面形の基礎式**

等流流れにおける**水深，流水断面積，径深，摩擦損失係数**に添字 0 を付して h_0, A_0, R_0, f_0' とすると矩形断面水路では次式が成立する（式(8-27)で分子=0, $dh/dx=0$）.

$$i = \frac{dh_f}{dx} = f_0' \frac{Q^2}{2gR_0 A_0^2} \tag{8-28}$$

よって，f_0' は，

$$f_0' = 2giR_0 \left(\frac{A_0}{Q}\right)^2 \tag{8-29}$$

ここで，f_0' を等流以外の流れでも近似的に使用できると考えると（$f' \sim f_0' = 2giR_0(A_0/Q)^2$, 式(8-29)），式(8-27)の dh/dx は，

$$\frac{dh}{dx} = \frac{i - f'\dfrac{Q^2}{2gRA^2}}{1-\left(\dfrac{h_C}{h}\right)^3} = i\,\frac{1 - \dfrac{R_0}{R}\left(\dfrac{A_0}{A}\right)^2}{1-\left(\dfrac{h_C}{h}\right)^3} \tag{8-30}$$

同式を**広幅長方形断面**の場合（$R_0 \sim h_0$, $R \sim h$）について書き直すと，

$$\frac{dh}{dx} = i\,\frac{h^3 - h_0^3}{h^3 - h_C^3} \qquad \text{（広幅長方形断面）} \tag{8-31}$$

なお，広幅長方形断面の**等流水深** h_0 は式(8-29)で $R_0 \sim h_0$ として，

$$h_0 = \sqrt[3]{\frac{f_0'}{i}\frac{Q^2}{2gB^2}} \tag{8-32}$$

式(8-32)からも前項のように i が大きくなると h_0 が小さくなることがわかる.

▶ **b. 各種勾配水路の概念**

矩形断面水路の**限界水深** h_C は水路勾配 i に関係なく $h_C = \sqrt[3]{Q^2/(gB^2)}$ で与えられる（式(8-5) 参照）．これに対して，等流水深 h_0 は i によって変化し，i が大きくなると小さくなる（式(8-32)参照）．このとき，$h_0 = h_C$ となる水路を**限界勾配水路**と呼んでいる．なお，限界勾配水路における等流の流れは $h_0 = h_C$ の限界流であるから，そのときの流速（限界流速 v_C）は $v = v_C = \sqrt{gh_C}$ となり，また，<u>等流流れにおけるフルード数 Fr_0 は $Fr_0 = v/\sqrt{gh_0}$ は $Fr_0 = 1$ となる</u>．一方，$h_C < h_0$ の水路

は**緩勾配水路**と呼ばれ $Fr_0<1$ となる．また，$h_C>h_0$ の水路は**急勾配水路**と呼ばれ $Fr_0>1$ となる．ここで，限界勾配水路の水路勾配を i_c（**限界勾配**という）とすると緩勾配水路は $i<i_c$ の水路であり，急勾配水路は $i>i_c$ の水路である．

i_c は，限界流速 $v=v_c=\sqrt{gh_C}$，$R_0=R_C$ の条件を式（8-28）に代入して（添字 C は限界流における値），

$$i_c = f_0' \frac{Q^2}{2gR_C A_C^2} = f_0' \frac{v_c^2}{2gR_C} = f_0' \frac{h_C}{2R_C} \tag{8-33}$$

また，広幅長方形断面では $R_C \sim h_C$ であるから**限界勾配** i_c は，

$$i_c = \frac{f_0'}{2} \qquad \text{（広幅長方形断面）} \tag{8-34}$$

ポイント 8.10　諸パラメータの整理（q は単位幅流量）

摩擦損失水頭：$h_f = f' \dfrac{\ell}{R}\left(\dfrac{Q}{A}\right)^2 \dfrac{1}{2g} = f_0' \ell \dfrac{B+2h}{Bh} \dfrac{Q^2}{2gB^2 h^2} = f' \ell \dfrac{Q^2}{2gB^2 h^3} = f' \ell \dfrac{q^2}{2gh^3}$
　　　　　　　　　　　一般断面　　　　　　　　矩形断面　　　　　　　　広幅長方形断面

摩擦損失係数：$f' \sim 2giR_0 \left(\dfrac{A_0}{Q}\right)^2 = f_0$
　　　　　　　　　　　一般断面

広幅長方形断面の等流水深：$h_0 = \sqrt[3]{\dfrac{f_0'}{i} \dfrac{Q^2}{2gB^2}} = \sqrt[3]{\dfrac{f_0'}{i} \dfrac{q^2}{2g}}$
　　　　　　　　　　　　　　　　　　広幅長方形断面

限界水深：$h_C = \sqrt[3]{\dfrac{Q^2}{gB^2}} = \sqrt[3]{\dfrac{q^2}{g}}$
　　　　　　　矩形断面（広幅長方形断面を含む）

限界勾配：$i_c = f_0' \dfrac{h_C}{2R_C} = \dfrac{f_0'}{2}$
　　　　　　　　一般断面　　広幅長方形断面

各種勾配水路：$Fr_0 = v/\sqrt{gh_0}$，h_0：等流水深，h_C：限界水深として
　①緩勾配水路　：$h_C < h_0$，　$i < i_c$，　$Fr_0 < 1$，　$v < \sqrt{gh_0}$
　②急勾配水路　：$h_0 > h_C$，　$i > i_c$，　$Fr_0 > 1$，　$v > \sqrt{gh_0}$
　③限界勾配水路：$h_C = h_0$，　$i = i_c$，　$Fr_0 = 1$，　$v = \sqrt{gh_0}$

〔注〕Fr_0 は等流におけるフルード数 Fr の意，R_C は限界流における R の値．

(5) 広幅長方形断面水路に表れるさまざまな水面形

本項では広幅長方形断面水路の各種勾配水路において表れるさまざまな水面形について式(8-31)より検討する．

▶ **a. 緩勾配水路**（$h_C<h_0$，$i<i_c$，$Fr_0<1$）

緩勾配水路$h_C<h_0$の条件の基にhに関する領域分割を実施して式(8-31)より調べたdh/dxの符号を**表8-4**に示す．また，同表より求められる水面形の概略を**図8-10**に示す．同図のように$h>h_0$ではM_1曲線，$h_C<h<h_0$でM_2曲線，$h<h_C$でM_3曲線が出現する．

これらの曲線でM_1曲線は堰の上流などに見られる**堰上背水曲線**と呼ばれる水面形であり，水深は流下に伴って大きくなる（$dh/dx>0$）．つまり，下流端の水深が最も大きく，上流では水深が減少して等流水深h_0に漸近する．

M_2曲線は段落部の上流などに見られる水面形であり，**低下背水曲線**と呼ばれ，水深は流下しながら小さくなり（$dh/dx<0$），段落部で限界水深に達する（$h=h_C$）．そこでは$dh/dx=-\infty$となるが，現実には水面形は常流から射流に滑らかに遷移する．また，上流では等流水深に漸近する．

表8-4　緩勾配水路（$h_C<h_0$，$i<i_c$，$Fr_0<1$）の領域分割と水面形

h	$h<h_C$	$h=h_C$	$h_C<h<h_0$	$h=h_0$	$h>h_0$
dh/dx	+	$\pm\infty$	−	0	+
水面曲線名	M_3		M_2：低下背水曲面		M_1：堰上背水曲面
Fr	$Fr>1$	1	$Fr<1$		

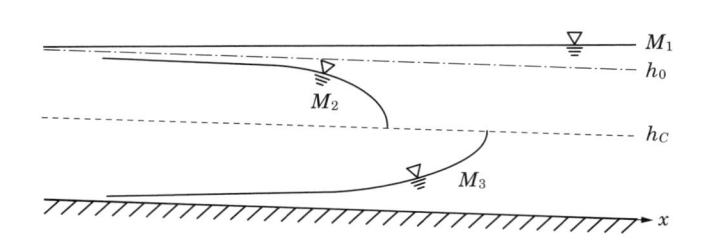

図8-10　緩勾配水路に表れる水面形

8.4　水面形の方程式（エネルギー損失あり）

M_3 曲線は流出堰の開口高 d が h_C より小さい場合（$d<h_C$，図8-13参照）の下流などに見られる水面形であり，流下に伴って水深が大きくなる（$dh/dx>0$）．また，水深が限界水深 $h=h_C$ に達すると $dh/dx=+\infty$ となり，跳水が生ずる．

▶ **b. 急勾配水路**（$h_C>h_0$, $i>i_c$, $Fr_0>1$）

急勾配水路 $h_C>h_0$ の条件で h に関する領域分割を実施して式(8-31)より調べた dh/dx の符号を**表8-5**に示す．また，同表より求められる水面形の概略を**図8-11**に示す．同図のように $h>h_C$ では S_1 曲線，$h_C>h>h_0$ では S_2 曲線，$h>h_0$ では S_3 曲線が出現する．

これらの曲線のなかで S_1 曲線は跳水の直後などに見られる水面形であり，水深は $h=h_C$（$dh/dx=+\infty$）から流下方向に増加する．S_2 曲線は流出堰の開口高 d が h_0 より大きい場合（$h_0<d<h_C$）の下流などに見られる水面形であり，流下方向に水深は小さくなり下流で等流水深に漸近する（図8-13参照）．

S_3 曲線は流出堰の開口高 d が h_0 より小さい場合（$d<h_0$）の下流などに見られる水面形であり（図8-13），流下に伴って水深は大きくなり，下流側で等流水深に漸近する．

表8-5 急勾配水路（$h_C>h_0$, $i>i_c$, $Fr_0>1$）の領域分割と水面形

h	$h<h_0$	$h=h_0$	$h_C>h>h_0$	$h=h_C$	$h>h_C$
dh/dx	+	0	−	$\pm\infty$	+
水面曲線名	S_3		S_2		S_1
Fr	$Fr>1$			$Fr=1$	$Fr<1$

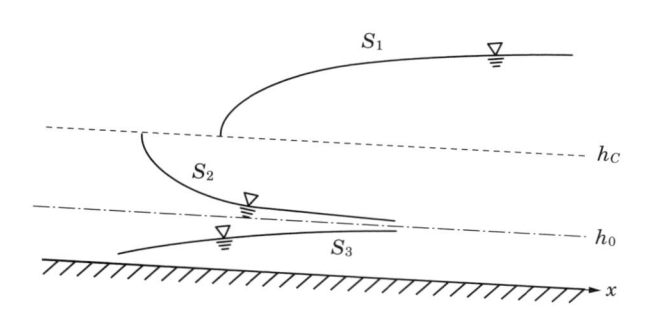

図8-11 急勾配水路に表れる水面形

▶ **c. 水平床水路** ($h_C < h_0 \sim +\infty$, $i = 0$, $Fr_0 = 0$)

広幅長方形断面 ($R_0 \sim h_0$) の**等流水深** h_0 を表す式を再記すると (式 (8-32) 参照)

$$h_0 = \sqrt[3]{\frac{f_0'}{i} \frac{Q^2}{2gB^2}} \tag{8-35}$$

同式より流量 Q が有限の場合の水平床水路 ($i=0$) における等流水深 h_0 は $h_0 = +\infty$ であることがわかる．一方，限界水深 h_C は水路床勾配 i の値にかかわらず $h_C = \sqrt[3]{Q^2/(gB^2)}$ であるから $h_C < h_0 \sim +\infty$ である．これより h に関する領域分割を実施して式 (8-31) より調べた dh/dx の符号を**表 8-6** に示す (ただし，i を正の微小値として判定)．また，同表より求められる水面形の概略を**図 8-12** に示す．同図のように $h > h_C$ では H_2 曲線，$h < h_C$ では H_3 曲線が出現する．要するに水平床水路では $h_0 = +\infty$ であるために緩勾配水路の M_1 曲線 ($h > h_0$) に対応する水面形は表れず，M_2 曲線と M_3 曲線に対応する H_2 曲線と H_3 曲線の水面形のみが表れる．

これらの曲線のなかで H_2 曲線は緩勾配水路の M_2 曲線において $h_0 = +\infty$ とした場合であり，段落部の上流などに見られる曲線である．一方，H_3 曲線は緩勾配水路の M_3 曲線と同様な特性をもち，流出堰の開口高 d が h_C より小さい場合 ($d < h_C$) の下流などに見られる水面形である (図 8-14 参照)．

表 8-6 水平床水路 ($h_C < h_0 \sim +\infty$, $i = 0$, $Fr_0 = 0$) の領域分割と水面形

h	$h < h_C$	$h = h_C$	$h > h_C$
dh/dx	+	$\pm\infty$	−
水面曲線名	H_3		H_2
Fr	$Fr > 1$	$Fr = 1$	$Fr < 1$

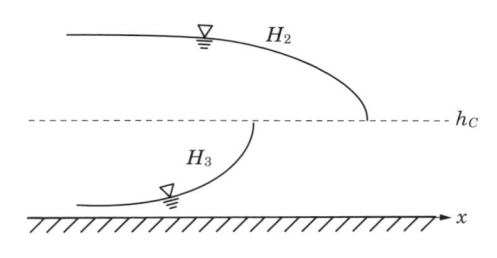

図 8-12 水平床水路に表れる水面形

▶ **d. 具体的な水面形の例**

図8-13は各種の水面形が観察される具体的な事例を示す．同図では上流の貯水池と下流端の段落部をつなぐ**緩勾配水路**（図8-13(a)）もしくは**急勾配水路**（図8-13(b)）を考えている．また，水路の途中に設置された流出堰の開度dを変化させている．

図8-13(a)の緩勾配水路（$h_C<h_0$, $i<i_c$, $Fr_0<1$）に設置された流出堰の上流ではM_1曲線が出現するが，下流ではその開度dに応じて水面形の挙動が異なる．$d<h_C$の場合（図8-13左）の下流にはM_3曲線が出現し，流下につれて水深が増加して$h=h_C$で跳水が生じ$h>h_C$となる．また，その下流では段落部に向かって水深が減少するM_2曲線が表れる．一方，dが$h_C<d<h_0$の場合は（図8-13右），下流全域で段落部に向かって水深が減少するM_2曲線が表れる．なお，$d>h_0$の場合が流れは流出堰の影響は受けないために，水路の流れは全域で$h=h_0$の等流となる（図示していない）．

図8-13(b)左の急勾配水路（$h_C>h_0$, $i>i_c$, $Fr_0>1$）に設置された$d<h_0$の流出堰の場合，上流の$h_C>h>h_0$の領域では流下に伴ってh_0に漸近するS_2曲線とな

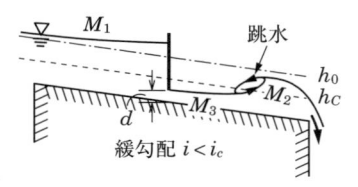

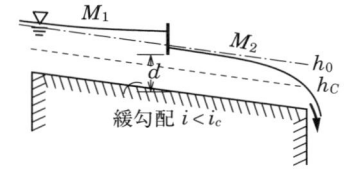

$d<h_C$（流出堰からの流れは射流） $h_C<d<h_0$（流出堰からの流れは常流）

(a) 緩勾配水路（$h_C<h_0$, $i<i_c$, $Fr_0<1$）

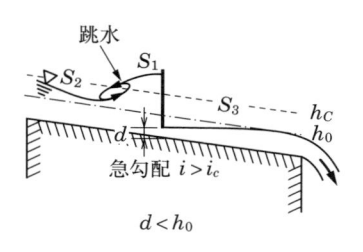

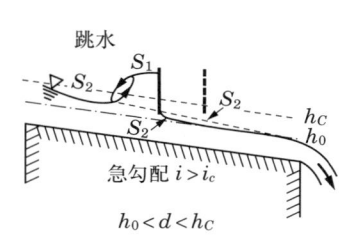

$d<h_0$ $h_0<d<h_C$

(b) 急勾配水路（$h_C>h_0$, $i>i_c$, $Fr_0>1$）

図8-13 緩勾配水路と急勾配水路に表れる水面形

るが，流出堰近傍では堰による堰上の影響を受けてS_1曲線が表れる．そのため，その上流には跳水部が出現する．また，流出堰の下流には$h=h_0$に漸近するS_3曲線が表れる．一方，$h_C>d>h_0$の流出堰の場合（図8-13(b)右）で，かつ，堰先端が水中に存在するときの上流には$d<h_0$のケースと同様に，S_2曲線とS_1曲線が表れ，また下流には，S_2曲線が表れる（実線で示す）．逆に，dが大きく，堰先端が流れと接触しない場合は水路全体に破線で示すS_2曲線が表れる．なお，ゲートの開口高がさらに大きく$d>h_C$の場合で，かつ堰先端が流れと接触しない場合も，この後者と同様の流れとなる（図示していない）．

　水平床水路（$h_C<h_0 \sim +\infty$，$i=0$，$Fr_0=0$）に観察される水面形は図8-14に示すように流出堰の開口高が$d<h_C$の場合は，ゲート下流はH_3曲線となり，流下とともに水深が大きくなり$h=h_C$で跳水が生じ，$h>h_C$となる．また，その下流では流下とともに水深が段落部に向かって減少するH_2曲線が出現する．なお，流出堰の開口高が$d>h_C$では流出堰の下流にH_2曲線のみが表れる．

　また，図8-15に示すように，水路の途中で緩勾配水路から急勾配水路に変化する場合を考える．この場合の水面は勾配変化部の十分上流と十分下流で，それぞれの勾配に応じた等流水深に漸近する．また，勾配変化部で$h=h_C$を通過する

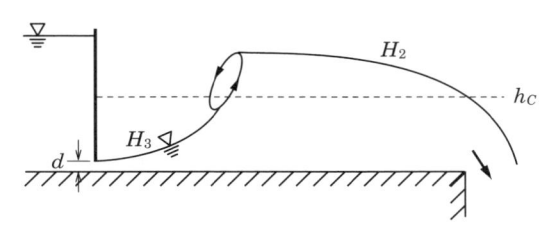

図 8-14　水平床水路に表れる水面形

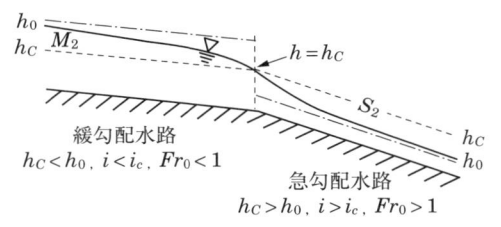

図 8-15　緩勾配水路から急勾配水路への水面形の遷移

ので，上流側には M_2 曲線が，下流側には S_2 曲線が出現することとなる．

8.5 マニングの平均流速公式と水面形の方程式

管水路で使用したマニングの平均流速公式（7.2節の(3)項参照）は開水路の取扱いにおいても広く使用される．本節では開水路の流れでのマニングの平均流速公式の使用法と，それを使用して書き直された水面形の方程式を示す．

(1) マニングの平均流速公式と適用事例

実河川などの開水路の流れでも短い区間に限定すれば等流と見なせることが多い．等流流れの平均流速 v の算出には実用式として提案されている**マニングの平**

表 8-7 自然河川における n の値

河道の性状	n の範囲	標準値
〔小河川(洪水時の水面幅<30m)〕		
平地部の河川		
1　直線，淵なし，砂利床，雑草少々	0.030〜0.040	0.035
2　わん曲，ところにより瀬と淵	0.030〜0.045	0.040
3　2と同じ，雑草および石が多い	0.035〜0.050	0.045
山間部の河川		
底面は大きな玉石混じりの丸石	0.040〜0.070	0.050
高水敷		
牧草，やぶなし　　短い草	0.025〜0.035	0.030
長い草	0.030〜0.050	0.040
耕作地　　　　作物なし	0.020〜0.040	0.030
収穫期	0.030〜0.050	0.040
やぶ　　分散したやぶ，雑草繁茂	0.035〜0.070	0.050
やぶ密度　中−大　冬期	0.045〜0.110	0.070
やぶ密度　中−大　夏期	0.070〜0.160	0.120
木　　柳，密度大，夏期	0.110〜0.200	0.150
立木，密度大，枝水没，下草なし	0.100〜0.160	0.120
〔大河川(洪水時の水面幅>30m)〕		
規則的断面で玉石もやぶもなし	0.025〜0.060	
不規則で粗な断面	0.035〜0.100	

（出典：玉井信行『水理学』，培風館）

均流速公式がよく使用される．マニングの式は等流における，断面平均流速 v，流水断面積 A_0，径心 R_0，水路床の勾配 i（等流流れでは $i = I$（動水勾配），式（7-7）参照）として次式で与えられる．

$$v = \frac{Q}{A_0} = \frac{1}{n} R_0^{2/3} i^{1/2} = \underset{\text{広幅長方形断面}}{\frac{1}{n} h_0^{2/3} i^{1/2}} \tag{8-36}$$

ここに，n は**マニングの粗度係数**であり，管路の取扱いでも表れた流れの抵抗を表すパラメータである．また，n の値は水路底面の凹凸や水路内に存在するさまざまな障害物の特性に応じて定まる値であるが，その自然河川における値を**表8-7**に示す（『水理公式集』など参照）．

なお，n は一般に無単位で表記されるが，実際には次元をもっており，その単位は $[\mathrm{m^{-1/3}\,s}]$ である．よって，式（8-36）中の諸量の単位はそれぞれ $v\,[\mathrm{m/s}]$，$Q\,[\mathrm{m^3/s}]$，$A_0\,[\mathrm{m^2}]$，$R_0\,[\mathrm{m}]$ とする必要がある．

(2) マニングの平均流速公式を用いた流量計算の具体例

ここではマニングの平均流速公式の具体的な使用法について述べる．**図8-16** のような洪水敷部分（領域Ⅰ，Ⅲは同一断面）と低水路部分（領域Ⅱ）からなる複素断面水路を等流水深で水が流れているとする．このときの，水路流量 Q をマニングの公式を適用して求める．ただし，添字1，2，3はそれぞれ各領域での諸量であることを表し，また，$n_1 = n_3$，$B_1 = B_3$ とする．なお，本項では等流を表す添字0は省略する．

まず，領域Ⅰの流水断面積 A_1，潤辺 S_1，径深 R_1 はそれぞれ，$A_1 = B_1(h-d)$，

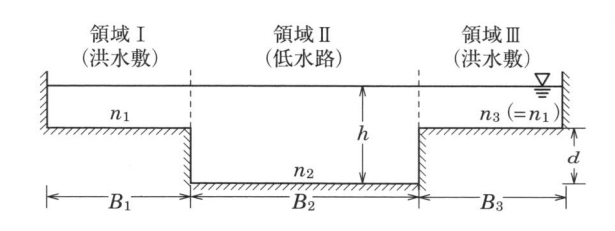

図 8-16　複素断面水路の流量計算

$S_1 = B_1 + h - d$, $R_1 = A_1/S_1$ となる．また，領域Ⅲの諸パラメータの値は領域Ⅰと同一である．よって，両領域の流量は $Q_1 = Q_3$ であるので，Q_1，Q_3 は式(3-26)より，

$$Q_1 = v_1 A_1 = \frac{1}{n_1} R_1^{2/3} i^{1/2} A_1 = \frac{1}{n_1} \left\{ \frac{B_1(h-d)}{B_1 + h - d} \right\}^{2/3} i^{1/2} A_1 = Q_3 \quad (8\text{-}37)$$

同様に領域Ⅱの流水断面積 A_2，潤辺 S_2，径深 R_2 はそれぞれ，$A_2 = B_2 h$，$S_2 = B_2 + 2d$，$R_2 = A_2/S_2$ となる．よって，流量 Q_2 は，

$$Q_2 = v_2 A_2 = \frac{1}{n_2} R_2^{2/3} i^{1/2} A_2 = \frac{1}{n_2} \left\{ \frac{B_2 h}{B_2 + 2d} \right\}^{2/3} i^{1/2} A_2 \quad (8\text{-}38)$$

以上より水路全体の流量 Q は $Q = Q_1 + Q_2 + Q_3 = 2Q_1 + Q_2$ として求められる．

【3】 マニングの平均流速公式を用いた水面形の式（広幅長方形断面）

式(8-29)中の Q/A_0 は水路の等流における平均流速 v であるから，これに式(8-36)を代入すると**摩擦損失係数** $f_0' \sim f'$ と**マニングの粗度係数** n の関係は，

$$f_0' = 2giR_0 \left(\frac{A}{Q} \right)^2 = \frac{2gn^2}{R_0^{1/3}} \sim f' = \frac{2gn^2}{R^{1/3}} \underset{\text{広幅長方形断面}}{=} \frac{2gn^2}{h^{1/3}} \quad (8\text{-}39)$$

同式のように $f_0' \sim f'$ と近似して式(8-27)に代入すると，n を使用した広幅長方形断面における水面形の式は，

$$\frac{dh}{dx} = \frac{i - \dfrac{n^2}{R^{4/3}} \left(\dfrac{Q}{A} \right)^2}{1 - \left(\dfrac{h_C}{h} \right)^3} \underset{\text{広幅長方形断面}}{\sim} \frac{i - \dfrac{n^2}{h^{4/3}} \left(\dfrac{Q}{Bh} \right)^2}{1 - \left(\dfrac{h_C}{h} \right)^3} \quad (8\text{-}40)$$

また，広幅長方形断面の場合の等流水深 h_0 は式(8-40)で分子＝0より，

$$i = \frac{n^2}{h_0^{4/3}} \left(\frac{Q}{Bh_0} \right)^2 \rightarrow h_0 = \left\{ \frac{n^2}{i} \left(\frac{Q}{B} \right)^2 \right\}^{3/10} \underset{\text{広幅長方形断面}}{=} \left(\frac{n^2}{i} q^2 \right)^{3/10} \quad (8\text{-}41)$$

ここに，$q = Q/B$ は単位幅流量である．なお，一般に，河川技術者は通常**ダルシー・ワイズバッハの抵抗法則** f' ではなく**マニングの粗度係数** n を使用して水面形を求めることが多い．つまり，式(8-27)ではなく式(8-40)を使用している．

なお，n を使用して限界勾配 i_c は式 (8-33)，式 (8-39) および，$h_C = \sqrt[3]{q^2/g}$ より，

$$i_c = f_0' \frac{Q^2}{2gR_C A_C^2} = f_0' \frac{v_c^2}{2gh_C} = \frac{f_0'}{2} \sim \frac{f'}{2} = \frac{gn^2}{h_C^{1/3}} = \frac{n^2 q^2}{h_C^{10/3}} \quad (8\text{-}42)$$
広幅長方形断面

> **ポイント 8.11** マニングの粗度係数 n と諸パラメータ（q は単位幅流量）
>
> ① マニングの平均流速公式：
> $$v = \frac{Q}{A_0} = \frac{1}{n} R_0^{2/3} i^{1/2} = \frac{1}{n}\left(\frac{Bh_0}{B+2h_0}\right)^{2/3} i^{1/2} = \frac{1}{n} h_0^{2/3} i^{1/2}$$
> 一般断面　　　　　矩形断面　　　　広幅長方形断面
>
> ② 広幅長方形断面の等流水深 h_0（式 (8-40) もしくはマニングの式より直接求める）：
> $$h_0 = v^{3/2} \frac{n^{3/2}}{i^{3/4}} = \left(\frac{Q}{Bh_0}\right)^{3/2} \frac{n^{3/2}}{i^{3/4}} \Rightarrow h_0 = \left\{\frac{n^2}{i}\left(\frac{Q}{B}\right)^2\right\}^{3/10} = \left(\frac{n^2}{i} q^2\right)^{3/10}$$
> 広幅長方形断面
>
> ③ 限界水深：$h_C = \sqrt[3]{\dfrac{Q^2}{gB^2}} = \sqrt[3]{\dfrac{q^2}{g}}$
> 矩形断面（広幅長方形断面を含む），n に無関係
>
> ④ $f_0'(\sim f)$ と n の関係：$\underbrace{f_0' = \dfrac{2gn^2}{R_0^{1/3}} \sim f' = \dfrac{2gn^2}{R^{1/3}}}_{\text{一般断面}} = \underbrace{\dfrac{2gn^2}{h^{1/3}}}_{\text{広幅長方形断面}}$
>
> ⑤ 限界勾配：$i_c = f_0' \dfrac{Q^2}{2gR_C A_C^2} = f_0' \dfrac{h_C}{2R_C} = \dfrac{f_0'}{2} \sim \dfrac{f'}{2} = \dfrac{gn^2}{h_C^{1/3}} = \dfrac{n^2 q^2}{h_C^{10/3}}$
> 一般断面　　　　　一般断面　　　広幅長方形断面
>
> 〔注1〕n を含む式は MKS 単位系．また，i_C の最終項はマニングの式の変形より直接求めることもできる．
>
> 〔注2〕n は流れのレイノルズ数 Re が十分に大きいことを前提として使用される．河川技術者は一般に n を使用して諸パラメータを求めている．

(4) 水面形の決定法の計算例

ここでは，各種の水面形の具体的な決定法について述べる．計算事例として図 8-17 のように下流端に段落部をもつ，$i = 1/1\,500$，$n = 0.025$，幅 B の広幅長方形断面水路を水が単位幅流量 $q = Q/B = 0.8 \text{[m}^2/\text{s]}$ で流れている場合を考える．また，

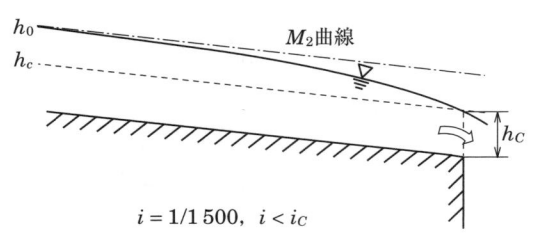

図 8-17 低下背水曲線（緩勾配水路）

この水路の下流端に高さ $d=1.0$〔m〕の堰を取り付けた場合も併せて考える．

まず，下流端に堰を設置しない場合の水面形を定める．このとき，限界水深 h_C，等流水深 h_0，限界勾配 i_c，等流水深 h_0 で流れる場合の水路のフルード数 Fr_0 はそれぞれ（ポイント8.11参照），

$$h_C = \sqrt[3]{\frac{Q^2}{gB^2}} = \sqrt[3]{\frac{q^2}{g}} = \sqrt[3]{\frac{0.8^2}{9.8}} = 0.40 〔\text{m}〕$$

$$h_0 = \left(\frac{n^2 Q^2}{iB^2}\right)^{3/10} = \left(\frac{n^2 q^2}{i}\right)^{3/10} = \left(\frac{0.025^2 \times 0.8^2}{1/1500}\right)^{3/10} = 0.86 〔\text{m}〕$$

$$i_c = \frac{f'}{2} = \frac{gn^2}{h_C^{1/3}} = \frac{9.8 \times 0.025^2}{0.40^{1/3}} = \frac{1}{120} > \frac{1}{1500} = i$$

$$Fr_0 = \frac{v}{\sqrt{gh_0}} = \frac{q}{\sqrt{gh_0^3}} = 0.32 \tag{8-43}$$

以上の計算より，$h_C < h_0$（あるいは $i < i_c$ もしくは $Fr_0 < 1$ より）であるのでこの水路は緩勾配水路である．また，水深 h は十分に上流では等流水深 h_0 に漸近し，水路下流端の段落部において限界流（$h = h_C$）となる．つまり，h は $h_C < h < h_0$ の領域に存在するので出現する水面形は M_2 曲線（低下背水曲線，図8-10, 図8-17参照）となる．

一方，水路下流端に高さ $d=1.0$〔m〕の堰を設置する場合は，$d > h_0$ であるから水面は堰地点で堰上げられる．また，水深 h は上流では $h = h_0$ に漸近するので水深 h は $h > h_0$ の領域に存在する．よって，出現する水面形は M_1 曲線（堰上背水曲線，図8-10, **図8-18**参照）となる．

M_1曲線

$h_0 = 0.86$ [m]
$h_C = 0.40$ [m]
$d = 1$ [m]

$i = 1/1\,500,\ i < i_C$

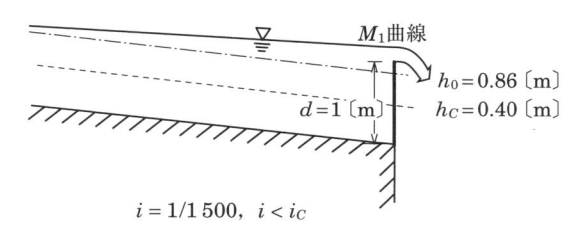

図 8-18　堰上背水曲線（緩勾配水路）

ポイント 8.12　開水路流れの水面形決定の手順と留意点

① 水路の種類を，$h_C < h_0$ で緩勾配水路，$h_C > h_0$ で急勾配水路，$h_C = h_0$ で限界勾配水路と判定する．また，i_c もしくは Fr_0 を算出して，$i < i_c$ か $Fr_0 < 1$ で緩勾配水路，$i > i_c$ か $Fr_0 > 1$ で急勾配水路，$i = i_c$ か $Fr_0 = 1$ で限界勾配水路と判定してもよい．ただし，水面形の作図では h_C と h_0 を必ず求める必要があるので，通常はこの両者の比較より判定する．

② 水深 h の存在領域を水路の種類を念頭に置き，(a) 勾配一定で障害物のない十分長い開水路の水深 h は等流水深 $h = h_0$ となる，(b) 水深は堰・ゲート・段落部などの影響を受ける，の条件を考慮して定める．

③ 緩勾配水路では M_1，M_2，M_3 曲線，急勾配水路では S_1，S_2，S_3 曲線，水平床水路では H_2，H_3 曲線が存在しうる．これらのなかから②で求めた水深の存在領域を考慮したうえで図 8-10 〜図 8-12 を利用して水面形を選択決定する．

8.6　通水能の高い断面形

管水路でも上部が空気で満たされる場合は開水路流れとなる．ここでは，開水路の水位の変化によって**水理特性**が変化することを学ぶ．

(1) 通水能と水理的最良断面

開水路流れの**流量 Q** は**流水断面積**を A とするときマニングの平均流速公式を使

用して（本節では等流を表す添字0を省略する），

$$Q = vA = \frac{1}{n} R^{2/3} i^{1/2} A = K i^{1/2} \tag{8-44}$$

ここに，K は**通水能**と呼ばれ次式で定義される．

$$K = \frac{1}{n} A R^{2/3} = \frac{1}{n} A \left(\frac{A}{S}\right)^{2/3} = \frac{1}{n} \frac{A^{5/3}}{S^{2/3}} \tag{8-45}$$

式(8-45)より，$A=$ 一定で K を最大にするためには**潤辺** S を最小にすればよい．また，式(8-44)より K を最大にすれば開水路の流量 Q は最大となることがわかる（i は一定）．そのような断面を**水理学的最良断面**と呼ぶ．

ここで，**図8-19**のように，水が水路幅 B，水路床勾配 i の矩形断面水路を水深 h で水が流れている場合を考える．この水路の径深は $R = A/S = Bh/(B+2h)$ であるから，**通水能** K は式(8-45)より，

$$K = \frac{1}{n} \frac{A^{5/3}}{S^{2/3}} = \frac{1}{n} \frac{(Bh)^{5/3}}{(B+2h)^{2/3}} \tag{8-46}$$

このとき，流水断面積 $A(=Bh)$ が一定の条件で最大流量を得るための h と B の関係を求めることを考える（K を最大とする水理学的最良断面を求める）．$A(=Bh)=$ 一定であるから，K を最大とするためには潤辺 $S = B + 2h$ が最小となる B と h の関係を求めればよい．この条件は，次式のように $S = A/h + 2h$（$A=$ 一定より）において $dS/dh = 0$ の計算より求められ $h = B/2$ である．

$$S = B + 2h = \frac{A}{h} + 2h \rightarrow \frac{\partial S}{\partial h} = -\frac{A}{h^2} + 2 = 0 \rightarrow h = \frac{1}{2} B \tag{8-47}$$

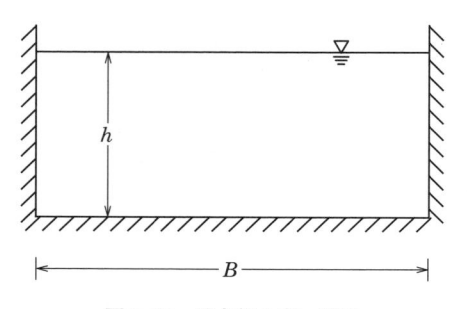

図8-19 通水能の高い断面

(2) 水理特性曲線

　管水路流れにおいて，任意の水深hで流れる場合の平均流速v，流量Q，流水断面積A，径深Rと水深が最大値h_pの**満管状態**（管水路流れとなる）で流れる場合のそれぞれの値v_p，Q_p，A_p，R_pとの比を図示した曲線を**水理特性曲線**と呼ぶ．ここでは事例として円管断面の水理特性曲線を取り上げる．水深hのときの中心角ψとhの関係（表8-3，図8-7参照）は，

$$h = \frac{d}{2}\left(1 - \cos\frac{\psi}{2}\right) \quad \Rightarrow \quad \psi = 2\cos^{-1}\left(1 - \frac{2h}{d}\right) \tag{8-48}$$

よって，A/A_p，S/S_p，R/R_p（A，S，Rとψの関係は表8-3に既述）は，

$$\frac{A}{A_p} = \frac{(d^2/8)(\psi - \sin\psi)}{(\pi/4)d^2} = \frac{\psi - \sin\psi}{2\pi} \quad : 流水断面積（流積）$$

$$\frac{S}{S_p} = \frac{(d/2)\psi}{\pi d} = \frac{\psi}{2\pi} \quad : 潤辺$$

$$\frac{R}{R_p} = \frac{A/S}{A_p/S_p} = \frac{A/A_p}{S/S_p} = \frac{(\psi - \sin\psi)/2\pi}{\psi/2\pi} = 1 - \frac{\sin\psi}{\psi} \quad : 径深 \tag{8-49}$$

また，v/v_p，Q/Q_pの値はマニングの式より，

$$\frac{v}{v_p} = \frac{\frac{1}{n}R^{2/3}i^{1/2}}{\frac{1}{n}R_p^{2/3}i^{1/2}} = \left(\frac{R}{R_p}\right)^{2/3} = \left(1 - \frac{\sin\psi}{\psi}\right)^{2/3} \quad : 流速$$

$$\frac{Q}{Q_p} = \frac{Av}{A_p v_p} = \frac{\psi - \sin\psi}{2\pi}\left(1 - \frac{\sin\psi}{\psi}\right)^{2/3} \quad : 流量 \tag{8-50}$$

　以上に得られるR/R_p，v/v_p，Q/Q_pとh/dの関係を**図8-20**に示す．同図より，R/R_p，v/v_pの値はh/dが大きくなると増大するが，$h/d > 0.813$では逆に減少する．これは，$h/d > 0.813$では流水断面積Aの増加の割合に比べて潤辺Sの増加の割合がより大きくなるので，径深Rが減少するためである．また，その結果，$h/d = 0.938$のときに流量Qは最大になる．すなわち，円管路の流量を最大としたい場合には，満管状態（管水路となる）で流すのではなく，若干水位を下げて（開水路となる）流せばよいことがわかる．なお，図8-20に例示するような水理特性曲線は管水路の設計に広く利用されている．

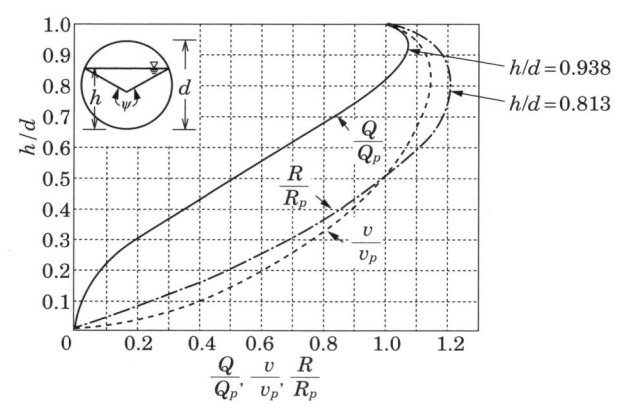

注）添字 p は満水状態で水が流れる場合を表す。

図 8-20　円管の水理特性曲線

> **ポイント 8.13** 　水理学的最良断面
>
> 潤辺 S が α の関数である場合，$dS/d\alpha = 0$ として S が α に対して最小となる条件，つまり，水理学的最良断面が求められる．ただし，この条件は S の最大値を与える条件でもあるので，S の α に対する増減表より確かめる必要がある．

第 8 章　演習問題

❶ 水路幅 $B = 12$ 〔m〕の矩形断面水路を水が流量 $Q = 5$ 〔m³/s〕で流れている．このとき，水深 $h = 0.6$ 〔m〕である場合の流れの状態（常流か射流か）を判定せよ．また，限界水深 h_C とその流れのもつ比エネルギー E_c を求めよ．

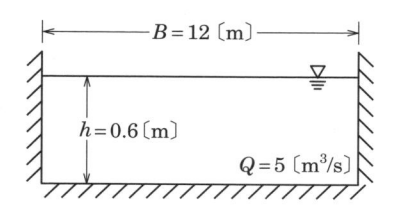

❷ 流下方向に水路床が低下する矩形断面水路を水が流量 Q で流れている．このときの水深の変化を流れが，①全領域で常流，②全領域で射流，のそれぞれについて考察せよ．ただし，考察に当たっては比エネルギー曲線を使用せよ．なお，流れに伴うエネルギー損失はないものとする．

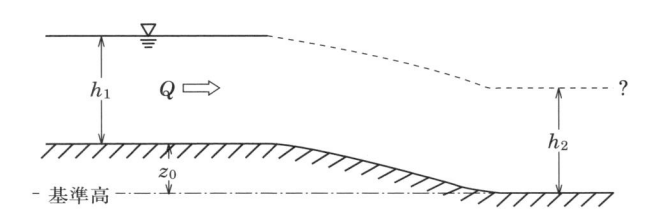

❸ 水路幅 $B=1.5$〔m〕の矩形断面水路に設置した高さ $H_d=70$〔cm〕の全幅堰からの越流量 Q を求めよ．ただし，堰より十分上流の地点の水深は $H_0=75$〔cm〕であるとする．

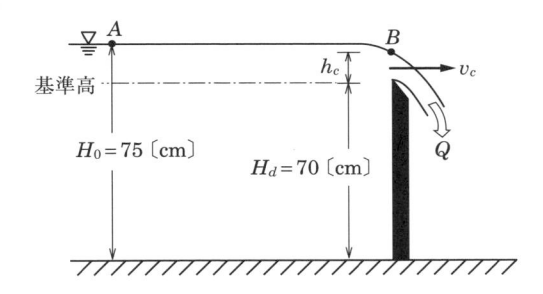

❹ 広幅長方形断面の水路1（$i_1=1/1\,200$）と水路2（$i_2=1/80$）が接続している水路を水が単位幅流量 $q=1.5$〔m²/s〕で流れている．また，水路1，2に開口高が $d_1=1.0$〔m〕，$d_2=0.4$〔m〕の流出堰が設置されている．このときの水路全体の水面形の概形を描け．ただし，マニングの粗度係数を $n=0.025$ とする．

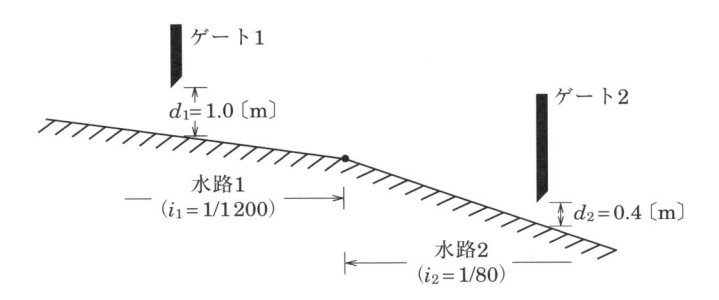

❺ 水路床勾配 $i=1/1\,200$，底面幅 $B=5$〔m〕，側壁勾配 $(1/m)=1/2$，マニングの粗度係数 $n=0.016$ の台形断面水路に水深 $h=2.0$ で水が等流状態で流れている．このときの断面平均流速 v および流量 Q をマニングの流速公式を用いて求めよ．

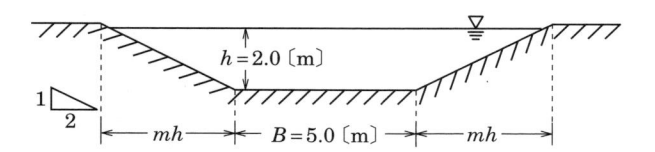

第9章 次元解析と相似則

本章では現象に関わる物理量の次元を定める方法および原型での現象を模型で再現するために必要な相似則について学ぶ.

9.1 次元解析

(1) 次元解析の原理

ある**物理量**Pの**次元**とそれを構成する**物理量**はわかっているものの,その積の形がわかっていないとき,この**物理量**Pを決定する方法について述べる.ただし,以下では**基本物理量**に,**長さ**L,**質量**M,**時間**Tを使用する**LMT系**で考える.

まず,Pの次元$[P]$を$[P]=M^{\ell}L^{m}T^{n}$とする.また,PがX,Y,Zの3つの基本物理量で構成され,それぞれの次元$[X]$,$[Y]$,$[Z]$は次式で与えられるとする.

$$[X]=M^{a_1}L^{a_2}T^{a_3} \quad , \quad [Y]=M^{b_1}L^{b_2}T^{b_3} \quad , \quad [Z]=M^{c_1}L^{c_2}T^{c_3} \quad (9\text{-}1)$$

ここで,PがX,Y,Zのべき乗の積$P=X^xY^yZ^z$で表されると考える.これを次元式で表すと,$[P]=[X]^x[Y]^y[Z]^z$となる.これに式(9-1)を代入すると,

$$[P]=M^{\ell}L^{m}T^{n}=[X]^x[Y]^y[Z]^z=M^{a_1x+b_1y+c_1z}L^{a_2x+b_2y+c_2z}T^{a_3x+b_3y+c_3z}$$
(9-2)

同式よりℓ,m,nはそれぞれ,

$$\left.\begin{array}{l}\ell=a_1x+b_1y+c_1z\\m=a_2x+b_2y+c_2z\\n=a_3x+b_3y+c_3z\end{array}\right\} \quad (9\text{-}3)$$

これより求められるx,y,zは,

$$x = \frac{\ell b_2 c_3 + m b_3 c_1 + n b_1 c_2 - \ell b_3 c_2 - m b_1 c_3 - n b_2 c_1}{a_1 b_2 c_3 + a_2 b_3 c_1 + a_3 b_1 c_2 - a_1 b_3 c_2 - a_2 b_1 c_3 - a_3 b_2 c_1}$$

$$y = \frac{a_1 m c_3 + a_2 n c_1 + a_3 \ell c_2 - a_1 n c_2 - a_2 \ell c_3 - a_3 m c_1}{a_1 b_2 c_3 + a_2 b_3 c_1 + a_3 b_1 c_2 - a_1 b_3 c_2 - a_2 b_1 c_3 - a_3 b_2 c_1}$$

$$z = \frac{a_1 b_2 n + a_2 b_3 \ell + a_3 b_1 m - a_1 b_3 m - a_2 b_1 n - a_3 b_2 \ell}{a_1 b_2 c_3 + a_2 b_3 c_1 + a_3 b_1 c_2 - a_1 b_3 c_2 - a_2 b_1 c_3 - a_3 b_2 c_1} \tag{9-4}$$

よって，Pは式(9-4)のx, y, zを使用して，**物理量X, Y, Zのべき乗積**として次式で与えられる．

$$P = 定数 \times X^x Y^y Z^z \tag{9-5}$$

[2] 次元解析の応用例

図9-1のような幅Bの堰に作用する全静水圧Pを次元解析の適用して求める．ただし，Pは密度ρ，重力加速度g，水深hの3つの物理量のべき乗積で表されることがわかっているとする．

全水圧Pの次元は$[P] = M^1 L^1 T^{-2}$であり，ρ, g, hの次元は$[\rho] = M^1 L^{-3} T^0$, $[g] = M^0 L T^{-2}$, $[h] = M^0 L^1 T^0$, であるから次の次元式が成立する．

$$[P] = M^1 L^1 T^{-2} = [\rho]^a [g]^b [h]^c$$
$$= M^a L^{-3a} T^0 \cdot M^0 L^b T^{-2b} \cdot M^0 L^c T^0 = M^a L^{-3a+b+c} T^{-2b}$$
$$\Rightarrow \quad a = 1, \quad -3a + b + c = 1, \quad -2b = -2 \tag{9-6}$$

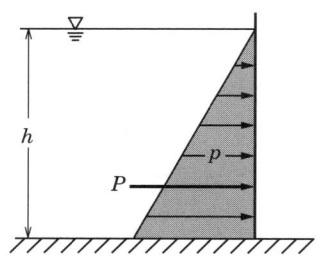

図9-1 堰に作用する静水圧

これより，a, b, cの値は，

$$a = 1, \quad b = 1, \quad c = 3 \tag{9-7}$$

よってPは次式で与えられる．

$$P = 定数 \times \rho g h^3 \tag{9-8}$$

ところで，本問のPが$P = (1/2) \rho g h^2 B$で与えられることは既述である(3-2節参照)．これを式(9-8)の結果と比較すると次元解析では次元的な構造を知ることができるものの，完全な解は別途求める必要があることがわかる．

9.2 力学的相似則の基礎

原型とは現地ダム・実河川・実海域などの実物のことであり，模型とは実物を縮小（あるいは拡大）したものである．また，**縮尺** S とは**模型**と**原型**の**長さの比**（$S=$ 模型の値/原型の値）である．小型模型で現地を再現することは水理構造物を設計するうえで重要であるが，そのためには原型と模型の**相似条件**を知る必要がある．このための**相似則**を力学的相似則と呼んでいる．

ここでは，**力学的相似則**を誘導するためにベルヌーイの定理が適用できる現象について考える．エネルギー損失として摩擦損失 h_f のみを考慮したベルヌーイの式は（式（7-2）で $\alpha=1.0$，$u_m=v$（流速）と置く），

$$C = \frac{v^2}{2g} + \frac{p}{\rho g} + z + h_f = 一定 \tag{9-9}$$

ここで，式（9-9）の h_f にダルシー・ワイズバッハの式 $h_f = f'(\ell/R)(v^2/2g)$（式（7-6）参照）を適用したうえで流れ方向（x 軸）に微分すると，（$dh_f/dx = h_f/\ell$ とする），

$$\frac{dC}{dx} = \frac{d}{dx}\left(\frac{v^2}{2g}\right) + \frac{d}{dx}\left(\frac{p}{\rho g}\right) + \frac{dz}{dx} + f'\frac{v^2}{2gR} \tag{9-10}$$

原型と模型の現象が力学的に相似であるためには式（9-10）の**各項の比**が原型と模型で一致する必要がある．ここで，一定値 C，x（流下方向の座標），z（鉛直上向の座標），R（径深），v（流速），p（水圧），ρ（流体の密度），f'（摩擦損失係数）の原型でとりうる値の最大値を C_P，L_P，D_P，R_P，V_P，P_P，ρ_P，f'_P とする．同様にして模型でとりうるそれらの値の最大値を C_M，L_M，D_M，R_M，V_M，P_M，ρ_M，f'_M とする．これらの諸量を使用して次式のように原型と模型のそれぞれについて＊を付した無次元量を導入する（f' はもともと無次元量である）．

$$C^* = \frac{C}{C_P}, \quad x^* = \frac{x}{L_P}, \quad z^* = \frac{z}{D_P}, \quad R^* = \frac{R}{R_P}, \quad v^* = \frac{v}{V_P}, \quad p^* = \frac{p}{P_P},$$

$$\rho^* = \frac{\rho}{\rho_P} \quad : 原型 \tag{9-11}$$

$$C^* = \frac{C}{C_M}, \quad x^* = \frac{x}{L_M}, \quad z^* = \frac{z}{D_M}, \quad R^* = \frac{R}{R_M}, \quad v^* = \frac{v}{V_M}, \quad p^* = \frac{p}{P_M},$$

$$\rho^* = \frac{\rho}{\rho_M} \quad : 模型 \tag{9-12}$$

　これらの無次元量はそれぞれの量の最大値を使用して無次元化しているので，すべて1のオーダー（$O(1)$ と書く）である．また，式(9-11)，(9-12)を式(9-10)に代入すると模型と原型についてそれぞれ，

$$\left(\frac{C_P}{L_P}\right)\frac{dC^*}{dx^*} = \left(\frac{V_P^2}{2gL_P}\right)\frac{dv^{*2}}{dx^*} + \left(\frac{P_P}{\rho_P L_P g}\right)\frac{1}{\rho^*}\frac{dp^*}{dx^*} + \left(\frac{D_P}{L_P}\right)\frac{dz^*}{dx^*}$$

$$+ \left(f'_P \frac{V_P^2}{2gR_P}\right)\frac{v^{*2}}{R^*} \quad : 原型 \tag{9-13}$$

$$\left(\frac{C_M}{L_M}\right)\frac{dC^*}{dx^*} = \left(\frac{V_M^2}{2gL_M}\right)\frac{dv^{*2}}{dx^*} + \left(\frac{P_M}{\rho_M L_M g}\right)\frac{1}{\rho^*}\frac{dp^*}{dx^*} + \left(\frac{D_M}{L_M}\right)\frac{dz^*}{dx^*}$$

$$+ \left(f'_M \frac{V_M^2}{2gR_M}\right)\frac{v^{*2}}{R^*} \quad : 模型 \tag{9-14}$$

　式(9-11)，(9-12)の無次元諸量がすべて1のオーダーであるので式(9-13)，(9-14)中の dC^*/dx^*，dv^{*2}/dx^*，$(1/\rho^*)dp^*dx^*$，dz^*/dx^*，v^{*2}/R^* もすべて1のオーダーである．よって，原型と模型を力学的に相似にするためには式(9-13)，(9-14)中の (C_P/L_P)，$\{V_P^2/(2gL_P)\}$，…などの各項の係数を原型と模型で一致させればよい．ただし，すべての項の係数を一致させることは不可能であり，実際には現象を支配する項を選択して一致させることが行われる．そのようにして得られる相似則として，次項ではフルードの相似則とレイノルズの相似則を取り上げる．

9.3　フルードの相似則とレイノルズの相似則

(1) フルードの相似則

　現象を支配する主たる要因が式(9-13)，(9-14)の右辺の第1項（速度水頭）と第3項（位置水頭）によってもたらされる場合を考える．**力学的相似条件**は両項の係数の比を原型と模型で一致させて，

$$\frac{\dfrac{V_P{}^2}{2gL_P}}{\dfrac{D_P}{L_P}} = \frac{\dfrac{V_M{}^2}{2gL_M}}{\dfrac{D_M}{L_M}} \Rightarrow Fr_P = \frac{V_P}{\sqrt{gD_P}} = \frac{V_M}{\sqrt{gD_M}} = Fr_M \tag{9-15}$$

つまり，模型と原型でフルード数 Fr_M, Fr_P を一致させればよいことがわかる ($Fr_M = Fr_P$). これは**フルードの相似則**と呼ばれ，開水路の流れなどに適用される．

(2) レイノルズの相似則

現象を支配する主たる要因が式(9-13)，(9-14)の右辺の第3項（位置水頭）と第4項（損失水頭）によってもたらされる場合を考える．**力学的相似条件**は両項の係数の比を原型と模型で一致させて（ただし，R_M, R_P を広幅長方形断面水路を念頭に置いて鉛直方向のスケールである D_M, D_P と置き換える），

$$\frac{\dfrac{D_P}{L_P}}{\dfrac{f_P{'}V_P{}^2}{2gD_P}} = \frac{\dfrac{D_M}{L_M}}{\dfrac{f_M{'}V_M{}^2}{2gD_M}} \Rightarrow f_P{'}\frac{V_P{}^2}{2gD_P}\cdot\frac{L_P}{D_P} = f_M{'}\frac{V_M{}^2}{2gD_M}\cdot\frac{L_M}{D_M}$$

$$\Rightarrow f_P{'}Fr_P{}^2\cdot\frac{L_P}{D_P} = f_M{'}Fr_M{}^2\cdot\frac{L_M}{D_M} \tag{9-16}$$

式(9-16)はフルード相似則 ($Fr_P = Fr_M$) と幾何学的相似 ($L_P/D_P = L_M/D_M$) の2つが満たされたうえで，$f_P{'} = f_M{'}$ が成立する場合に原型と模型の現象が力学的に相似になることを意味している．なお，f' はレイノルズ数 Re の関数であるので（図7-2参照），$f_P{'} = f_M{'}$ となるためには次式が成立すればよい ($k_s/d \sim$ 一定とする).

$$Re_P = \frac{V_P D_P}{\nu_P} = \frac{V_M D_M}{\nu_M} = Re_M \tag{9-17}$$

ここに，Re_P, Re_M はそれぞれ原型と模型におけるレイノルズ数，ν_P, ν_M はそれぞれ原型と模型における流体の動粘性係数である．

このようにレイノルズ数を等しくする相似則のことを**レイノルズの相似則**と呼んでいる．通常，水理学の現象では，式(9-16)に示すように幾何学的相似のほかに**フルードの相似則**と**レイノルズの相似則**が同時に表れることが多い．一般には縮尺 S を定めて幾何学的相似則を満足する模型を使用したうえで，レイノルズ数が大きく粘性の効果が小さい現象にはフルードの相似則を，レイノルズ数が小さ

く粘性の効果が卓越する現象では，レイノルズの相似則を適用することが行われる．

9.4 力学的相似則の適用例

(1) フルードの相似則の適用例

図9-2のように貯水池の水がダムを越流する現象について，縮尺S（鉛直縮尺D_M/D_P，水平縮尺L_M/L_PがともにS）の模型実験を実施する．このとき，模型で流す単位幅当たりの越流量q_Mを求めることを考える．ただし，流れに伴うエネルギー損失は無視できるとする．

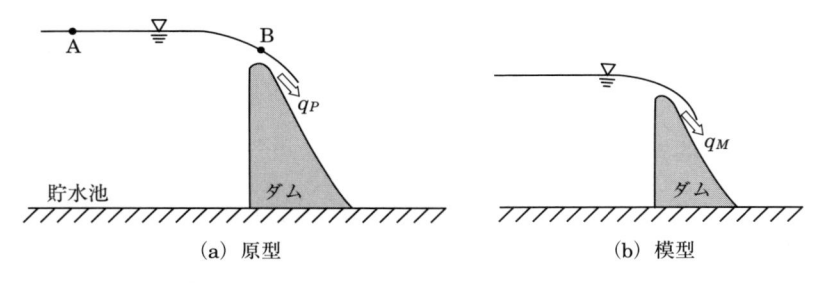

図9-2 フルードの相似則の適用例（ダムを越流する流れ）

ここで，原型の水表面上の点A－B間でベルヌーイの式を立てると，$p_A=p_B=0$（大気に接する），また流れに伴う損失水頭は生じない．よって，式(9-13)，式(9-14)の右辺の第2項と第4項は無視できる．つまり，現象は両式の右辺第1項と第3項のみによって定まる．これより，式(9-15)の**フルードの相似則**がこの現象の力学的相似条件となるので，流速をV，鉛直スケールをDとして次式が成立すればよい．

$$Fr_P = \frac{V_P}{\sqrt{gD_P}} = \frac{V_M}{\sqrt{gD_M}} = Fr_M \tag{9-18}$$

このとき，V_M/V_Pは縮尺$S=D_M/D_P$を使用して次式となる．

$$\frac{V_M}{V_P} = \frac{\sqrt{gD_M}}{\sqrt{gD_P}} = \frac{\sqrt{D_M}}{\sqrt{D_P}} = \sqrt{S} \tag{9-19}$$

この関係より縮尺 S の模型における模型と原型の単位幅当たりの越流量の比 q_M/q_P はダム直上での限界流速 v_c, 限界水深 h_C を用いて $\left(q=v_c h_C=\sqrt{gh_C}h_C より\right)$,

$$\frac{q_M}{q_P} = \frac{v_{cM}h_{CM}}{v_{cP}h_{CP}} = \left(\frac{\sqrt{gh_{CM}}}{\sqrt{gh_{CP}}}\right)\left(\frac{h_{CM}}{h_{CP}}\right) = \frac{\sqrt{h_{CM}}}{\sqrt{h_{CP}}}\left(\frac{h_{CM}}{h_{CP}}\right)$$

$$= \left(\frac{D_M}{D_P}\right)^{1/2}\left(\frac{D_M}{D_P}\right) = \sqrt{S}S = S^{\frac{3}{2}} \tag{9-20}$$

これより, q_M は q_P を使用して,

$$q_M = S^{\frac{3}{2}} q_P \tag{9-21}$$

(2) レイノルズの相似則の適用例

図 9-3 のように直径 d の円管路を流量 Q で水が流れる現象について縮尺 S の模型実験を実施する. このとき, 模型で流す流量 Q_M を求めることを考える. ただし, 原型と模型で同一流体を使用し, また, **レイノルズの相似則**が適用できるものとする.

レイノルズの相似則 (式(9-17)) は流速を V, 鉛直スケールを D として,

$$Re_P = \frac{V_P D_P}{\nu_P} = \frac{V_M D_M}{\nu_M} = Re_M \tag{9-22}$$

同式より原型と模型の流体が同一 (流体の動粘性係数 ν が等しい, $\nu_M = \nu_P$) であるから模型で流す流速 V_M は,

$$\frac{V_M}{V_P} = \frac{D_P}{D_M}\left(\frac{\nu_M}{\nu_P}\right) = \frac{1}{S} \Rightarrow V_M = \frac{1}{S}V_P \tag{9-23}$$

よって, 流量 $Q = VA = V(\pi d^2/4)$ より模型で流す流量 Q_M は,

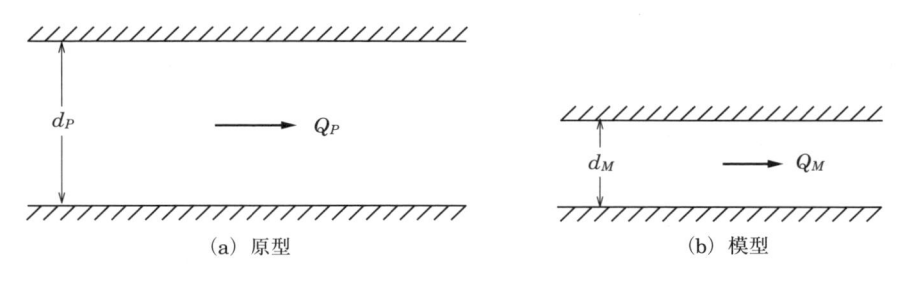

(a) 原型 (b) 模型

図 9-3 レイノルズの相似則の適用例 (円管路の流れ)

$$\frac{Q_M}{Q_P} = \frac{V_M(\pi/4)d_M{}^2}{V_P(\pi/4)d_P{}^2} = \frac{V_M}{V_P}\left(\frac{d_M}{d_P}\right)^2 = \frac{1}{S}S^2 = S$$

$$\Rightarrow Q_M = SQ_P \tag{9-24}$$

> **ポイント 9.1　相似則適用の留意点**
> ① 力学的相似則は基礎方程式の現象を支配する項を選定して決定する．
> ② 粘性の影響が重要な現象（Re が小さい）にはレイノルズの相似則が，重力が支配的（Re が大きい）な現象にはフルードの相似則が適用される．
> ③ 粘性の異なる流体を使用すればフルードの相似則とレイノルズの相似則の両相似則を同時に満足する実験が可能となる（演習問題の❷を参照）．
> ④ 高度の水理現象の取扱いでは他の相似則（例えば，ウェーバー，レーリーなどの相似則）が使用される（他書参照）．

第9章　演習問題

❶ 開水路の流れにフルードの相似則を適用し，水平縮尺 S_1，鉛直縮尺 S_2 の模型実験を行う．このとき，流れの流速 V，流量 Q についての模型と原型の比を S_1, S_2 を用いて表せ．

❷ 図9-3の問題にフルードの相似則を使用するとき，V_M/V_P の値を求めよ．ただし，模型と原型で使用する流体は同一とする．また，模型と原型で異なる流体を用いるとき，レイノルズの相似則とフルードの相似則の両相似則を同時に満足させるための流体の動粘性係数の比 ν_M/ν_P を求めよ．

❸ 流速 V_P の河川流中に置かれた直径 D_P の円柱型橋脚に作用する抵抗に関する模型実験をレイノルズの相似則を使用して実施する．このときの模型実験における流れの流速 V_M を求めよ．ただし，縮尺 S とし，また，使用する流体は模型と原型で同一とする．

演習問題解答

第2章

❶ 力 F については，① $[LMT^{-2}]$，N，② $[F]$，kgf
圧力 p については，① $[L^{-1}MT^{-2}]$，Pa または，N/m², ② $[L^{-2}F]$，kgf/m²

❷ ① $[L^{-1}FT^2]$，② $M=0.648$ [kgf·s²/m]，③ $W=62.2$ [N]

❸ $p=4.28\times10^{-2}$ [N/m²]$=4.28\times10^{-2}$ [Pa]$=4.37\times10^{-3}$ [kgf/m²]
$W_r=3.42\times10^3$ [J]$=3.42\times10^{10}$ [g·cm²/s²]$=3.49\times10^2$ [kgf·m]

❹ ① $\rho=\sigma\rho_A=1.02\times10^3$ [kg/m³]，② $\gamma=\rho g=1.00\times10^4$ [N/m³]
③ $M=\rho V=3.42\times10^3$ [kg]，④ $W=Mg=3.35\times10^4$ [N]
⑤ $\gamma=1.02\times10^3$ [kgf/m²]，⑥ $W=3.42\times10^3$ [kgf]

❺ 式(2-3)より $h=4T\cos\theta/(\rho gd)=1.48\times10^{-2}$ [m] >0 （水面は上昇する）．

❻ μ は $\mu=\rho v=1.02\times10^{-3}$ [kg/(m·s)]，$\tau=\mu\dfrac{du}{dy}=\mu U_0\{(1/h)-(2y/h^2)\}$ より，

$\tau_{v1.0}=3.97\times10^{-4}$ [Pa]，$\tau_{v1.5}=0$ [Pa]

第3章

❶ $p_A=\rho gh_A=9.78\times10^4$ [N/m²]，$p_B=\rho gh_B=1.17\times10^5$ [N/m²]，$p_C=\rho gh_C=1.32\times10^5$ [N/m²]．また，それぞれの静水圧の作用方向は側壁および底面に垂直な方向．

❷ 全水圧 P と作用点の水深 h_C は，

$P=\rho gh_G A=\rho gh_G(\pi d^2/4)=2.28\times10^5$ [N]，$h_C=h_G+(I_o/h_G A)=3.47$ [m]

ゲートが回転しないためには，点 O に関して P と F_o のモーメントがつりあう必要があるので，F_0 は，

$P(h_C-h_G)-F_o\dfrac{d}{2}=0 \rightarrow F_o=\dfrac{P(h_C-h_G)}{d/2}=2.59\times10^4$ [N]

❸ 全静水圧の作用点 C 点がゲートの回転軸の D 点と一致する水深 H が $H_{\min}$ を与える（それより高くなると堰は回転する）．また，作用点の位置 C は $h_C=2/3H$ より，$H_{\min}$ は，

$H_{\min} - h_C = H_{\min} - (2/3)H_{\min} = (1/3)H_{\min} = 3.0\,[\mathrm{m}] \rightarrow H_{\min} = 9.00\,[\mathrm{m}]$

❹ P_h と水表面からその作用点までの距離 x_h 値は，$P_h = (1/2)\rho g h^2 B = 9.76 \times 10^5\,[\mathrm{N}]$，$x_h = (2/3)h = 3.33\,[\mathrm{m}]$．$P_v$ は ▨▨ 部分の水の重量と等しいので，$P_v = W = \rho V g = 5.57 \times 10^5\,[\mathrm{N}]$，また，$P_v$ の作用点までの距離 x_v は O 点回りのモーメントをとり，$P_h x_h - P_v x_v = 0 \rightarrow x_v = P_h x_h / P_v = 5.83\,[\mathrm{m}]$
よって，全静水圧 P とその作用方向は，
$$P = \sqrt{P_h^2 + P_v^2} = 1.12 \times 10^6\,[\mathrm{N}]\quad,\quad \tan\alpha = \frac{P_v}{P_h} \rightarrow \alpha = \tan^{-1}\left(\frac{P_v}{P_h}\right) = 29.7°$$
また，作用点の水深 h_C は $r = 5\sqrt{2}\,[\mathrm{m}]$ であるから，$h_C = r\sin\alpha = 3.50\,[\mathrm{m}]$

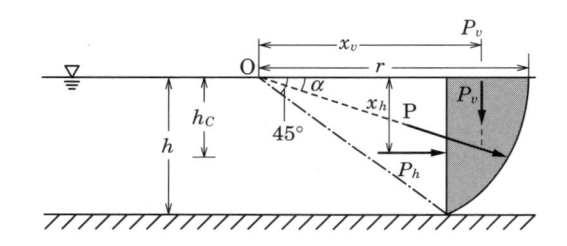

❺ p_A は，$p_A + \rho_w g z_1 = 0 \Rightarrow p_A = -\rho_w g z_1\,[\mathrm{N/m^2}] = -2.45 \times 10^3\,[\mathrm{N/m^2}]$
$p_B - p_C$ は $p_B + \rho_w g z_2 = p_C + \rho_w g(z_4 - z_3) + \rho_c g z_3$
$\Rightarrow p_B - p_C = \rho_w g(z_4 - z_3 - z_2) + \rho_c g z_3 = 3.43 \times 10^3\,[\mathrm{N/m^2}]$

❻ 重力 $W = \sigma \rho_4 g A B H = $ 浮力 $B = \rho_w g A B H_0$ より，喫水 H_0 は，
$H_0 = (\sigma \rho_4 / \rho_w)H = (0.7 \times 1000/1000)H = 0.7H\,[\mathrm{m}]$
明らかに $I_x < I_y$ より x 軸回りについて検討すればよい．I_x は，
$I_x = A \times B^3/12 = 3 \times 2^3/12 = 2\,[\mathrm{m^4}]$
また，$a = \overline{GC} = \overline{PG} - \overline{PC} = 0.5H - 0.35H = 0.15H\,[\mathrm{m}] = 0.9\,[\mathrm{m}]$，$V_E = ABH_0 = 25.2\,[\mathrm{m^3}]$ より h は，$h = (I_x/V_E) - a = -0.82 < 0$，よって，この浮体は不安定である．

❼ x, y, z 方向の慣性力は $X = U^2/x$，$Y = 0$，$Z = -g$ より p は，
$dp = \rho(Xdx + Ydy + Zdz) = \rho(U^2/x dx - g dz) \Rightarrow p = \rho(U^2\log x - gz) + C$．
点 A：$(x, z) = (r_1, 0)$ で，$p = 0$ より C は $C = -\rho U^2 \log r_1$ と定まり p は，
$p = \rho(U^2\log x/r_1 - gz)$
同式に $z = z_s$，$p = 0$，$r_1 = 200\,[\mathrm{m}]$ を代入して，水面の高さ z_s（水面形），
$$z_s = \frac{U^2}{g}\log\frac{x}{r_1} \Rightarrow z_s = 0.92\log\frac{x}{200}$$
本式に $x = r_2 = 250\,[\mathrm{m}]$ を代入して得られる z_{s2} と，$x = r_1 = 200\,[\mathrm{m}]$ を代入して得られる z_{s1} の水位差より Δh は求められ，

$$\Delta h = z_{s2} - z_{s1} = z_{s2} = \frac{U^2}{g}\log\frac{r_2}{r_1} = 0.20\,[\text{m}]$$

第4章

❶ v_2 は，$v_2=(d_1/d_2)^2 v_1=4.32\,[\text{m/s}]$，$p_2$ は断面①−②の間にベルヌーイの定理を適用したうえで，$z_1-z_2=H=2.0\,[\text{m}]$ と置いて，
$$\frac{p_2}{\rho g} = \Rightarrow p_2 = p_1 + \frac{\rho}{2}\left(v_1^2 - v_2^2\right) + \rho g H = 6.47\times 10^4\,[\text{N}/\text{m}^2]$$

❷ 点A−C点間でベルヌーイの定理を適用して，$v_A=0$，$p_A/\rho g = p_C/\rho g = 0$ と置くと，放水管からの流速 v と流量 Q は，
$$z_A = v_C^2/2g + z_C \Rightarrow v = v_C = \sqrt{2g(z_A - z_C)} = \sqrt{2g(h+\ell_1)} = 12.5\,[\text{m}/\text{s}]$$
$$Q = v(\pi d^2/4) = 0.884\,[\text{m}^3/\text{s}]$$

点 C−z 間で立てられるベルヌーイの式より，$p_z = -\rho g z$，よって，$p_{B^+} = -\rho g \times 3\,[\text{m}] = -2.93\times 10^4\,[\text{N}/\text{m}^2]$．一方，水槽内の水圧は $p = \rho g z'$，よって，$p_{B^-} = \rho g \times 5.00\,[\text{m}] = 4.88\times 10^4\,[\text{N}/\text{m}^2]$．以上より，水圧分布は図示のとおり．

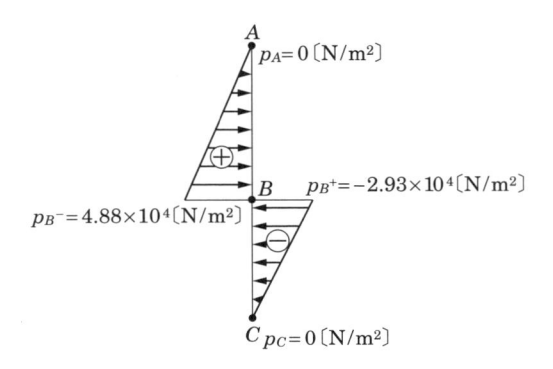

❸ 点①−点②間にベルヌーイの式を適用すると，$v_1^2/2g = v_2^2/2g - \Delta h$，よって Q_2 は，
$$\Delta h = \frac{v_2^2}{2g} - \frac{v_1^2}{2g} = \frac{1}{2g}\left\{\left(\frac{Q}{A_2}\right)^2 - \left(\frac{Q}{A_1}\right)^2\right\} \Rightarrow Q = \sqrt{\frac{2g\Delta h}{\left(\frac{1}{A_2}\right)^2 - \left(\frac{1}{A_1}\right)^2}} = 8.18\times 10^{-1}\,[\text{m}^3/\text{s}]$$

❹ 図の点A−B間にベルヌーイの定理を適用して v_B は，
$$\frac{v_A^2}{2g} + \frac{p_A}{\rho g} + z_A = \frac{v_B^2}{2g} + \frac{p_B}{\rho g} + z_B \Rightarrow \frac{1}{2g}\left(v_B^2 - v_A^2\right) = \frac{1}{\rho g}(p_A - p_B) + (z_A - z_B)$$
$$\Rightarrow v_B = \sqrt{\left\{\frac{2}{\rho}(p_A - p_B) + 2g(z_A - z_B)\right\}/\left\{1 - (D_B/D_A)^4\right\}}$$

また，$p_A - p_B$ は，①−①′ の高さで圧力が等しいことより，

$$p_A + \rho g(z_0 + \Delta h) = p_B + \rho g(z_1 + z_0) + \sigma_H \rho_4 g \Delta h$$
$$\Rightarrow (p_A - p_B) = \rho g(z_1 - \Delta h) + \sigma_H \rho_4 g \Delta h = 3.67 \times 10^4 \, [\mathrm{N/m^2}]$$
この $p_A - p_B$ の値と $z_A - z_B = -60$ [cm] より、v_B を求めると流量 Q は、
$$Q = v_B(\pi D_B^2 / 4) = 9.02 \times 10^{-2} \, [\mathrm{m^3/s}]$$

❺ オリフィスの通過流量を Q とすると、$-A_1 dH_1 = A_2 dH_2 = Q dt$ より $d\Delta H$ は、
$$d\Delta H = dH_1 - dH_2 = -\left(\frac{Qdt}{A_1} + \frac{Qdt}{A_2}\right) = -Q\left(\frac{1}{A_1} + \frac{1}{A_2}\right)dt = -Q\left(\frac{A_1 + A_2}{A_1 A_2}\right)dt$$
オリフィスの通過流量を $Q = CA_0\sqrt{2g\Delta H}$ と置くと ΔH は、
$$\frac{d\Delta H}{dt} = -CA_0\sqrt{2g\Delta H}\left(\frac{A_1 + A_2}{A_1 A_2}\right) \Rightarrow \Delta H = \frac{1}{4}\left\{-CA_0\sqrt{2g}\left(\frac{A_1 + A_2}{A_1 A_2}\right)t + C_0\right\}^2$$
$t=0$ で $\Delta H = \Delta H_0$ の初期条件より $C_0 = 2\sqrt{\Delta H_0}$ と定まるので、ΔH と t の関係は、
$$\Delta H = \frac{1}{4}\left\{-CA_0\sqrt{2g}\left(\frac{A_1 + A_2}{A_1 A_2}\right)t + 2\sqrt{\Delta H_0}\right\}^2$$

❻ 三角堰の越流量 Q は式(4-48)に $H=18$ [cm]、$\theta=30°$、$C=0.61$ を代入して、
$Q = (8/15)C\sqrt{2g}\tan\theta H^{5/2} = 1.14 \times 10^4 \, [\mathrm{cm^3/s}]$。また、$Q$ が 2 倍になる H は式(4-48)を変形して $2Q$ に対応する数値を代入すると、
$$H = \left\{15Q / \left(8C\sqrt{2g}\tan\theta\right)\right\}^{2/5} = 23.7 \, [\mathrm{cm}]$$

第5章

❶ 検査領域内の水の重力 W は、$W = \rho g A_1 H + \rho g A_2 L = \rho g(A_1 H + A_2 L)$。水が水槽底面より受ける力 F は、水槽底面に作用する全静水圧 P と一致するので、$P = F = \rho g H(A_1 - A_2)$、よって、$z$ 方向の運動量の方程式は、
$$\rho Q(v_2 - v_1) = p_1 A_1 - p_2 A_2 - F + W$$
ここに、$v_1 \sim 0$、$p_1 = p_2 = 0$、また $v_2 = v$ とおくと $Q = v A_2$ より v は、
$$\rho v^2 A_2 = -\rho g H(A_1 - A_2) + \rho g(A_1 H + A_2 L) = \rho g(H + L)A_2 \Rightarrow v = \sqrt{g(H+L)}$$

❷ 流量 $Q = v(\pi d^2/4)$ は $1.47 \, (\mathrm{m^3/s})$、また、検査領域の運動量の方程式は $v_1 = v_2 = v$ より、
x 方向: $-\rho Qv\cos 20° - \rho Qv = -F_x$、$y$ 方向: $\rho Qv\sin 20° = F_y$。
よって、F_x、F_y は、$F_x = \rho Qv\cos 20° + \rho Qv = 8.52 \times 10^4$ [N]、$F_y = \rho Qv\sin 20° = 1.50 \times 10^4$ [N]。
これより、$|F'|$ とその作用方向 θ は、$|F'| = |F| = \sqrt{F_x^2 + F_y^2} = 8.65 \times 10^4$ [N],
$\theta = \tan^{-1}(F_y / F_x) = 9.98°$

❸ $v_1 = v_2(d_2/d_1)^2 = 0.972$ [m/s]、よって、ベルヌーイの式より p_1 は、$p_2 = 0$、$y_1 = 0$ [cm]、$y_2 = 70$ [cm] とおいて、
$$\frac{v_1^2}{2g} + \frac{p_1}{\rho g} + y_1 = \frac{v_2^2}{2g} + y_2 \Rightarrow p_1 = \frac{\rho}{2}(v_2^2 - v_1^2) + \rho g(y_2 - y_1) = 6.16 \times 10^5 \, [\mathrm{N/m^2}]$$
▓ 部の検査領域内の水の重量 W は円管内の体積：V_S とノズル内の水の体積：

V_T の和より，$W = \rho(V_S + V_T)g = 4.00 \times 10^2$ [N]．または $Q = v_2(\pi d_2^2/4) = 6.87 \times 10^{-2}$ [m³/s] より，F_y は y 方向の運動量方程式（$F_x = 0$）より，

$$\rho Q v_2 - \rho Q v_1 = p_1 \frac{\pi}{4} d_1^2 - W - F_y \rightarrow F_y = p_1 \frac{\pi}{4} d_1^2 - W + \rho Q(v_1 - v_2) = 4.08 \times 10^4 \text{ [N]}$$

よって，ノズルに作用する力 F' の大きさ $|F'|$ は $F_x = 0$ より，$|F'| = |F_y| = 4.08 \times 10^4$ [N] である．また，作用方向は y 軸の正の向き（鉛直上向）．〔注〕このように重力 W の F に与える影響は非常に小さいので，一般の工学計算では無視することが多い．

❹ $Fr_1 = v_1/\sqrt{gh_1} = 3.65 > 1$ より，上流側は射流，下流側水深 h_2 は式（5-34）より，$h_2 = 1.41$ [m] であるから，$Fr_2 = v_2/\sqrt{gh_2} = 0.358 < 1$．よって，下流側は常流．また，$\Delta E$ は $\Delta E = \dfrac{(h_2 - h_1)^3}{4h_1 h_2} = 0.808$ [m]

❺ 式（5-39）に各条件を代入して C は $C = 2.39$ [m/s]

第6章

❶ $Re_c = 2\,000$ に対応する流速 u_{mc} と最大流量 $Q_{\max}$ は，
$Re_c = u_{mc} d/\nu \rightarrow u_{mc} = Re_c \nu/d = 0.667$ [cm/s] ，$Q_{\max} = u_{mc}(\pi d^2/4) = 4.71 \times 10^2$ [cm³/s]

❷ $F_D = F_{DS}$，また，$Re_\ell = U\ell/\nu = 500 \times 200/0.01 = 1.00 \times 10^7$ である．よって，式（6-11）の適用範囲であるから，同式より C_S を求め，F_D を計算すると，

$$C_S = \frac{0.074}{Re_\ell^{1/5}} = 2.95 \times 10^{-3}, \quad F_D = F_{DS} = \frac{1}{2} C_S \rho U^2 B\ell \times \underset{(*)}{2} = 1475 \text{ [N]}$$

（*）F_{DS} の算定式の2は平板の両面を考えるため．

❸ $Re = Ud/\nu = 1.00 \times 10^4$ より，$C_D = 1.2$（図6-10より），また，代表面積 $A = Ld$ より全抵抗 F_D は，$F_D = \dfrac{1}{2} C_D \rho U^2 A = 1.20$ [N]

❹ $u_m = Q/(\pi d^2/4) = 2.55$ [cm/s] より，$Re = u_m d/\nu = 1\,275$ である．流れは層流であるから，式（6-24）の u より τ_0（$r = a$ とする，$2a = d$）は，

$$\tau_0 = \tau_\nu|_{r=a} = -\mu \frac{du}{dr}\bigg|_{r=a} = \mu 2 u_m \frac{2r}{a^2}\bigg|_{r=a} = \mu \frac{2Q}{\pi a^2} \frac{2r}{a^2}\bigg|_{r=a} = \mu \frac{4Q}{\pi a^3} = 4.07 \times 10^{-2} \text{ [N/m}^2\text{]}$$

❺ f は式（6-20）より，$f = h_f(d/\ell)(2g/u_m^2) = 3.92 \times 10^{-2}$．また，$U_* = \sqrt{\tau_0/\rho} = \sqrt{f/8}\, u_m = 0.35$ [m/s]，$\delta_\nu = 11.6\nu/U_* = 3.98 \times 10^{-2}$ [mm] より，$k_s > \delta_\nu$ であるから円管は粗管．

第7章

❶ ① $Re = u_m d/\nu = 5.0 \times 1/0.01 = 500$（層流，$Re \leq 2\,000$）より，$f = 64/Re = 0.128$，よっ

て $h_f = f(\ell/d)(u_m^2/2g) = 0.163$〔cm〕.

② $Re = u_m d/\nu = 400 \times 50/0.01 = 2.0 \times 10^6$（乱流, $Re > 4000$）．よって，(a) 滑面の f は式 (7-4b) もしくはムーディ図（図7-2）より $f = 0.011$ であるから，h_f は，$h_f = f(\ell/d)(u_m^2/2g) = 1.80$〔m〕，(b) 粗面の f は $k_s/d = 0.0005/0.5 = 1.0 \times 10^{-3}$ より，式 (7-4c) もしくはムーディ図（図7-2）を使用して $f = 0.0198$．よって h_f は，$h_f = f(\ell/d)(u_m^2/2g) = 3.23$〔m〕.

❷ 点Aは，$Q_1 = 0.1$〔m³/s〕より，$u_{m1} = 12.7$〔m/s〕，また，$d_1/d_2 = 0.1/0.5 = 0.2$ であるから $f_{se} = 0.92$（表7-3）．よって，点Aにおける急拡損失水頭 $h_{\ell A}$ ($= h_{se}$) は，$h_{\ell A} = h_{se} = f_{se}(u_m^2/2g) = 7.57$〔m〕．点Bは，$u_{m3} = u_{m1} = 12.7$〔m/s〕，また，$d_3/d_2 = 0.1/0.5 = 0.2$ であるから，$f_{sc} = 0.49$（表7-4）．よって，点Bにおける急縮損失水頭 $h_{\ell B}$ ($= h_{sc}$) は，$h_{\ell B} = h_{sc} = f_{sc}(u_m^2/2g) = 4.03$〔m〕.

❸ 点A–E間にベルヌーイの式を適用すると u_m は，

$$u_m = \sqrt{2gH/\{f_e + 2f_b + f(\ell/d) + \alpha\}} = 4.14 \text{〔m/s〕}$$

よって，$u_m^2/2g = 0.874$ である．また，水頭表（割愛する）を作成して $p_{C+}/\rho g$，$p_{D+}/\rho g$ は，

$p_{C+}/\rho g = 5.980$〔m〕 $\rightarrow p_{C+} = 5.86 \times 10^4$〔N/m²〕 ，

$p_{D+}/\rho g = 4.397$〔m〕 $\rightarrow p_{D+} = 4.31 \times 10^4$〔N/m²〕

なお，エネルギー線と動水勾配線を設問中に併せて示している．

❹ $f = 12.7gn^2/d^{1/3} = 0.085$，$u_m = \sqrt{2gH/\{f_e + f_b + f_o + f(\ell/d)\}} = 0.953$〔m/s〕，$u_m^2/2g = 0.046$ である．また，$p_{C+}/\rho g$ を式 (7-40) より求めたうえで，$p_{C+}/\rho g > p_{Cr}/\rho g$ の条件より z_C の最大値は，

$$\frac{p_{C+}}{\rho g} = (z_A - z_C) - \left(\alpha + f_e + f_b + f\frac{\ell_{BC}}{d}\right)\frac{u_m^2}{2g} \geq \frac{p_{Cr}}{\rho g} = -8 \text{〔m〕}$$

$$\Rightarrow z_C \leq z_A - \left(\alpha + f_e + f_b + f\frac{\ell_{BC}}{d}\right)\frac{u_m^2}{2g} + 8$$

$$\Rightarrow z_C \leq 20 - \left(1.0 + 0.6 + 0.1 + 0.085\frac{100}{0.2}\right) \times 0.046 + 8 = 26.0 \text{〔m〕}$$

つまり，$z_C \leq 26.0$〔m〕でサイフォンは機能する．

❺ $f = 12.7gn^2/d^{1/3} = 0.022$，$u_m = Q/\{(\pi d^2/4)\} = 6.37$〔m/s〕であるから，有効落差 H_e は (式 (7-46)) より，

$$H_e = H - (h_f + h_\ell) = (z_A - z_F) - \left(f_e + f_b + f_o + f\frac{\ell_{BC} + \ell_{CD} + \ell_{DE}}{d}\right)\frac{u_m^2}{2g} = 75.78 \text{〔m〕}$$

よって，水車の理論出力 P は式 (7-53) より，$P = \rho g Q H_e = 1.49 \times 10^4$〔kW〕

❻ $u_m = Q/(\pi d^2/4) = 1.53$〔m/s〕．よって，全揚程 H_p は式 (7-59) より，

$H_p = H + h_f + h_\ell = (z_I - z_A) + (f_e + 3f_b + f_v + f_o + f\ell/d)(u_m^2/2g) = 53.82$〔m〕．

これより，ポンプに要求される理論水力 S は，式 (7-55) より，$S = \rho g Q H_p = 1.58 \times 10^2$〔kW〕

第8章

❶ $v = Q/(Bh) = 0.69$〔m/s〕, $Fr = v/\sqrt{gh} = 0.28$ より,流れは常流.また,h_C は式(8-5)より,$h_C = \sqrt[3]{Q^2/(gB^2)} = 0.26$〔m〕,よって,$E_c$ は式(8-6)より,$E_c = (3/2)h_C = 0.39$〔m〕

❷ $E = H - z_0 = Q^2/(2gB^2h^2) + h$(式(8-3))で,$H$ は一定より,$z_0 \to$ 小で $E \to$ 大となる.よって,解図の比エネルギー曲線において,①全領域で常流では下流に向かって点 $a \to$ 点 b に移動するので $h_2 > h_1$,②全領域で射流では下流に向かって点 $c \to$ 点 d に移動するので $h_2 < h_1$ となる.

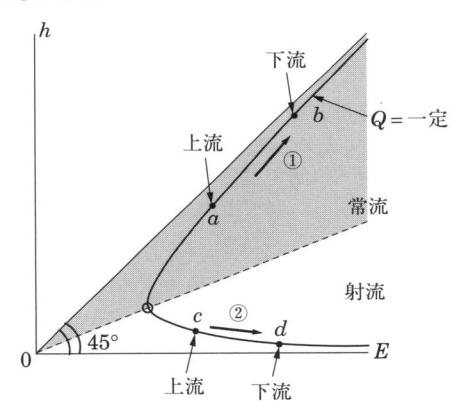

❸ 点Bにおいて限界流となるので,式(8-14)に $B = 1.5$〔m〕, $H = E_B = H_0 - H_d = 0.75 - 0.70 = 0.05$〔m〕を代入すると Q は, $Q = (2/3)\sqrt{2/3g} BE_B^{3/2} = 2.9 \times 10^4$〔cm^3/s〕.

❹ 水路1,2の限界水深と等流水深は, $h_{C1} = h_{C2} = \sqrt[3]{q^2/g} = 0.61$〔m〕, $h_{01} = (n^2q^2/i)^{3/10} = 1.17$〔m〕, $h_{02} = (n^2q^2/i)^{3/10} = 0.52$〔m〕.

よって,水路1は緩勾配水路,水路2は急勾配水路である.また,流出堰の開口高 d より,各領域の水深 h の出現範囲を定めると下図のような水面形となる.

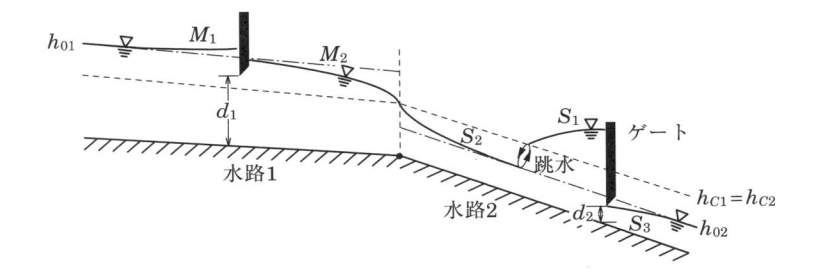

❺ 流水断面積 A, 潤辺 S, 径深 R はそれぞれ, $A = (B+mh)h = 18$〔m^2〕, $S = B + 2h$

$\sqrt{1+m^2} = 13.94\,[\mathrm{m}], \quad R = A/S = 1.29\,[\mathrm{m}]$.

よって，マニングの平均流速公式より，流速 v と流量 Q は，
$v = (1/n)R^{2/3}i^{1/2} = 2.14\,[\mathrm{m/s}], \quad Q = vA = 2.14 \times 18 = 38.5\,[\mathrm{m^3/s}]$.

第9章

❶ 開水路の水深を D，幅を L とすると式(9-18)よりフルードの相似則を使用して，V_M/V_P は，$V_M/V_P = \sqrt{gD_M}/\sqrt{gD_P} = \sqrt{S_2}$. また，流量 Q は，$Q = VLD$ より，

$Q_M/Q_P = (V_M/V_P)(L_M/L_P)(D_M/D_P) = \sqrt{S_2}\,S_1 S_2 = S_1 S_2^{3/2}$

❷ フルードの相似則，式(9-18)を適用すると V_M/V_P は，$V_M/V_P = \sqrt{D_M/D_P} = \sqrt{S}$. また，レイノルズの相似則，式(9-22)を適用すると v_M/v_P は，$v_M/v_P = (V_M/V_P)(D_M/D_P)$ である．よって，両相似則を満足するための v_M/v_P は，$v_M/v_P = \sqrt{S} \cdot S = S^{3/2}$.

❸ レイノルズの相似則，式(9-22)を適用し，$D_M/D_P = S$, $v_M/v_P = 1$ と置くと V_M は，$V_M/V_P = (D_P/D_M)(v_M/v_P) = D_P/D_M = 1/S$ となる．よって，V_M は $V_M = V_P/S$.

付　録
基礎公式と単位換算

(1) 微分と積分

微　分		積分（積分定数は省略）
$(u \pm v)' = u' \pm v'$	和・差	$\int (u \pm v)dx = \int u\,dx \pm \int v\,dx$
$(uv)' = u'v + uv'$	積	$\int u'v\,dx = uv - \int uv'\,dx$
$\left(\dfrac{u}{v}\right)' = \dfrac{u'v - uv'}{v^2}$	商	

逆関数 : $\dfrac{dy}{dx} \cdot \dfrac{dx}{dy} = 1$ ， 合成関数 : $\dfrac{dy}{dx} = \dfrac{dy}{dt} \cdot \dfrac{dt}{dx}$

置換積分 : $\int f(x)dx = \int f\{g(t)\} \dfrac{dg(t)}{dt} dt$ ； ただし， $x = g(t)$

媒介変数 : $\int y\,dx = \int g(t) \dfrac{dx}{dt} dt$ ； ただし， $y = g(t)$

微　分	関　数	積分（積分定数は省略）
$\alpha x^{\alpha-1}$	x^α （α は実数）	$\alpha \neq -1$: $\dfrac{x^{\alpha+1}}{\alpha+1}$ $\alpha = -1$: $\log|x|$
$\cos x$	$\sin x$	$-\cos x$
$-\sin x$	$\cos x$	$\sin x$
$\sec^2 x$	$\tan x$	$-\log|\cos x|$
e^x	e^x	e^x
$\dfrac{1}{x}$	$\log x$	$x \log x - x$
$a^x \log a$	a^x	$\dfrac{a^x}{\log a}$

(2) 三角関数
▶ 三角関数の相互関係

$\sin^2\theta + \cos^2\theta = 1$ ， $\tan^2\theta + 1 = \dfrac{1}{\cos^2\theta}$ ， $\tan\theta = \dfrac{\sin\theta}{\cos\theta}$

▶加法定理　複号同順

$\sin(\alpha \pm \beta) = \sin\alpha\cos\beta \pm \cos\alpha\sin\beta$
$\cos(\alpha \pm \beta) = \cos\alpha\cos\beta \mp \sin\alpha\sin\beta$
$\tan(\alpha \pm \beta) = \dfrac{\tan\alpha \pm \tan\beta}{1 \mp \tan\alpha\tan\beta}$

▶2倍角・3倍角の公式

$\sin 2\alpha = 2\sin\alpha\cos\alpha$
$\cos 2\alpha = \cos^2\alpha - \sin^2\alpha$
$\quad\quad\quad = 2\cos^2\alpha - 1 = 1 - 2\sin^2\alpha$
$\sin 3\alpha = -4\sin^3\alpha + 3\sin\alpha, \quad \cos 3\alpha = -4\cos^3\alpha - 3\cos\alpha$

$\tan 2\alpha = \dfrac{2\tan\alpha}{1-\tan^2\alpha} \quad\quad \tan 3\alpha = \dfrac{\tan^3\alpha - 3\tan\alpha}{\tan^2\alpha - 1}$

▶半角の公式

$\sin^2\dfrac{\alpha}{2} = \dfrac{1-\cos\alpha}{2}$, $\cos^2\dfrac{\alpha}{2} = \dfrac{1+\cos\alpha}{2}$, $\tan^2\dfrac{\alpha}{2} = \dfrac{1-\cos\alpha}{1+\cos\alpha}$

$\sin\theta = \dfrac{2t}{1+t^2}$, $\cos\theta = \dfrac{1-t^2}{1+t^2}$, $\tan\theta = \dfrac{2t}{1-t^2}$ $\left(\text{ただし,}\quad \tan\dfrac{\theta}{2} = t\right)$

▶積と和の公式

$\sin A + \sin B = 2\sin\dfrac{A+B}{2}\cos\dfrac{A-B}{2}$, $\sin A - \sin B = 2\cos\dfrac{A+B}{2}\sin\dfrac{A-B}{2}$

$\cos A + \cos B = 2\cos\dfrac{A+B}{2}\cos\dfrac{A-B}{2}$, $\cos A - \cos B = -2\sin\dfrac{A+B}{2}\sin\dfrac{A-B}{2}$

$2\sin\alpha\cos\beta = \sin(\alpha+\beta) + \sin(\alpha-\beta)$, $2\cos\alpha\sin\beta = \sin(\alpha+\beta) - \sin(\alpha-\beta)$
$2\cos\alpha\cos\beta = \cos(\alpha+\beta) + \cos(\alpha-\beta)$, $2\sin\alpha\sin\beta = -\{\cos(\alpha+\beta) - \cos(\alpha-\beta)\}$

▶合成

$a\sin\theta + b\cos\theta = \sqrt{a^2+b^2}\sin(\theta+\alpha)$, $\cos\alpha = \dfrac{a}{\sqrt{a^2+b^2}}$, $\sin\alpha = \dfrac{b}{\sqrt{a^2+b^2}}$

▶三角形と三角関数

正弦定理　$\dfrac{a}{\sin A} = \dfrac{b}{\sin B} = \dfrac{c}{\sin C} = 2R$

余弦定理　$a^2 = b^2 + c^2 - 2bc\cos A$

面積　$\dfrac{1}{2}bc\sin A = \sqrt{S(S-a)(S-b)(S-c)} \quad\quad 2S = a+b+c$

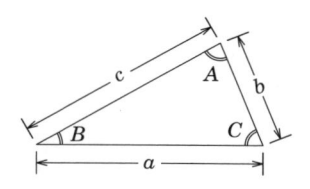

	$-\alpha$	$90°\pm\alpha$	$180°\pm\alpha$	$270°\pm\alpha$	$360°\pm\alpha$
$\sin\alpha$	$-\sin\alpha$	$+\cos\alpha$	$\mp\sin\alpha$	$-\cos\alpha$	$\pm\sin\alpha$
$\cos\alpha$	$+\cos\alpha$	$\mp\sin\alpha$	$-\cos\alpha$	$\pm\sin\alpha$	$+\cos\alpha$
$\tan\alpha$	$-\tan\alpha$	$\mp\cot\alpha$	$\pm\tan\alpha$	$\mp\cot\alpha$	$\pm\tan\alpha$
$\cot\alpha$	$-\cot\alpha$	$\mp\tan\alpha$	$\pm\cot\alpha$	$\mp\tan\alpha$	$\pm\cot\alpha$
$\sec\alpha$	$+\sec\alpha$	$\mp\text{cosec}\,\alpha$	$-\sec\alpha$	$\pm\text{cosec}\,\alpha$	$+\sec\alpha$
$\text{cosec}\,\alpha$	$-\text{cosec}\,\alpha$	$+\sec\alpha$	$\mp\text{cosec}\,\alpha$	$-\sec\alpha$	$\pm\text{cosec}\,\alpha$

α	$0°$	$30°$	$45°$	$60°$	$90°$	$120°$	$135°$	$150°$	$180°$
$\sin\alpha$	0	1/2	$\sqrt{2}/2$	$\sqrt{3}/2$	1	$\sqrt{3}/2$	$\sqrt{2}/2$	1/2	0
$\cos\alpha$	1	$\sqrt{3}/2$	$\sqrt{2}/2$	1/2	0	$-1/2$	$-\sqrt{2}/2$	$-\sqrt{3}/2$	-1
$\tan\alpha$	0	$1/\sqrt{3}$	1	$\sqrt{3}$	$\pm\infty$	$-\sqrt{3}$	-1	$-1/\sqrt{3}$	0
$\cot\alpha$	$\pm\infty$	$\sqrt{3}$	1	$1/\sqrt{3}$	0	$-1/\sqrt{3}$	-1	$-\sqrt{3}$	$\pm\infty$
$\sec\alpha$	1	$2/\sqrt{3}$	$\sqrt{2}$	2	$\pm\infty$	-2	$-\sqrt{2}$	$-2/\sqrt{3}$	-1
$\text{cosec}\,\alpha$	$\pm\infty$	2	$\sqrt{2}$	$2/\sqrt{3}$	1	$2/\sqrt{3}$	$\sqrt{2}$	2	$\pm\infty$

▶ 双曲線関数

$$\sinh x = \frac{e^x - e^{-x}}{2}, \quad \cosh x = \frac{e^x + e^{-x}}{2}, \quad \tanh x = \frac{e^x - e^{-x}}{e^x + e^{-x}}$$

(3) 指数関数と対数関数

指数関数：$a^0 = 1$, $a^{\frac{n}{m}} = \sqrt[m]{a^n}$, $a^{-r} = 1/a^r$, $a^m a^n = a^{m+n}$, $(a^m)^n = a^{mn}$, $(ab)^n = a^n b^n$

対数関数：$a^r = P \Leftrightarrow r = \log_a P$

$$\log_a PQ = \log_a P + \log_a Q, \quad \log_a P^t = t \log_a P$$

$$\log_a \frac{P}{Q} = \log_a P - \log_a Q, \quad \log_a \sqrt[n]{P} = \frac{1}{n} \log_a P$$

$$\log_a P = \log_b P / \log_b a, \quad \log_a b = 1/\log_b a$$

ただし，$a > 0$, $a \neq 1$, $b > 0$, $b \neq 1$, $P > 0$, $Q > 0$

(4) 2次方程式の解

2次方程式 $ax^2 + bx + c = 0$ の解：$x = \dfrac{-b \pm \sqrt{b^2 - 4ac}}{2a}$

(5) 弧長・面積・体積（角度はラジアン）

[扇形]

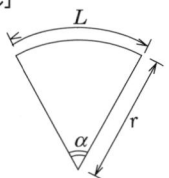

弧長 $L : \alpha r$

面積 $A : \dfrac{\alpha}{2} r^2$

[円]

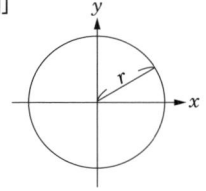

$x^2 + y^2 + r^2$

円周長 $L : 2\pi r$

面積 $A : \pi r^2$

[三角形]

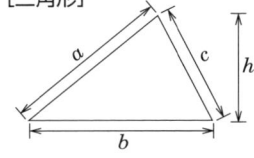

面積 $A : \dfrac{bh^2}{2}$

$\sqrt{S(S-a)(S-b)(S-c)}$

ここで，$2S = a+b+c$

[台形]

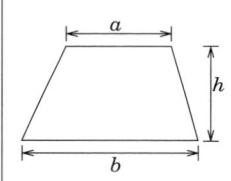

面積 $A : \dfrac{(a+b)h}{2}$

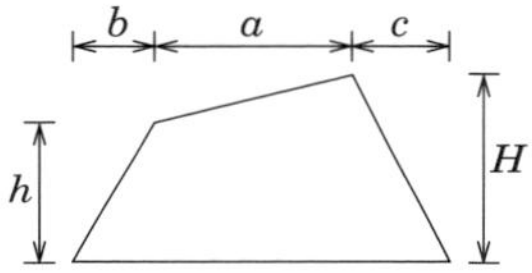

面積 $A : \dfrac{(H+h)a + bh + cH}{2}$

[楕円]

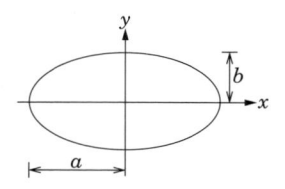

$\dfrac{x^2}{a^2} + \dfrac{y^2}{b^2} = 1 \quad (a > 0, \quad b > 0)$

$a > b > 0$ の焦点の座標 $\left(\pm\sqrt{a^2 - b^2}, \quad 0 \right)$

$b > a > 0$ の焦点の座標 $\left(0, \quad \pm\sqrt{b^2 - a^2} \right)$

面積 $A : \pi ab$

円周 L（近似式）： $\pi \sqrt{2(a^2 + b^2)} - \dfrac{(a-b)^2}{2.2}$

[円錐]

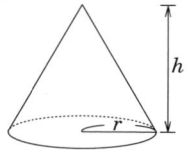

面積 $A : \pi r \sqrt{r^2 + h^2}$

体積 $V : \pi r^2 \dfrac{h}{3}$

[角錐]

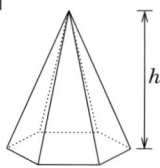

体積 $V : S \dfrac{h}{3}$

S は角錐底面積

[球体]

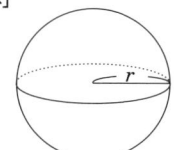

表面積 $A : 4\pi r^2$

体積 $V : \pi \dfrac{4r^3}{3}$

(6) 級数展開

$$f(x+\alpha) = f(x) + \alpha f'(x) + \frac{\alpha^2}{2!}f''(x) + \cdots + \frac{\alpha^n}{n!}f^n(x) + \cdots$$

$$(1 \pm x)^n = 1 \pm nx + \frac{n(n-1)}{2!}x^2 \pm \frac{n(n-1)(n-2)}{3!}x^3$$
$$+ \cdots + \frac{(\pm 1)^k n(n-1) \cdots (n-k+1)}{k!}x^k + \cdots \quad (-1 < x < 1)$$

$$e^x = 1 + \frac{x}{1!} + \frac{x^2}{2!} + \cdots + \frac{x^n}{n!} + \cdots \quad (-\infty < x < \infty)$$

$$\sin x = x - \frac{x^3}{3!} + \frac{x^5}{5!} - \cdots + (-1)^n \frac{x^{2n+1}}{(2n+1)!} + \cdots \quad (-\infty < x < \infty)$$

$$\cos x = 1 - \frac{x^2}{2!} + \frac{x^4}{4!} - \cdots + (-1)^n \frac{x^{2n}}{(2n)!} + \cdots \quad (-\infty < x < \infty)$$

$$\tan x = x + \frac{1}{3}x^3 + \frac{2}{15}x^5 + \frac{17}{315}x^7 + \cdots \quad \left(-\frac{\pi}{2} < x < \frac{\pi}{2}\right)$$

$$\log(1+x) = x - \frac{x^2}{2} + \frac{x^3}{3} - \cdots + (-1)^{n-1}\frac{x^n}{n} + \cdots \quad (-1 < x \leq 1)$$

(7) 定数

$\pi = 3.14159$, $e = 2.71828$, $\log_e 10 = 2.30259$, $\log_{10} e = 0.434294 (\log_{10} e = 1/\log_e 10)$

(8) 単位の換算

長　さ： $1\,[\text{km}] = 10^3\,[\text{m}] = 10^5\,[\text{cm}] = 10^6\,[\text{mm}]$
　　　　$1\,[ヤード] = 91.440\,[\text{cm}]$,　　$1\,[\text{ft}] = 30.480\,[\text{cm}]$
　　　　$1\,[\text{inch}] = 2.540\,[\text{cm}]$,　　$1\,[尺] = 30.303\,[\text{cm}]$
　　　　$1\,[寸] = 3.030\,[\text{cm}]$,　　$1\,[海里] = 1.852\,[\text{km}]$
　　　　$1\,[\text{mile}] = 1.609\,[\text{km}]$,　　$1\,[里] = 3.927\,[\text{km}]$

面　積： $1\,[\text{km}^2] = 10^6\,[\text{m}^2] = 10^{10}\,[\text{cm}^2] = 10^{12}\,[\text{mm}^2]$, $1\,[坪] = 3.306\,[\text{m}^2]$
　　　　$1\,[\text{ha}] = 10^2\,[\text{m}] \times 10^2\,[\text{m}] = 10^4\,[\text{m}^2] = 0.01\,[\text{km}^2]$
　　　　$1\,[\text{acre}] = 0.00405\,[\text{km}^2]$,　　$1\,[町歩] = 0.00992\,[\text{km}^2]$

体積・容積： $1\,[\ell] = 1\,000\,[\text{cm}^3]$,　　$1\,[\text{m}^3] = 1\,000\,[\ell]$
　　　　　　$1\,[ガロン(米)] = 3.785\,[\ell]$

質　量： $1\,[\text{t}] = 1\,000\,[\text{kg}]$, $1\,[\text{kg}] = 1\,000\,[\text{g}]$, $1\,[オンス] = 28.35\,[\text{g}]$
　　　　$1\,[\text{lb}] = 0.453\,[\text{kg}]$,　　$1\,[貫] = 3.750\,[\text{kg}]$

速　度： $1\,[\text{km/hr}] = 0.278\,[\text{m/s}]$,　　$1\,[\text{mile/hr}] = 0.447\,[\text{m/s}]$
　　　　$1\,[ノット] = 0.514\,[\text{m/s}]$

流　量： $1\,[\ell/\text{s}] = 3.6\,[\text{m}^3/\text{hr}]$

温　度： $C = (F\,[°\text{F}] - 32°)\dfrac{5}{9}\,[°\text{C}]$,　　$F = \dfrac{9}{5}C\,[°\text{C}] + 32°$

(9) ギリシャ文字

大文字	小文字	読み方	大文字	小文字	読み方
A	α	アルファ	N	ν	ニュー
B	β	ベータ	Ξ	ξ	クサイ
Γ	γ	ガンマ	O	o	オミクロン
Δ	δ	デルタ	Π	π	パイ
E	ε	イプシロン	P	ρ	ロー
Z	ζ	ゼータ	Σ	σ	シグマ
H	η	イータ	T	τ	タウ
Θ	θ	シータ	Y	υ	ユプシロン
I	ι	イオタ	Φ	φ	ファイ
K	κ	カッパ	X	χ	カイ
Λ	λ	ラムダ	Ψ	ψ	プサイ
M	μ	ミュー	Ω	ω	オメガ

参考文献

1) 荒木正夫・椿東一郎 共著：水理学演習上・下，森北出版，1962.
2) 有田正光 著：流れの科学，東京電機大学出版局，1998.
3) 有田正光・中井正則 著：水理学演習，東京電機大学出版局，1999.
4) 有田正光 編著：水圏の環境，東京電機大学出版局，1998.
5) 粟津清蔵 著：水理学，オーム社，1980.
6) 粟津清蔵 監修：絵とき水理学，オーム社，1992.
7) 岩佐義明 著：水理学，朝倉書店，1967.
8) 大西外明 著：水理学Ⅰ, Ⅱ, 1981.
9) 玉井信行 著：水理学Ⅰ・Ⅱ，培風館，1988.
10) 玉井信行・有田正光 共編：水理学，オーム社，1997.
11) 椿東一郎 著：水理学Ⅰ・Ⅱ，森北出版，1974.
12) 土木学会 編：水理公式集，昭和46年版（1971），昭和60年版（1985），土木学会.
13) 日本流体力学会 編：流体力学ハンドブック，丸善，1987.
14) 禰津家久 著：水理学・流体力学，朝倉書店，1995.
15) 林泰造 著：基礎水理学，鹿島出版会，1996.
16) 日野幹雄 著：流体力学，朝倉書店，1974.
17) 日野幹雄 著：明解水理学，丸善，1983.
18) 水村和正 著：水工水理学，共立出版，1997.
19) 吉川秀夫 著：水理学，技報堂出版，1976.
20) H.ラウス・S.インス 著，高橋裕・鈴木高明 訳：水理学史，鹿島出版会，1974.

索　引

■あ行■

圧縮性	11
圧力水頭	54, 118, 134
アルキメデスの原理	38
暗黒時代	3
安定	39
安定条件	40
位置エネルギー	54
位置水頭	54, 134
入口損失係数	127
入口損失水頭	127
渦動粘性係数	95
運動エネルギー	53
運動量の定理	76, 85
運動量の方程式	76
SI単位	7
エネルギー係数	117
エネルギー勾配	118
エネルギー線	118, 132, 133
エネルギー損失	85, 169, 174
エネルギー損失水頭	86
エネルギーの総和	54
LFT系	6
LMT系	6, 195
エルボ	130
円柱	101
鉛直マノメータ	34
大型オリフィス	66
オーセンの抵抗則	103
オリフィス	66

■か行■

開水路流れ	161
各項の比	197
滑面	112, 116, 119
滑面円管路	111
滑面式	120
カルマン渦	97
環境	1
緩勾配水路	178, 182
慣性力	43
完全流体	14
管内流量	65
管路網計算	155
喫水	38
基本物理量	6, 195
逆サイフォン	142
キャビテーション	98
急拡損失係数	125
急拡損失水頭	124
急勾配水路	178, 182
急縮損失係数	126
急縮損失水頭	125
境界層	96
境界層の外縁	96
巨大土木の時代	3
偶力	39
矩形断面	169
矩形断面水路	164, 174
屈折損失係数	130
屈折損失水頭	130
組立物理量	6
傾斜マノメータ	34
形状損失係数	123
形状損失水頭	55, 117, 123, 131
形状抵抗	97, 98
形状抵抗係数	99
傾心	40
径深	121, 173, 174, 177
傾心高	40
ゲージ圧力	19
限界勾配	178
限界勾配水路	177
限界水深	165, 177
限界流	87, 165, 165, 167
限界流速	92, 165
限界流量	167, 169
限界レイノルズ数	92
原型	197
検査領域	75
減勢工	87
工学単位系	6
効率	145, 148
合流管路	150
氷	1
小型オリフィス	66
古代ギリシャ	3
古代文明	2
混合距離	95

■ さ行 ■

差圧マノメータ	35
最終沈降速度	104
サイフォン	140
三角形分布	19
三角堰	69, 71
三次元物体	102, 105
四角堰	69
時間	195
次元式	6
質量	195
射流	87, 165
射流水深	165
自由表面	161
重力	7
重力単位系	6
重力の加速度	7
縮尺	197
縮流係数	126
潤辺	121, 173, 190
上限界速度	92
上限界レイノルズ数	92
常流	87, 165
水銀	35
水車	144
水車の効率	145
水蒸気	1
水深	177
水面形の方程式	4
水理学	2
水理学的最良断面	190
水理特性	189
水理特性曲線	191
水力	148
ストークスの抵抗則	103, 104
スプリッター	105
静水圧	18
堰	69
堰上背水曲線	179
絶対圧力	19
絶対単位系	6
遷移流	15, 91
全エネルギー水頭	55, 118, 134
漸拡損失係数	128
漸拡損失水頭	128
漸縮損失水頭	129
全静水圧	22, 27
潜熱	1
相似条件	197
相似則	197
相対的静止の問題	43
相当粗度	111, 112, 120
相変化	1
総落差	134, 141, 144
層流	15, 91, 119
層流域	115
層流境界層	96, 100
層流状態	92
層流領域	120
粗滑遷移領域	120
速度水頭	54, 134
粗度	111, 112, 116, 119
粗面円管路	111
粗面領域	120
損失水頭	134

■ た行 ■

大気圧	19
代表面積	99, 107
ダランベールの背理	96, 97
ダルシー・ワイズバッハ	108
ダルシー・ワイズバッハの式	119, 174
ダルシー・ワイズバッハの抵抗法則	186
単位体積重量	10
単線管水路	131
段波	87
断面収縮係数	67
断面二次モーメント	23
治水	1
中立	40
跳水	85
沈降速度	104
通水能	190
常に安定な浮体	40
強い渦	85
低下背水曲線	179
抵抗則	4
定常流	161
定流	161
出口損失係数	127
出口損失水頭	127
動水勾配	118
動水勾配線	118, 132, 133
動水半径	121, 173
動粘性係数	13, 95
等流	161, 176, 177
等流水深	177, 181
トリチェリの原理	4

■ な行 ■

長さ	195
長さの比	197
ナップ	69
ナビィエ・ストークスの方程式	4
二次元物体	102
ニュートンの第二法則	75
ニュートン流体	14
粘性係数	13
粘性剪断応力	13, 93

粘性底層	111	
粘性流体	14	

■ は行 ■

ハーゲン・ポアゼイユの法則		110
ハーディ・クロス法		155
排水体積		38
刃形堰		69
剥離		96
パスカルの原理	4, 12, 21	
波速		89
発電機の効率		145
非圧縮性		11
ピエゾ水頭	55, 118, 134	
比エネルギー		163
比エネルギー曲線		164
比エネルギーの値		169
比重		10
微小ユニット		30
非定常流	15, 161	
ピトー管		62
非ニュートン流体		14
比熱		1
表面張力		11
表面抵抗		98
表面抵抗係数		99
広幅長方形断面	174, 177	
不安定		40
復元力		39
浮心		38
浮体		38
浮体の安定条件		41
物理量	195, 196	
不定流		161
不等流		161
浮揚面		38
ブラジウス		100
ブラジウスの式		120
プラントル		96
プラントル・シュリヒティングの式		100
プラントルの壁法則		112
浮力		38
フルード数	86, 165	
フルードの相似則	199, 200	
分岐管路		150
平均流速公式		4
平板	81, 99	
べき乗積		196
壁面剪断応力	107, 108	
ベナコンストラクタ		67
ベルヌーイの式		163
ベルヌーイの定理	4, 55	
ベンゼン		36
ベンチュリー管		63
補助単位		8
補正流量		157
ポンプ		147

■ ま行 ■

曲がり損失係数		129
曲がり損失水頭		129
摩擦速度		111
摩擦損失		108
摩擦損失係数	115, 174, 177, 186	
摩擦損失水頭	55, 108, 117, 131	
マニングの粗度係数	185, 186	
マニングの平均流速公式	122, 184	
マノメータ		34
満管状態		191
水		1
水惑星		1
密度		10
ムーディ図		120
毛管現象		11
模型		197

■ や行 ■

有効落差	144, 145	
揚力	106, 107	
揚力係数		107
澱み点		62

■ ら行 ■

乱流	15, 91, 119	
乱流境界層	97, 100	
乱流状態		92
乱流の粗面領域		122
乱流の領域	116, 120	
力学的相似条件	198, 199	
力学的相似則		197
利水		1
理想流体		14
流管		15
流水断面積	173, 177, 189	
流跡線		15
流線		15
流速係数		66
流体力学		2
流量	134, 169, 189	
流量係数	67, 68	
理論出力		145
理論水力		147
ルネサンス期		3
レイノルズ		91
レイノルズ応力		16
レイノルズ数	15, 91	
レイノルズストレス		94
レイノルズの実験		4

レイノルズの相似則	199, 201	ローラー部 85	■ わ行 ■	
連続の条件	54		湾曲管水路	79
			湾曲管路	77

【著者紹介】

有田正光（ありた・まさみつ）

　学　歴　中央大学大学院理工学研究科博士課程満期退学（1979）
　　　　　工学博士（1983）
　職　歴　東京電機大学教授

水理学の基礎

2006年12月10日　第1版1刷発行　　　ISBN 978-4-501-62160-5 C3051
2023年 3月20日　第1版6刷発行

　著　者　有田正光
　　　　　© Arita Masamitsu 2006

　発行所　学校法人 東京電機大学　　〒120-8551　東京都足立区千住旭町5番
　　　　　東京電機大学出版局　　　　Tel. 03-5284-5386（営業）03-5284-5385（編集）
　　　　　　　　　　　　　　　　　　Fax. 03-5284-5387　振替口座 00160-5-71715
　　　　　　　　　　　　　　　　　　https://www.tdupress.jp/

JCOPY ＜(社)出版者著作権管理機構 委託出版物＞

本書の全部または一部を無断で複写複製（コピーおよび電子化を含む）することは，著作権法上での例外を除いて禁じられています。本書からの複製を希望される場合は，そのつど事前に，(社)出版者著作権管理機構の許諾を得てください。また，本書を代行業者等の第三者に依頼してスキャンやデジタル化をすることはたとえ個人や家庭内での利用であっても，いっさい認められておりません。
［連絡先］Tel. 03-5244-5088, Fax. 03-5244-5089，E-mail : info@jcopy.or.jp

印刷：三立工芸(株)　　製本：渡辺製本(株)　　装丁：高橋壮一
落丁・乱丁本はお取り替えいたします。　　　　　　Printed in Japan